刻在胃里
的思念

丘濂　黑麦　等著

生活·讀書·新知　三联书店

图书在版编目（CIP）数据

中国味道：刻在胃里的思念／丘濂等著. —北京：
生活·读书·新知三联书店，2022.10 （2023.5 重印）
ISBN 978 – 7 – 108 – 07335 – 8

Ⅰ. ①中…　Ⅱ. ①丘…　Ⅲ. ①饮食－文化－中国
Ⅳ. ① TS971.2

中国版本图书馆 CIP 数据核字（2021）第 248160 号

特约编辑　吴　琪
责任编辑　赵庆丰　崔　萌
装帧设计　刘　洋
责任校对　曹忠苓
责任印制　卢　岳
出版发行　生活·讀書·新知 三联书店
　　　　　（北京市东城区美术馆东街 22 号 100010）
网　　址　www.sdxjpc.com
经　　销　新华书店
制　　作　北京金舵手世纪图文设计有限公司
印　　刷　天津图文方嘉印刷有限公司
版　　次　2022 年 10 月北京第 1 版
　　　　　2023 年 5 月北京第 2 次印刷
开　　本　720 毫米 × 1020 毫米　1/16　印张 25
字　　数　300 千字　图 162 幅
印　　数　10,001 – 15,000 册
定　　价　98.00 元
（印装查询：01064002715；邮购查询：01084010542）

目录

丘濂

　　年夜饭必须要投入心血，因为一年只有一次，围绕着它是亲人们久别后的重逢。也许无法做到年年如此，但那热闹而温暖的场面永远在记忆当中，值得回味，更值得期待。香气从厨房飘散出来，一声"开饭了"，便是春节团圆宴的大戏正式开场。

无肉不欢

　　凉菜之后，各色肉类大菜就要陆续"登台"了。在物资稀缺的年代，过节几乎是唯一一个可以名正言顺大口吃肉的时段。那些凭票供应、消耗不完的肉类，又被小心翼翼地制作成腊肉和腌味，在年后还能源源不断地被享用。《食肉简史》的作者玛尔塔·萨拉斯卡将人类的"肉食渴望"部分归因于蛋白质的吸引，然而后来摄取营养有着多种方式，人们继续依赖肉类则是舌头和鼻子已经离不开肉类烹饪时的味道——肉类加热转为褐色时就会发生美拉德反应，饱含脂肪的肉类在这样的反应中会变得香气冲天。脂肪还能形成一种汁水四溢的口感，在嘴里发出嘎吱嘎吱的声响，让大脑中特定的神经元产生愉悦体验。所以即使肉类充足的今天，人们仍然把肉菜当成年夜饭餐桌上最重要的角色。

在北京的上海人闹忙，为我们展示的正是几道自己过年都要做的肉菜。他有一家私厨，叫"闹忙膘局"，位于 CBD 的一栋公寓楼里。每日夜幕降临，窗外的繁华都市展现出流光溢彩的面貌时，他就在这里提供给食客上海家常菜的味道。此时闹忙的厨房里充满着炖肉的香味，一锅红烧肉正在小火的咕嘟中逐渐达到最完美的状态。猪的养殖不需要什么草场，投入成本最为合算。中国是猪肉最大的生产国和消费国，年节的餐桌上当然少不了猪肉的身影。闹忙以前家中过节最常做的是红烧蹄髈，因为要有完整的寓意，鸡鸭鱼肉都要"整"，蹄髈就是完整的肘部。不过慢慢地，家人都觉得还是红烧肉在数量上可以把握，并且一口一块也更加过瘾。过年的红烧肉和平时的版本有什么区别？闹忙说，一是要收汁收得干，油花和汁水形成水乳交融的黏稠状态包裹在肉上，每一块都黑亮黑亮闪动着光泽。要是平时，肉汁剩下来还可以用来煮菜或者下饭吃上好几顿，往往不会大火收尽汤汁。二是红烧肉总要伴着另外的食材来一起烧，那种食材借了肉香提味，烧出来更胜一筹，红烧肉反而退居到次要位置。

这大概是让北方人感到想象力缺乏的部分。红烧肉在北方也就会和土豆同烧，在南方却有了千姿百态的伴侣。最平常的是加鸡蛋或者百叶结，随着季节和时令变化，还可以加芋艿、板栗或是慈姑。红烧肉和海味同炖也是惯常做法。小的墨鱼仔不如那些巴掌大、肉质厚实的墨鱼吸足肉汁后咀嚼起来过瘾，鲍鱼今天看起来虽然显得金贵，但只要是吃过黄鱼鲞烧肉的人，这样的土豪海味便无法入其法眼——上海作家沈嘉禄提到一种"白鲞"品质最佳。在野生大黄鱼还是寻常海鲜的年代，大黄鱼腌制后暴晒制成黄鱼鲞，其中少盐而味淡者，晒干后表面会有一层薄霜样的盐花，称作白鲞。鱼鲞借了猪肉的润泽，猪肉中渗进了鱼鲞的鲜味，便是两种食材的相互成就。

红烧肉旁边的另一口锅里还有更加惊艳的菜肴正在加工，同样体现了本帮菜浓油赤酱的特点，这就是一只八宝酱鸭。禽类里全国人民的消费大宗是鸡肉，这两年还有赶超猪肉的趋势。鸭子之所以不如鸡来得普遍，首先在于并不是所有人都能接受鸭肉独特的气味，另外则是鸭子加工处理稍微复杂。"鸡用开水就可以整只褪毛，鸭子身上则有一层细小绒毛需要一根一根手工来拔。所以你看对老上海的描写里，总会有一位大叔或大姐在石库门弄堂口坐着来剔鸭毛，鸭子泡在旁边的铅桶里，一搞就是一两个小时。"闹忙说。但这些都没有妨碍爱好者们的吃鸭热情，全国有河湖的地区都有以鸭子为代表的名菜，江苏南京有盐水鸭，湖南永州有血鸭，湖北武汉有鸭脖子等各种卤制的鸭部位，四川成都有樟茶鸭，上海则有八宝鸭。八宝鸭要按照起源来说，也是借鉴苏帮菜的八宝鸡——据说是上海荣顺馆"偷师"另一家大鸿运酒楼，彼时酒楼中已经有了一道脱骨八宝鸡。换成鸭子之后，鸭子的肚腔比鸡大，容纳的八宝馅料更多，并且鸭肉在中医理论里有滋阴养胃、利水消肿等功效，八宝鸭受欢迎程度反而青出于蓝。

闹忙的烹鸭子秘诀，第一是必须选用苏北地区的麻鸭。汪曾祺笔下的高邮咸蛋正是出自这种麻鸭。咸鸭蛋的蛋黄是通红的，"筷子头一扎下去，吱——红油就冒出来"。鸭蛋的质量和鸭子的日常吃食和每日活动有关，鸭肉必然也不逊色。闹忙一开始尝试用过山东微山湖的鸭子，肉质和气味都不是那么回事。又一要点是要用母鸭。母鸭油多，冬天油脂尤其丰厚。烧鸭的

上图：闹忙做的红烧肉，每块都乌黑油亮，是本帮菜浓油赤酱的风格（宝丁摄）
下图：闹忙做好的八宝酱鸭，每一口腹中馅料都要搭配鸭皮才好吃（宝丁摄）

过程中，不仅要花费时间撇掉浮油，鸭子的重量还会大幅度缩水，所以多数人会用公鸭。但闹忙认为油脂能给鸭肉以香气，又能让它润而不柴，多道工序完全是值得的。"八宝"是馅料种类的虚指，各家会有不同的组合。闹忙用了香菇、莲子、银杏、五花肉、冬笋、板栗、糯米几种，还要把鸭胗切丁再拌回去，这样物尽其用的方法算是家常菜的本色。做好的八宝鸭剖开肚子，热气伴着香气升腾起来，每吃一口，须得伴着酱色的鸭皮一起，味道才够丰富。另有一种八宝葫芦鸭，是将鸭子拆骨后，中间一勒，做成葫芦形状。闹忙就说，拆骨不难，只是剔去骨头后味型中少了骨香，并不可取。同样的例子，是本帮菜中，无论葱烤大排还是炸猪排里都会用到的带骨大排。"外地人可能不理解，为什么要花钱来买骨头的重量呢？骨头能带来香气，骨肉相连处的肉质更别有一番吃头。都说上海人精明，实际是大处算计，小处不算计，愿意为了这点滋味而买单。"

闹忙家的年饭餐桌上不见鸡肉，整只母鸡是提前炖汤做成最有团圆寓意的一道年菜——全家福，锅中将蛋饺、猪皮、鱼丸、肉丸、咸肉、冬笋等食材密密地排布好。闹忙家比较特殊的做法是还要将饭桌上每道菜用到的东西都扔一点下去，最后再浇上鸡汤，上桌时一定要处于沸腾状态。不同地域的年节饮食文化中，总有一道"杂烩"风格的汤菜，像是安徽有一品锅，云南有炊锅，广东有盆菜，都是多种多样的食材，层层叠叠地来放置。并且吃时还有说法：一品锅中，一定要从上往下吃，每人吃几块蛋饺、油豆腐、红烧肉或是白萝卜都是固定的；而吃盆菜，大家则上来就要一起将盆中食物翻来覆去地倒腾几遍，这代表着新一年的齐心协力和时来运转。闹忙家吃这道菜没有这些繁文缛节。但按照他家的习惯，除了凉菜之外，热菜都是母亲在厨房做一道，端出来大家一起吃一道。这样既能避免浪费，也能保证下箸时是食物最好的状态。这道"全家福"倒是一定不能省，它赋予了整个年饭餐桌的"精气神"。

　　牛羊肉类的年节大菜，还需要到回民的餐桌上寻找。北京爆肚涮锅店"金生隆"的第三代掌门人冯国明家每年春节都要举行至少10人的聚餐，那场景听着就让人神往："大家必须齐动手，味道咸了淡了、颜色深了浅了、欠火还是过火了，都是餐桌上的笑料。十几个人簇拥在一起，小孙子要抱在腿上，有几个人要挤在床沿儿上，但这可比在餐厅里规规矩矩地吃和坐生趣得多了！"冯家人都是肉类的拥趸。在冯国明的印象里，这顿团圆饭向来都是要在家做的，陆续端出来的也都是那些传统的、既费时也费力的牛羊肉类菜肴。

　　第一道必是炸松肉。清真菜式各地都不相同，松肉就是北京独有的。它是用油皮将牛肉馅儿夹在中间，切成长方块后进行油炸。油皮是豆浆冷却后上面凝结的那层薄皮。冯家一定要买那种薄得几近透明的油皮，"否则要咬起来就像牛皮纸一样"。松肉的"松"字，用来形容入口时那种蓬松暄腾的口感。除了肥瘦相间的牛肉馅儿外，还要混入一种杂豆面炸成的"咯吱"，才能造就"松"的效果。有的餐馆卖的松肉，里面加入了土豆泥，不仅显得用料不实在，口感也相差甚远。"一炸松肉，厨房里就闹腾极了。这边油锅里还嗞咧嗞咧地滚着新一拨松肉，那边盛进盘子里两边焦黄的松肉已经有孩子过来偷吃了。他们也不吃整的肉块，而是捻起碎了的渣滓、掉了的油皮角儿，嚼起来要更香。"松肉需要炸多一些，因为还能再做下一道"扣松肉"。葱姜炝锅，加入肉汤和酱油调成酱汁，浇到炸好的松肉上再上锅去蒸，接着扣出来，多余的酱汁下水淀粉调成芡汁最后淋在上面。两道菜别看是同样的食材，一个吃的是酥香，一个吃的是汁水渗入后的松软入味儿。"我的父亲就有句名言：做菜要'一百个菜一百个味'和'一百个菜一个味'。听来有些矛盾，其实前者说的是味型的丰富不重样，后者说的则是同一道菜在出品

左上图：葱爆羊肉中，对羊肉部位的选择很有讲究，需要有肥有瘦（宝丁摄）

右上图：冯家的炸松肉里有独特的香料配方（宝丁摄）

下图：炸松肉是北京回民年节时必有的菜式，必须亲自动手炸制（宝丁摄）

上的稳定。"冯国明一直将它牢记于心。

"金生隆"的历史可以追溯到清代光绪年间。当年祖父冯天杰从山东临清来到北京，在紫禁城东华门外的街上卖爆肚来维持生计。等到父亲冯金生帮忙打理生意时，买卖搬进了王府井的东安市场，从游商变为了正规商铺，菜品也在爆肚之外增加了属于高端类型的涮羊肉。1956年公私合营后，"金生隆"的招牌就和冯家没有关系了，直到1996年，年近50岁的冯国明放弃了国企工作，再次把这块老招牌竖了起来。曾经几次有老人颤颤巍巍地找过来，因为相隔数十年再次吃到熟悉的味道而老泪纵横，这就是出品多年未变的魅力。"金生隆"的羊肉以对部位的细分著称。羊肉能切出八个部分来卖，分别是：羊上脑、大三岔、羊里脊、羊磨裆、一头沉、黄瓜条、羊腱子和羊筋肉。"不同部位带来的口感差异很重要。同样都是嫩，大三岔是后腿上方的肉，处于臀部、腿和腰的连接处而得名，属于肥嫩；羊腱子是内藏筋的肌肉，是脆嫩；黄瓜条则是甜嫩了。"冯家过年也会有一天专门来吃涮羊肉，以如豆腐般滑嫩的羊尾油开始，结束便是黄瓜条。黄瓜条的部位一只羊只能出四两，是专留给家里牙口不好的老太太的精品。

正是由于对羊肉部位的重视，就是听起来简简单单的葱爆羊肉，在冯家也格外有讲究。"两大盘子端上年夜饭的餐桌，准备一下就吃光。"一份羊肉里须得有肥有瘦，肥的部分来自大三岔，瘦的部分来自磨裆，就是臀部的肉，只连着一点点羊尾巴油。冯国明说，葱爆肉全国有三种流派："新疆爆"羊肉须裹蛋清，调料多一味孜然；"河间爆"羊肉要沾淀粉，大葱切成长丝；"北京爆"则最凸显羊肉的本味，直接下锅，并不用事先裹任何调料腌制。切葱也有学问，滚刀切小段，吃起来不会咬不动葱里的纤维，也会很均匀地分布在成品里。让冯国明难以忘怀的是原来父亲用一块烧红了的大铁铛子来卖葱爆羊肉。"底下一直火不断，铛子温度相当高，冒出蓝烟。羊肉片刚放下去就'刺啦'一声激发出香气。根本不用吆喝，这股子香气就会把客人拽进门。"家里的炒锅虽然达不到那个温度，但冯国明为我演示起来那股扑鼻的羊肉奶香伴着大葱的焦香已经让我垂涎欲滴，出锅前溜着滚烫的锅边倒下的几滴米醋，只有醋香而无醋酸，为这道菜带来点睛之笔。

无论是葱爆羊肉，还是炖牛肉、烧牛尾，在冯国明的指导下，冯家人都能上手。唯有一道扒肉条，对烹饪技艺的要求最高，冯国明必须亲力亲为。"这个菜一考验刀工。你在餐厅吃到的都是薄肉片了，要切成肉条咬起来才有肉感。二考验部位有没有选对，要用羊腰窝紧贴肋条的肉。先是大块肉下锅来炖，肉不能炖烂，还得立得住刀。"切成肉条后，淋上酱油和肉汤调成的肉汁还要蒸15分钟。最后一步是技艺展现的时刻——肉条要带着汤汁一起滑进炒锅。所谓"扒"，是要肉条在锅中整齐码放，阵形不能乱，加入芡汁后要想渗透均匀，要靠一个大翻勺的动作，也就是颠起炒锅，让肉片在空中划出一条弧线来个大翻身，再回到锅中。之后马上盛入尺二大小的菜盘。两个动作衔接得行云流水，称作"尺二扣勺"。一提起有的餐厅有一大桶事先调好芡的肉汁，就是舀一勺直接浇在肉上来出品的做法，冯国明就连连叹气。扒肉条是不折不扣的北京清真老菜，任何步骤的偷工减料或是功夫不到家都会反映到成品之上。

在北方，人们多吃到的是绵羊肉。冯家买的便是在内蒙古草原放养，又在河北大厂经过清真屠宰的绵羊肉。中国西北地区出产好的绵羊。新疆的昼夜温差大，羊为了御寒长有厚厚的脂肪，用来烤制最好；宁夏盐池的滩羊也好，"吃的是中草药，喝的是沟泉水"，可是羊肉产量小，多是本地消化或者特供；内蒙古的羊便成为北京地区最大的供给，"爆、烤、涮"的用途基本都能满足。内蒙古又以锡林郭勒盟的羊为上乘，锡盟分为西边和东边。西边的草短，羊能吃到草间生长的沙葱和野韭菜，植物的香气反映到肉质里，羊肉就香；东边的草长，是"风吹草低见牛羊"的景象，青草中含水量大，羊肉就显得细嫩。因此买家各取所需。

绵羊和山羊的肉质各有特点：绵羊肉脂肪含量高，更加细腻柔软；山羊肉则有弹性，嚼起来会更香。冯国明告诉我，并不是北方人不爱山羊，实在是山羊的养殖量太小，价格又高——山羊喜欢登高、攀爬，难于管理，又有啃食草根、破坏草场的危险，长肉速度逊于绵羊。倒是在南方，本身没有大面积的草场，人们追求口味，更崇尚吃带皮山羊肉。贵州的白山羊、海南的东山羊都是上好的山羊品种，也就成就了贵州羊肉粉、东山红焖羊肉这样的菜式。广东有一道冬季滋补名菜叫"支竹羊腩煲"，用的是两广地区的山羊，腐竹吸满了肉汁，在微滚时端上来，亦是可以成为年节餐桌上的重头戏。

过年岂可无鱼？

鱼在中国传统文化里有着各种深意。年节的餐桌上它不可或缺，是因为鱼有"余"的谐音，象征着家庭殷实富足，年年有余。各地风俗不同，有的地方鱼菜在桌上并不会动筷子，只是摆设，有的地方则吃鱼需要留下头尾。过去在食材匮乏的偏远村镇，甚至会用一只雕刻好的木头鱼摆在盘子里，浇上酱汁，充当真的菜肴，来年重复再用。

在既不临海也缺乏河湖的地区，多用浓墨重彩的方法来烹鱼。北京以前过年之前，许多单位会发给职工冻得硬邦邦的带鱼和黄鱼作为年货，两者都是红烧最好。带鱼的宽度若是能达到三指，便会让人乐得合不拢嘴。将它切段儿后要先炸再烧，这样肉不会散。这时走在单元楼的楼道里，总能闻到油炸带鱼的香气。北京菜以鲁菜为基底。干烧鱼、侉炖鱼、醋椒鱼都是鲁菜中鱼类的名菜，或咸鲜或酸辣，代表着北京人在吃鱼口味上的偏好。

"拾久"餐厅的创始人段誉经营的是"新京菜"。"新京菜"虽不是他首创的概念，但他却通过一系列富有创意的菜肴，让食客感受到了北京菜的新意，开业不到一年餐厅就获得了米其林一星。在段誉看来，"新京菜"的

上图："拾久"餐厅出品的几乎每桌必点的绝味鱼头（连爽摄）
下图："拾久"餐厅出品的意大利黑醋汁带鱼（连爽摄）

"新"意味着融合，即京菜可以借鉴潮菜
的鲜、粤菜的香、淮扬菜的雅和川菜的
味。同时菜品又是立足于传统的，让食客
初尝时感觉似曾相识，仔细品来却能发现
不同。"拾久"餐厅的鱼菜少而精：带鱼
是"意大利黑醋汁带鱼"，带鱼去掉中骨
和边刺后卷成卷儿再炸，之后的糖醋口味
是用意大利黑醋汁完成，味道更为醇厚悠
长。又一道醋椒黄鱼，还是鲁菜的底子，
亮点是改在顾客面前完成从生到熟的过
程——一份黄鱼用花刀切好，到了餐桌
前再按位来烫熟鱼肉，浇上醋椒汁，颇有

仪式感。

"拾久"最受欢迎的莫过于一道"绝味鱼头"。鲁菜中有道"葱烧鱼头"，但段誉认为美中不足之处是厨师往往遵循"千炖豆腐万炖鱼"的原则，鱼头很容易炖老变柴。于是段誉要求这道菜必须体现出原有菜的浓度，又要保持鲜嫩。这就要在 15 分钟内操作完毕，随时调整火候的大小。这道菜看上去会让人联想到川菜，这是由于在临出锅之际倒上了一层炸好的灯笼椒，其实只香不辣，还给了整道菜夺目的色彩。北京人喜欢吃鱼头泡饼，段誉为它搭配的是现炸出锅的油条。剪成小段的油条倒进盛放鱼头的盘子里，顿时吸足了汤汁，入口正是段誉所期待的熟悉中的惊喜。都说过节要有整鱼，这道鱼头有着"鸿运当头"的口彩，在年节时分会备受客人们的青睐。

沿海地区的人民能吃到新鲜的鱼货，烹饪方法自然要考虑到如何突出鱼肉本身的鲜度。在广东湛江，当地人对"鲜"有种极致的追求——好的食材，所经过的人手要越少越好。渔民就开玩笑说，在船上搞一煲水，晚上用大灯在海面照射，有的鱼会直接跳进来，这样的状态来吃就最好了。这虽是笑谈，但本地烹鱼的方法的确简单。日常人们最常吃的是杂鱼汤和鱼虾蟹煲，里面调料无他，只有水、油和盐，最多还有几块姜片。湛江厨师、"金紫荆酒楼"的出品总监郑向阳就告诉我，这些煲类或者汤类用到的都是些平价小鱼，就算有的鱼价格也不便宜，但在春节的餐桌上就显得太过小气了，不如买大鱼装大盘来得有气势。湛江此时正是开渔季节，鱼货丰富。贵的可以选天然的大白仓鱼或者马友鱼，经济实惠的就来条石斑鱼。对待这样的生猛大鱼，几乎就只有清蒸这一种做法了。

可不要小看清蒸，郑向阳所提倡的清蒸方法并没有几个人能用对。比如遇到鱼背厚实的情况，最好从腹部下刀往两边将鱼展开，这样鱼身趴在盘子里不仅卖相靓，最主要的是吃的时候不必翻动鱼身。因为海边渔民会有将鱼翻身的忌讳，那暗示着出海翻船不吉利；又例如蒸鱼的时候最好不要抹盐，

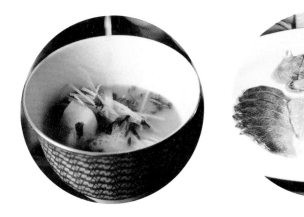

"拾久"餐厅出品的醋椒黄鱼（连荛摄）

那虽能让鱼肉结实挺拔，却也会让鲜味随着水分流失。取而代之的是可以在鱼的周身抹点鸡油，鸡油能增加香味和滑嫩感；而蒸鱼时，有经验的厨师还要根据鱼的大小、厚薄、肉质来确定猛火蒸鱼的时间，一气呵成才能恰到好处。整个从杀鱼、蒸鱼再到上桌的流程一定要快。"一条野生的马友鱼，清蒸出来皮会分泌胶质，奶香奶香的，吃到嘴里简直鲜美得战栗，耳朵都要嗡嗡叫。这种鱼要是厨师在后面花费几个小时搞七搞八，客人怕是要追你九条街！"

江浙一带地处南北之间，对鱼的烹饪也折中南北的做法，既有清蒸，也有其他。新鲜的鱼货就一定要原汁原味来享用吗？舟山美食作家、《舟山老味道》的作者袁甲对我说，本地人认为鲜味是要通过其他介质激发出来的。鱼本身是鲜，那么加入合适的食材一起烹饪，还能起到鲜上加鲜的作用。舟山人过年团聚时，一道传统大菜是"大黄鱼咸齑汤"，咸齑就是切碎了的咸菜，舟山人会用冬季雪里蕻来腌制。制作时将雪里蕻、鱼和老酒一起入锅，大火煮沸再小火炖烧，直到汤汁呈乳白色。吃鱼喝汤，可谓鲜美至极。野生大黄鱼难觅踪影或是卖到天价，用小黄鱼来代替也能复制百分之六七十记忆中的滋味。同样能起到提鲜作用的食材还有咸肉或酱油腌制的酱油肉。将它们切片插在鱼身上合蒸，是舟山人蒸鱼时的惯常做法。

红烧也不完全是为了掩盖鱼肉的瑕疵，而是利用酱油中的鲜甜来衬托鱼的味道。袁甲说，舟山人还喜欢用菜和鱼同烧。萝卜可以配带鱼，粉丝或土豆配鲳鱼，豆腐配上虾潺，再以酱油来融合两种食材。这结果就像是红烧肉里的配菜，一定会抢掉主角的风头。在强调"年年有余"的餐桌上，经过红烧调味后的鱼肉更利于保存。红烧过的带鱼伴着汤汁冷却下来会形成带鱼冻。等到年初一时准备一碗白米饭，将鱼冻埋入滚烫的米饭中，就会感叹这绝对是下饭的恩物。

素菜的逆袭

酒过三巡，菜过五味之后，总觉得肠胃负担过重。素菜上桌，便如一股清流淌过。《四季蔬：小白素食记录》一书的作者小白自豪地和我说，她家年节餐桌上的素菜全部由她负责。所有的荤菜都会有剩余，素菜一定是一扫而光。素菜和荤菜的关系总像是绿叶衬托红花，但从大家的喜爱程度上来说，又不能不说是属于素菜的胜利。

如果提到素菜你只能想到清炒、蒜蓉和白灼之类，一定是见识限制了你的想象力。小白在 2008 年时看了一些关于工业化养殖的纪录片，对家禽家畜的处境感到心痛，便开始尝试吃素。起初她能想到的加工办法也很有限。不过她喜欢到处旅游，也经常向不同的朋友来打探求教，很快就有了丰富的菜谱。绿叶菜只能清淡来吃吗？宁波有爊菜，就是最常见的本地青菜用酱油冰糖去"爊熟"，看起来乌黑一团并不好看，吃起来鲜甜软糯，加入年糕就是一道本地人喜爱的"爊菜年糕"；向来只听过蓑衣黄瓜，可你知道蓑衣萝卜也是道菜吗？四川自贡人会把红萝卜用滚刀但又不断的方法切成连环状。三五寸的一根红萝卜，这样展开比胳膊还长，晾晒在杆子上，是冬日里别样的风景。吃的时候，撕成小片，用料汁拌匀，脆韧爽口；薄荷叶子难道不只是种撒在表面的调味香料吗？在云南，薄荷叶会被油炸，再和同样经过油炸的豆腐或是红腰豆配在一起，香酥无比。

所以素菜的吃法并不少，只是每种素菜的加工潜力我们没有看到。以前肉食缺乏，人们变着法儿地去琢磨素菜的吃法，那些老菜谱正在被遗忘。不久前小白从朋友那里学到一道馇豆腐，就是穷的时候用素菜想出来的招数：馇是熬煮的意思，一大锅出来有汤有菜还有点粮食，能够喂饱一家人的肚子。说是豆腐，其实用的是豆浆。将豆浆煮沸，加点小米，再把手边可得的绿叶蔬菜切丁扔下去一起来熬，一锅馇豆腐就成了。人们还会现把花椒烘干磨粉撒在里面，简朴至极，却有着豆香米香菜香花椒香扑面而来。配上一碟子香菜丝、葱丝和辣椒丝拌成的小菜，反而让吃惯了大鱼大肉的人食指大动。

许多素菜又生性脆弱，只能局限于当地消费，外地人并不知晓其美味程度。云南的素菜太丰盛了，好比建水的草芽，外观有点像白芦笋，表皮脆嫩，中间如海绵般柔软，第一次吃会赞叹水田的污泥中竟能长出如此纯白可口的尤物。但经过空运到北京就会发黑。洱海的海菜也好，和芋头一起煮汤，在顺滑中既能吃到海菜的脆，又能品味芋头的糯。可海菜必须要低温运输，成本陡增，卖不出价钱。这些素菜偶尔得到，都应该格外珍惜，它们为餐桌增添了一丝神秘之感。

让素菜能征服味蕾，"好吃"是唯一要义。之前小白做素食餐厅，整个视觉设计都没有任何强调这是素菜馆子的文字标识。"因为不想让人集中在'没有肉'上，那么吃惯肉食的人天然就带有失望情绪。只要让他们觉得美味，胃口获得满足即可。"总有人对某种素菜怀有偏见：有人嫌弃白萝卜有股臭味，小白将它白煮后，配以云南单山的蘸水调料，反而清爽可口；有人形容生胡萝卜是种"机油味"，小白把它切丝用盐腌过，再滴上橄榄油和柠檬汁，就只有清香留下；也有人觉得直接食用彩椒会有股生涩的气味，小白

上图：四喜蒸饺用的都是素馅儿，摆上桌就很有年节气息（沈佳婷摄）

下图：一道馇豆腐，是过去人们缺乏肉食时想出的烹饪方法，现在来吃，反而清淡开胃（小白摄）

便借鉴地中海那边的做法,将它烤熟去皮再和其他调料去拌。小白偶尔也会在家里办全素的家宴,每道菜都是家庭就能完成的烹饪处理,全无重复之感,让人慨叹的只有原来素食也可以做到如此多样。

有的素菜餐馆会有"仿荤"的做法。另外一位曾在北京管理多家素菜餐厅的厨师赵斌就对我说,仿荤菜多用大豆蛋白与面筋、淀粉、海藻胶等来完成塑型。这就会有几个问题:首先为了达到荤菜的口感,里面难免要加色素香精等添加剂;并且同样要经过煎、炸、烤等过程,其中蕴含的脂肪热量,不亚于它直接模仿的荤菜。所以赵斌压根儿就不会去做仿荤菜。但考虑到许多吃素的人,之前都有吃荤的基础,他会使用一些方法能唤起食客对肉食的记忆,吃到嘴里便新鲜好奇。他提到自己做过的一道浓汤,乳白的颜色是用煎鸡蛋加开水形成的,上面一层黄色的类似"鸡油"的物质实际是用南瓜蓉做出来的,汤的鲜度还来自里面几种不同的菌类。对于仿荤菜,小白也有类似的看法。但她借鉴的是荤菜中一些经典的味型方式,例如她会将土豆做成"三杯"的味道,也就是参考台式"三杯鸡"的做法,用到米酒、麻油和生抽,上面再撒九层塔。像是咖喱菜花、照烧茄子、糖醋藕条也是相似的思路。

在年节的餐桌上,素菜的另一亮点就是能带来颜色上的跳跃。小白也会特别安排那些看上去眼前一亮的菜式。清代皇家要在除夕来制作素馅饺子。相传是因为清太祖努尔哈赤以十三副遗甲起兵,为夺取统治权杀伤无数后,以这种方式来祭奠亡魂。今天像在天津,年初一也有吃素饺子的习惯,图的是一年"素素净净"。小白制作的是一种素馅的四喜蒸饺。区别于一般馅料在内的元宝形饺子,这样的蒸饺是将饺子皮对着掐两道,形成四角空、中间黏合的四方角形,再把馅料填充进去。馅料有五种:中间是炒过的莲藕和平菇碎,四个角分别是胡萝卜、木耳、菠菜和娃娃菜。看上去每粒饺子都如花朵般绽放,自带欢快喜庆的气场。

序二

年夜饭中的情与味

黑麦

所谓"味不全不成席，人不齐不成宴"，说的就是大年三十这顿年夜饭。

当桌上的四菜一汤、一盅两件，变成八九大碗的时候，你就会知道，年来了。

所谓一盅两件，是广东人的茶楼日常；四菜一汤，是北方人的好客招待；餐盘数量代表着中国人对于这桌宴席的重视程度。八大碗、九大碗，也并非实际数量，容器也可盘可碗，可锅可屉，大碗在过去代表着一种声势，如今被替换成了精致的器皿。不过，在饮食文化迥异的南北方，大碗成为两方约定俗成的统一叫法，自此，也确立了年夜饭在中国餐桌上的地位。

在今天的城市中，日常的繁忙工作和惬意的田园生活，成为不可调和的矛盾，"治大国"和"烹小鲜"，由此变为两种截然不同的生活方式。应酬和饭局比比皆是，每一顿饭，每一个局似乎都格外重要，它也在消解着人们对于家宴的眷恋。由此也产生了一个问题，那顿极具形式感的年夜饭，还重要吗？

年夜饭最早出现在汉代，汉武帝统一了历法，正月初一的春节由此名正言顺，散落在各地的民间习俗，也逐渐向一家人聚餐的方向靠拢。不过最早的年夜饭，仅围绕着"稻、黍、稷、麦、菽、苽"六谷烹饪。张岱在《夜航船》里说的"汉高祖作汉饼，金日磾作胡饼"，说的不过是这些试图变着花样翻新的主食。

年夜饭是宴，而中国人心目中顶级的宴，却是紫禁城里的满汉全席，坊间传闻中的"满汉全席源起康熙66大寿，乃清朝最高级国宴"，是人们对于盛宴的幻想，不过，厨房里的厨师们，认同的是宫廷宴席里的规矩和海纳百川的烹饪场面，而老百姓或是吃客则记住了它的繁文缛节和多姿多味，总之，它随着相声段子的贯口，成为一种宴席的标准。排场，浓缩了中国人的礼仪、风俗，菜色混合，仪式精致考究，也与年味相称。

但真正能传入百姓家里的，不是满汉风味，而是全席，"全"也并非指代食材涉猎或是烹饪技法，而是全家到场人数。所谓"味不全不成席，人不齐不成宴"，正是如此。寻觅美食的过程，是"知味"，也关乎"知情"。"北方饺子，南方汤圆"，早已不是什么特定的习惯，当食物分界被贯穿全国的交通和互联网所打破时，隐藏在食物背后的文化内涵和味道，也呈现出不同的面貌。乡愁与亲情，似乎又在其中捍卫着某种传统意识，老旧的烹饪，并非是人们的某种陈旧认知或是习惯，一年一度的家宴，似乎也在传承着生活的观念与信仰。

小锅、掼蛋、七分倒

从北京到泾县，高铁5小时有余，走出车站，随处可见绵长并无势的小山，腊月的南方，一团水气包裹着山间的深绿，眼中的场景也随即变得温婉起来。茶园、烟草园和造纸厂，循环出现，经过一个小时的颠簸后，车窗外出现了一个不大点的小城。远看这城的名字是两个红点，走近依稀辨认出"宣城"二字，不知道这字是谁题的，显得有些潦草。

我用了几分钟的时间，才在手机地图上找到宣城的确切位置，东临杭州、湖州，南倚黄山，毗邻西部的池州、芜湖，又与南京、常州、无锡接壤，这座处在沪宁杭大三角西部腰线上的城市，似乎在地理上形成了一个分割点。

这个皖南城市给我的第一印象是"湿"，犹如一个天然的冰箱，即便是坐在车里也能感到那种扑面而来的潮气，它不似北方固体式的冷风，竟可以轻而易举地渗透到羽绒服与皮肤接触的那层。这种潮湿让我很快想到了葡萄酒的贮藏室，或是低温贮藏的冷库，高于60%的湿度，低于10摄氏度的体感温度，对人来说，有些阴冷，而对一些食物而言，这是绝佳的贮藏和发酵环境。

腊月二十三，早晨6点，我的朋友吴进明开着他的宝马车闯进了市区外延的一家农贸市场。他穿着尖头皮鞋和长风衣，在湿气弥漫的晨雾中点起一支煊赫门香烟，看起来有些"社会"。走在市场里，他不时和商贩们打着招呼，一边向每一个人介绍我和摄影师于楚众——"北京来的朋友"。老吴曾经做过几年厨师，后来在宣城开了小饭馆，每天清晨买菜是他的日常。

祀灶日的安徽菜市场，随处可见拉着拖车采购的老太太，她们大多穿着厚厚的棉服，裹着各色头巾，很是惹眼。约有上千只鸡、鸭、鹅等各式禽类会聚于此，农户捆住了它们的脚，看起来一簇簇的，发出震耳欲聋的号叫声。售鱼的"阵线"最长，除了常见的草鱼、青鱼、鲇鱼，上一米的鲢鱼、鲤鱼也随处可见，老吴说："越近年，鱼越大，我见过有人买了特别大的鱼，得两个人抬着回家。"

我好奇地问道，为什么不把鱼切好收拾干净再带走。老吴说了声，"鱼要整"，像是我应该知道一样，说罢，就一头钻进了卖鱼的档口讨价还价起

厨师吴进明偏爱安徽食材，"错不了"是他给餐厅起的名字，
他觉得皖南菜老少咸宜（于楚众摄）

来。我端详着一米长的鱼，好奇应该用什么锅来烹饪才好。人群里又传出他的一声回答："用巨大的柴锅。蒸它。"

售卖青菜的地方，散发出一阵阵泥土的气味，这里仍旧是菜市场的主战场。青白菜、地菜、黄色的胡萝卜、大白菜、小油菜、塔菜、小青菜、鸭脚包、霉豆渣、霉豆子……不停地扰乱着我的判断，让我无从分辨，这到底是南方的菜市场还是北方的菜市场。老吴觉得我的问题很好笑，他说，南北见分晓，不在市场，在厨房。

买完菜，当老吴熟练地把几个塑料袋往车后备厢里塞的时候，突然觉得这辆小城中的豪车，不过是老吴用来拉菜的"东风小康"。"祀灶的规矩因地而异，相差几十里地，一不留神就犯了忌讳，"老吴一边开车一边说，"在市区里的讲究就不那么多了，整整齐齐一顿饭，略像样的几个菜摆出来，对神明的敬意都在这酒里。"老吴的普通话不太标准，说正经事的时候，像吴语，在酒桌上的时候，像个北方人。

吃饭之前的预热必不可少，火坛子和掼蛋，是安徽过年时的必备。装着炭的火坛子，是安徽的暖宝宝，也提供了过年的基本温度。掼蛋则拔高了年味的热度，这种从淮安发迹的扑克游戏，带着一点赌性，在节日里，把人与人之间的关系又一次拉近。不时地有客人走进走出，老吴仍旧重复着那句话，"北京来的朋友"，客人们冲我们笑笑，然后问道，"会打掼蛋吗？"

安徽臭鳜鱼的传说和由来版本不少，老吴讲的也没什么特别之处，他对这个鱼的看法，有点忆苦思甜之意："在过去，牛、羊、猪、狗、鸡都不舍得宰杀，不舍得吃是因为匮乏，久而久之生出一个做鱼的想法，你要说这鱼有多好吃，我不敢保证你一定喜欢，因为比这个做法更合大家胃口的肯定有的啦，但是这个滋味只有臭鳜鱼身上才有，这是安徽人最熟悉的家乡味道。"

刚要下筷子夹鱼，便被止住了。问其故，答，在安徽，初一到初七不动刀，不动火，要是把过节摆桌的鱼给吃了，罪过可大了。原来如此。"皖南以前穷，年三十之前就把接下来几天的菜都做出来了，吃饭前就把冷的热一热，反正山区里没有什么东西吃，过年做整条鱼，就为了摆着，初一到初七，随着三顿饭上桌，没有人舍得吃，另外也是图个吉利，所以这个习惯一直保持到现在。"老吴的媳妇说完，我还真有点沮丧，一方面觉得这鱼放了几天，肯定坏了味道，另一方面北方现在的臭鳜鱼大多是用臭豆腐腌制的，好奇靠天然发酵鳜鱼是怎样一种滋味。不多一会儿，老吴端着一盘臭鳜鱼上了桌，说道："我们现在过年一般都做两条鱼，这条就是为了吃的。"放下茶杯，拿起筷子，细嫩、无细刺的鳜鱼肉，在口中轻松散开，混着带辣味的酱油和蚝油，渐渐析出发酵的味道，它似乎激活了这鱼肉的香味，吃上一口并不觉得臭，反而有一点香甜。"夏天的时候发酵几个小时就够了，冬天的时候时间长一点，你问这肉为什么不臭，那是因为发酵的时候加了料酒、蒜、小葱、生姜……"老吴就着黄酒，夸夸其谈起来。

小锅是安徽的一个特色，因为天气湿冷，不断加热的小锅可以长时间保存菜的温度，用的时间久了，就成了一种特色菜肴。如今的小锅，可以装进不少南北食材，除了本地的高瓜（茭白）、笋、霜打的小萝卜、水阳三宝里的豆腐干、鸭翅、鸭脚包，高至磨盘山的野味，低至南漪湖里的小鱼、低洼地里的塌山货，北至东北的冻豆腐、土豆，南至广东、福建的海鱼、青虾，都可囊括其中。不像被旅游开发过的黟县，这里的土菜呈现出别样的风味，就是这样，质朴也有自然的生气。

如果有人想早退席，必须亮出碗底和杯底，才能被放走；喝酒的时候是不能吃主食的，如果不经意添了米饭，夹了馒头，就不得不放下酒杯安心吃饭。如果考据菜系来源，那桌上就少了些生动，聊不过十分钟，就会陷入沉默；如果聊到喝酒，情感就会源源不断地迸发出来。酒桌上有北方式的豪爽，也有南方式的随意，茶倒七分满，酒要倒满。安徽人碰杯挺有意思，眼看着就要撞上了，手却急速地收了回来，美其名曰"撞上就得干了"。老吴说安徽人死要面子活受罪，在座的频频点头。他酒量一般，却喜欢劝酒，桌上的菜转了三圈，舌头便硬了，安徽话不时混着普通话，酒也倒不满了。

这一桌皖南土菜，似乎也印证了我的观点，它犹如一个地理分割点，融汇着来自南北的烹饪和饮食冲突，但也开发出适合自己的滋味，粗糙和精细交替完成着对食物的理解，面与米毫无冲突，口味的轻重也无法断定这里的人对于作料的依赖。走进厨房，就会发现这里根本没有什么特别的调味，或许造成这差别的只是蚝油？

我的宣城朋友方磊说，宣城人散落在全国各地。似乎这句话也点醒了我，的确，这会让皖南的土菜显得异常均衡，如果说对咸味的理解更像北方，那么对鲜甜的敏感更接近于南方。每到年底，当辛勤了一年的、从祖国各地返乡的人会聚在一起时，他们最为期待的味道，仍旧是这融汇南北的故乡之味。

熬、炒、咕嘟、炖

柴鑫是乡味小厨的主厨，走进他的厨房时，他刚忙活完中午的生意，白色的围裙上带着一点油渍，像是战士脸上骄傲的迷彩。这位 80 后大厨说话时，带着一口北京腔，他直入主题，说除了厨德和厨技之外，做菜要讲究情感。

塑造乡味小厨特殊风味的原因，或许和柴鑫小时候的记忆有关，在他的记忆中，年夜饭是一年当中最重要的一顿饭了。20 世纪 80 年代的时候，柴鑫在奶奶家长大，那时候一家人都住在北京石景山区，400 平方米的院子中央是个老建筑，逢年过节，亲戚们都会来这里聚一聚。"我们家人口不算多，可能就是因为人口不多，所以家里条件还算可以。"柴鑫说，每年掌勺的必是自己的奶奶，爱操持家里的这一大桌饭，大概是从老家唐山带来的习惯，那是老人一年当中最为欣慰、得意的日子，也是老人最能拿主意的几天。

大年三十下午，烧热的柴锅还有余温，炖五花肉炖肘子剔下的边角料，搁院子里晾着去了，随着温度的释放，变成了北方最常见的凉菜——肉皮冻儿。北方冬天的厨房是没有炉子的，凉飕飕的，有胶质的菜放凉了，就出了冻儿，那时候不会专门去做什么冻儿，通常就是有什么肉菜，就顺便做个什么冻儿，鱼冻儿、猪皮冻儿，都是这么来的，随着冻儿的装盘，拍个黄瓜、炸个花生米也不费工夫，下酒菜准备得差不多了，亲戚们也差不多都到了。

年前买的肘子、鸡和排骨，一锅挨着一锅地炖，感觉一家人要赶在大年三十之前把肉都做出来的样子，无论是否吃得完，都要在春晚开播的一瞬间，把家里的气氛推向高潮。熬、炒、咕嘟、炖，是柴鑫形容家里厨房的动静，也是北方厨房最常见的烹饪手法，在很长一段时间里，北方菜经久不衰的风味，大多来自熬、炒、咕嘟、炖。

有几个菜的烹饪过程，不在其中，其中一道是熏鸡。"我们家特别爱做熏鸡，那时候图省事，把鸡卤好以后就在街上拾点松枝回来，点上火，就着茶叶末，往锅里'噗'地一扔，再扔点米，'啪'这么一烧，没几分钟，这熏鸡就行了。"柴鑫讲烹饪过程的时候特别喜欢带拟声词，好像那些声音是菜谱上的一个关键步骤，他继续说："过年杀鸡，是我们家这一代的传统，鸡爪子一般被叫抓钱手嘛，谁赶上啃鸡爪子，来年运气肯定错不了。"

柴鑫记忆中的炸烹大虾、香草冰淇淋、绿豆糕、桂花莲蓉藕盒等（老也摄）

　　炸物一度是奢侈品。"成斤的油倒进锅里，冒出的豆香，能把小孩馋得流口水。"柴鑫说，"即便是北京，各个地区备的年货也大不相同，我之前在酒店工作时的师傅是朝阳、通州一带的，他们家那边就特别喜欢炸咯吱盒，以前那边还有庄稼地，农民过年都会做这些，味道就像牛街的炸馓子。"柴鑫继续说道："以前老北京人过年必炸带鱼，还有丸子，那都是因为平时的油摄入量少，逢年过节吃上几顿油腻腻的东西，有一种特别的幸福感，但是现在没人惦记吃炸鱼了，现在吃鱼讲究吃鲜。小时候的鱼都没土腥味，那时候水好，现在北方餐桌上的鱼大多成了海鱼，鲈鱼、黄鱼什么的，反正人们的口味是越来越刁了。"

　　花几毛钱打啤酒，是小柴鑫最喜欢去替大人干的事。站在合作社的大锅炉旁，等着新鲜的啤酒灌满暖壶，用手沾一下溢出来的白色泡沫，酸中带苦，塞上瓶盖，一溜烟地跑回家。说着，柴鑫又开始回忆起了 90 年代："我学厨先学的粤菜，为什么呢？那时候说宴请，都是粤菜，南方菜食材讲究，也新鲜，真正的北方菜，都是官府菜，想吃得去大酒楼，普通小饭馆里的菜无非是宫保鸡丁、糖醋里脊和鱼香肉丝，那时候你要想吃个葱爆羊肉还真没有，要不就拿肉票买了回家自己炒去，不会做的人还真是吃不着这口儿。"

2003年，20岁出头的柴鑫开始了他的北京菜尝试，在入职君悦酒店的长安壹号之前，他也纠结了良久，毕竟学的是粤菜，又有那么多食材可以拓展，而当时还不成气候的北方菜是否能在北京找到自己的客人呢？"其实如果你放到今天去想，就会简单很多，每年有那么多游客来到北京，说到吃，不能总让人吃粤菜吧，很多来北京的朋友也问我，你们北京除了烤鸭还有什么可以吃的？其实，那时候我除了炸酱面还真说不出什么来，粤菜、鲁菜倒是能说出一大堆。所以我们那会儿就开始'放大'北京菜，找各种做法和口味，葱爆羊肉、北京填鸭、炖牛尾、红焖大虾，这都是北方过年的大菜。"2013年4月，柴鑫来到北京瑰丽酒店乡味小厨担任厨师长。而此时，他对北方菜有了新的认知，酱油在加热过程中的变化：糖分减少，酸度增加，颜色加深。由此，简单的调味剂，也有了多变的可能性。

北方人离不开饺子，北京人恨不得过元旦都吃顿饺子。柴鑫家也不例外，猪肉白菜和羊肉大葱是柴家的固定馅料。"其实吃到饺子的时候，大家已经不饿了，该放炮的放炮，该喝酒的喝酒，饺子就是12点必须出现的一个菜。"柴鑫说。直到今天，柴鑫一家还在石景山的老院子里过年，柴奶奶今年87岁，柴鑫偶尔也能混个在家给奶奶帮厨的差事，不过，鱼的品种早已变成了东星斑、石斑，味道还是柴家的老北京味儿。

同是北京的厨师，刘鹏的记忆则不仅限于北京，或许这和他是西餐厨师有关。"去年春节前我去加拿大参加'华人春节的年夜饭'节目录制，回来时，已经是大年二十九了。我就赶忙去市场采购，卖菜的说，你赶紧挑吧，下午4点我们这儿就贴封条了，所有人都回家过年。我买完菜和肉，看见库房还有一个没盖的砂锅，也买了回来，到家就开始忙活。"刘鹏讲这段的时候口气急促，好像是刚做完这道菜一样，继续说道："我把炸过的腐竹垫在最下面，然后再放上香菇、海米、马蹄、海参、活鲍鱼、斩成件的鸡，自家做的丸子铺在上面，最后把卤肉和卤鸡的汁加进去，炖了好一会儿，最后摆成盆菜（全家福）的样子。"

砂锅往桌上这一搁，里头的丸子和海鲜随泡翻滚，咕嘟的声音，热气腾腾的感觉，顿时有了团圆的味道。刘鹏说，过年唯有个锅子，才能烘托出年味，锅子又不像火锅那么肤浅，一家子边吃边聊，几个小时下来锅还是温的，有菜有汤，最后还能涮点白菜清清口。

除了这粤式的锅，川味的扣肉也是他最中意的菜品。随着锅盖的打开，糯而清香的肉翻出秋油的金黄色，酥而爽口，有肥有瘦，红白相间，嫩而不糜，米粉油润，香味浓郁。"不同地区的菜，会让一桌宴席变得丰富，有意思。"刘鹏说他最近常去各地做菜，昆明、丽江、扬州、苏州等地一路走下去，也不断更新着自己的口味，和全家的年夜饭菜单。最近，他常去大红门附近的温州菜市场，那里有北方餐桌上不常见的虾干、菜干，还有不少叫不出名字、猜不出做法的菜，他说他很少把这个菜市场分享给别人，生怕它变成下一个三源里（菜市场）。

八宝、蛋饺、老菜

上海年夜饭的压轴菜，必是八宝饭。四平八稳地上桌，是一家人的期待。传统的八宝饭里由糯米饭和猪油做底，再放上红枣、莲子、蜜冬瓜、干桂圆等果脯，讲究的老人还会用青红丝来点缀一番。八是上海的新年数字，也掌握着菜单上的规矩，老八样，也是老八碗，就是由白斩鸡、红烧鱼、蛋饺、走油肉等组合而成的年夜饭。

自初一往后，弄堂里向来热闹，亲戚朋友往来不断，客来携礼，待客冲茶。茶是八宝茶，茶内放上青果，上茶时必说一句，祝侬新年里厢钞票多点，随即收发压岁钿。兜兜城隍庙是老一辈的习惯，豫园每个角落都是张灯结彩，吃点传统名吃，再兜兜九曲桥……全上海年味最浓的地方就是这里，不过更多的人喜欢在家里。

上海话的"家"，是"屋里厢"，朱海峰师傅给他的馆子起名的时候，就是想要家的感觉。最近，他的馆子拿下了米其林两星，工作比平时翻倍地忙，尽管两星的头衔不低，但朱师傅仍旧在微调着他心目中的菜单，他觉得每个厨师的菜单，都应该浓缩了心底的一桌宴席。

朱师傅出生在一个上海普通的双职工家庭，那个时候家里的条件算不上太好，一顿饭只能吃一个荷包蛋，朱师傅小时候特别馋，但是家里忙的时候，做一顿要供上好几天。朱师傅最眷恋的一段时光，是小的时候在奶奶家，那是他解馋的地方，也是老上海最深的弄堂。

几家的炉子堆在一起，凑成了"大厨房"，每逢年关，每家都会做些传统菜，那是朱师傅最早的美食记忆，也是他塑造口味的地方。烤麸和银丝荠菜，这两道日常小菜开启了他的味蕾。"虽然是挺日常的小菜，滋味却是忘不掉的。"朱师傅说。

朱师傅偏爱传统的上海老菜，老鸡汤、醉河虾、炸猪排、菜心走油肉、塌菜冬笋是他的专长。或许就是因为做老菜的缘故，几年前，刘德华钦点朱师傅，为他做私人厨师。那时候的"屋里厢"在东四，朱师傅把协作胡同当成弄堂，在北京的旧宅子里捣鼓出拆骨走油蹄髈、煎酿蟹斗……

"过年的时候，我一定会做那种全家福大砂锅，各种各样的蛋饺啊、鱼丸呀，放进汤里面当菜吃，汤我偏爱清汤，有时也会把熏鱼、白斩鸡全部放到那个砂锅里去炖。"朱师傅说，"我是骨子里爱做饭的，现在回到家里还是我去做饭，家里人有时候会收到那种食材礼盒、海鲜大礼包，他们自然是不会做的，所以就交给我了，我在家都是听他们吩咐。"

朱师傅印象最深的年夜饭，是去英国工作的那几年。那时，他像很多在海外工作的厨师一样，也从脏活累活干到主厨。在上海饭馆的老板家做年夜

朱师傅喜欢做蟹粉豆腐、响油鳝丝等上海老菜（李松鼠摄）

饭时，大家泛起了思乡的心绪。为了打起大家的精神，朱师傅要求每个人都做一道菜，不多时，北京的丸子汤、四川的麻婆豆腐、东北的小鸡炖蘑菇等菜摆了一桌，最后朱师傅端出了他做的酱鸭和八宝饭，一桌人才开怀畅饮了起来，也在这些乡味中吃到了别样的过年气氛。

辣椒、腊味、豆腐

四川南充虽小却五脏俱全，作为四川人口第二多的城市，美食在这里"统治"天下，麻将馆和米粉馆按时段切换功能，打牌间隙，刺鼻的炒辣椒味也会激发牌友们的斗志和食欲。每当竹帘画和门神被挂起的时候，离年便不远了。

曹明霞喜欢二次元动漫里的朽木白哉，因为牙牙的小名，便注册了一个名为"朽木牙"的账号，这个平日里喜欢做菜的女孩，几年之间，在"下厨房"上传了近2000道菜谱。她的日常工作和美食没有关系，但是因为自己爱好做饭的缘故，也影响了周围的同事，尽管朝九晚五的工作繁忙，大家还是会腾出时间做做菜，搞一搞烘焙。去年她退掉了自己在市区的房子，在十三陵附近租了个院子，晒腊鸭、腊肉，过起了自给自足的生活。这个 80 后女孩还在院子里搭起一个小温室，里面种了花花草草，当然其中还有做菜必不可少的香料。

在她的记忆中，自己从 5 岁起就给干农活的爷爷奶奶做饭了，不过当时会做的不多，无非是些炒菜和蒸饭，不过没过多久，这个小女孩就在厨房里找到了一种日常生活之外的安宁。"我觉得做菜的时候，这个世界都是安静的，心里只会想到会吃到这道菜的人。"朽木牙说。

在南充，过年必不可少的菜是豆腐。南充的水甜，石磨碾出的豆汁香浓、剔透，点卤之后便凝结成一坨可爱、软糯的豆腐。有福之音，又有福相的豆腐常被用来做成炖锅和麻婆豆腐。"南充的麻婆豆腐不像北方一味地辣，可能是豆香的缘故，很容易吃出豆腐的鲜甜，也可能是做菜时手下酌情了些。"朽木牙说道，"四川人放辣椒是有原则的，比如做水煮鱼之类的，就会放特别多的辣、油和麻椒，因为我们最怕腥味了。四川菜不是处处都是辣味，辣椒只泼撒给那些迎合辣味的食材。"

腌肉也是一大特色，分割成条状的猪肉，会按部分抹上不同的调料，随即逐块放入粗陶大缸之中，同样是料，盐料会析出水分，而干料则会浸入到肉味之中，不出一周，新鲜的腊肉就可以用来炒菜了，而更为肥腻的部分，需要腌上更久。"腊月十二肉开始腌制，十来天以后就可以选出来风干了，一月底的雨水少，特别适合晾肉，每次看到晾晒的腊肉都会觉得有过年回家的感觉。"

南充年夜饭，大多数围绕着这里的物产，黄心苕、大山香米、冬菜、板鸭、皮蛋、凉粉、脆肠、锅盔、河舒豆腐等。朽木牙最喜欢的是南部肥肠和锅盔凉粉。"川菜里的水煮鱼、麻婆豆腐、回锅肉、粉蒸肉和肥肠，都是我家年夜饭最常做的菜。"朽木牙说，"锅盔凉粉则是我从小吃到大的小吃，凉粉就像四川的拉皮，盐锅盔灌的凉粉有金黄的面皮，被火烤熟烤脆，散发出特别原始的麦香味道，咬一口，外脆内软，再吃一口，酱汁就会溢出来。"

和厨师刘鹏一样，朽木牙也对儿时的虾片记忆犹新，"红红绿绿的很好看，吃起来特别酥脆"，是朽木牙的记忆点。"小时候一吃炸虾片就感觉过节了，因为油很稀有，感觉所有的油都是为了攒到过年时炸东西，炸完虾片再炸丸子，炸完丸子过滤一下接着炒菜。"刘鹏说，"那时候不像现在，每家门都敞着过年，小孩儿们到处串，看见谁家有好吃的就会一拥而上，说真的，那时候吃到嘴里的虾片，比吃着真虾还开心。"

朽木牙在北京过了几次年，其间也把爷爷奶奶接了过来，她喜欢南充，因为山间、池边还有很多绿色，虽然来北京后不再生冻疮，但是北方冬季的萧条和屋外的阴霾让她不想出屋，"各有各的好"。朽木牙说她还想再接家里的老人来过年，"还能给川味的年夜饭加一盘地道的烤鸭"。

"猪大爷，不是我要杀你哈，是递刀的叫老子杀嘛。"这是成都人郑光路的《成都旧事》中记载的一段杀猪场景。如今，成都早已蜕变成年轻的都市，不要说杀猪，贴在门上的窗花、门神在城市里都不多见了。

大菜是一位美食博主，在她的记忆中，自己5岁的时候就给家里做了一道鸡哈豆腐。小个子的她，还够不到灶台，蹬着小板凳，勉强够到锅子和炒勺，她往锅里倒点油，然后开始下豆腐，直到炒成金黄色，再倒入葱花、盐、花椒和花椒面，随即出锅装盘。或许是南方女孩都早持家的缘故，她们始终保持着对厨房的热情。

大菜记忆中的年夜饭必有猪肚、鹌鹑蛋、蛋饺、酥肉组成的炖菜。"咸烧白和甜烧白，一般会一起上，因为肉菜很多，所以香肠、腊肉那个时候就显得很普通了，但是如果在大年三十之后，去阳台切一块腊肉，煮一煮，配个青菜汤和白米饭，吃起来也是很香的。"大菜说，"我觉得四川年夜饭就是草根化的亲切，因为川菜对于食材并不是很讲究的，它主要是靠调味嘛，所以这跟四川人的草根又乐天的性格有关系。"

汤圆、油粿、粽

李昌尉是广西钦州人，他的日常工作不是做饭，而是吃饭。他封自己是吃货，并非因为体重，而是家传，李昌尉说自己从小就得到家里人会吃的真传，并开始一发不可收拾。几个月前，他开始用"所谓尉吃什么"这个名字自拍美食节目，四处走访餐厅，对于年夜饭，他自有一套"粤式认知"。

李家人口不少，紧靠海边，那里曾属广东湛江管辖，1949 年后，并入广西。尽管如此，上百年来保持的语言和饮食习俗，仍与广东更为相似。在多数北方人的印象中，盆菜是两广的年饭，其实不然。"北京的广东餐厅、酒楼可能会推荐你吃盆菜，但盆菜其实是这十几年内才开始兴起的，之前可能是围村人过年才会吃的。"李昌尉说，"广东人说九大鬼，其实就是九大碗，里面有些名贵食材，慢慢地人们把这些料装进盆菜，现在条件好了，鲍鱼和大虾都成了日常，人们开始把这些豪华的东西摆进盆菜。"

无鸡不成宴，在两广，鸡肉决定了一席饭的规格。"因为生在广西，好像从来没想过为什么重要的餐饭里一定有鸡，可能是与生俱来地喜欢这种肉质。"李昌尉继续他的分析，"我觉得这可能和祭祖的传统有关，因为祭拜时会放上方肉、整条的带鳞的鱼，还有就是鸡，祭拜结束后，方肉去了皮、鱼肉刮鳞后就可以拿去烧了，白煮过的鸡可以直接切件蘸酱吃。广东人在端午、中秋和春节都会祭祖，久而久之，就成了习惯。"

虽然靠海，但是过年时吃海鲜也要讲究。"钦州这边是不产鲍鱼的，所有海民没有吃鲍鱼的习惯，蟹肉也不多，而且要慢慢嗑，两广在过年的时候喜欢大块的肉，因为吃起来方便、过瘾，所以对虾、生蚝、蒸鱼必不可少，至于蚝豉，早已成为两广和香港人的'开年饭'，因为蚝豉与好市同音，吃到它的人期待来年发财。"李昌尉说。

为寓意而吃的菜比比皆是，萝卜糕、芋头糕和年糕，代表步步高升；唐生菜表示升官发财；即便是北方人有些忌讳的虾，在这里也有哈哈大笑的好意头；而贯通南北的汤圆，早在大年二十九的时候，就会被抢购一空。对于圆形的食物，中国人似乎有着格外的偏好，从华北平原的炸丸子，到皖中平原的糯米丸子；从江浙沪的素菜丸子，再到闽南地区的鱼丸、虾丸、贡丸……团圆的寓意似乎主导着年夜饭的餐桌，它似乎也潜移默化地勾勒出这里的处世哲学。

在广州，替代北方饺子的并非汤圆，而是一种名叫炸油粿的小吃。由于它金黄的脆皮，最早被潮汕人用为敬拜神明的食物。每逢春节，油角和油粿会被塞满芝麻白糖，随后下锅油炸，成为人们一起围炉聊天的零嘴；在香港或是广州，油粿也会被装进待客的船盒，与芋虾、糖果、话梅一并成为春节时期最常吃的消遣食品。

在广西，替代饺子的则是粽子。粽子在广西并非端午节的专属，而是逢年过节的最佳食物。"广西人赋予了粽子新的寓意，图的是一种吉利。"李昌尉说，"端午节我们吃的粽子是碱水粽，没有馅儿，看起来是黄黄的，因为是为了纪念屈原，所以端午节吃的粽子很素雅。但是到了春节，粽子就变得丰富起来，像我外婆家包的粽子配置有黑芝麻、糖腌的肥肉、水晶肉、板栗、虾米、鱿鱼和瑶柱，外面卖的粽子也是越来越夸张，5斤、10斤的都不稀奇，有的猪手粽甚至可以包下整个猪蹄。"

当我们坐在年夜饭桌前重新审视这顿饭时，就会发现，这其中蕴含着大量对文化的讲述，其中也夹杂着中国家庭里最为单纯的感情观念，有些难以启齿的话娓娓道来，有些心照不宣的故事不言自说。因为，食物会说话。

第一章

主 食

断碳水是一时健身的风潮，对主食的喜爱才真正刻印在中国人的基因当中

主食总能以最简单的形式击中人的感情。

为何对主食一往情深

丘濂\文　于楚众\摄影

每年过年之前，我的妈妈都要张罗一轮年货的采购，这里面就以主食为大宗。她脑子里有一张与时俱进的北京主食地图：鼓楼馒头店的戗面大馒头和糖三角得排队去买点儿，丰泽园的银丝卷也不能少，宫门口馒头店的红豆卷可以提上一袋子，年货大集上的黏豆包不能错过，稻香村的百果年糕也要备上一些。事实证明，过年我们是吃不了这些东西的，但这并不妨碍她年复一年的囤积热情。毕竟，在这样忙活的节奏里，才能感到节日到来的气息。在她小时候，过节期间的主食都要动手从头准备。她跟随我的姥姥姥爷，一起用碱面发面蒸馒头，冻在院子里的缸里，整个节日期间的主食就有了。在她看来，要从外边采购，乐趣就已经打折扣了。

"23坐"里，客人在单独的隔间里吃面。服务员上餐时并不露脸

　　然而有一项活动，一定要亲自动手做，是雷打不动的。这就是大年三十的晚上，全家聚拢在一起包饺子。家里虽然添置了绞碎机，但我妈嫌弃它绞出的肉糜太过细腻，咬在嘴里不会有那种肉汁迸裂的口感。此时的饺子馅一定是要自己买肉来剁的。肉要选三分肥七分瘦的猪后腿肉，剁好用酱油、盐、姜末和少许胡椒粉腌上，再放入切碎的红根韭菜，淋上几滴香油。饺子皮当然也不能买现成的，得发面、揉面、切成面剂子现擀。全家人每个人捏出的饺子风格都不一样，我能准确认出我妈的手法。她出品的饺子是周围捏上一圈，半月形状。这样能最大限度地利用饺子皮的表面积，吃起来就是薄皮馅大。

　　于是，我断断续续进行的生酮饮食就会在节日期间彻底"破功"。无论再怎样节制，这初一的饺子、初二的面条，还有正月十五的元宵都少不了。我采访时认识的面点老师傅王志强一语点醒我："农耕文化是中国文化的底色。中国的传统节日大多是和农业生产息息相关的。你看那些节日的吃食，哪个和主食没有关系？清明节的青团，端午节的粽子，中秋节的月饼，腊八节的粥。想要远离主食，门儿都没有。"就算这些都略过，作为北京人，也一定会栽在饺子上——初一吃饺子，破五吃饺子，头伏吃饺子，立冬吃饺子。人逢

"23坐"面馆师傅正在制作拉面

喜事，吃饺子；迎来送往，吃饺子；家庭聚餐，最后出场的还是饺子。

断碳水是一时健身的风潮，对主食的喜爱才真正印刻在中国人的基因当中。《舌尖上的中国》第一季播出之后，央视曾经做过每分钟的收视数据统计。在把高点进行采样和分析后，发现排名第一的竟然就是"主食及碳水化合物"，第二是"油脂类食物及肉类"。总导演陈晓卿从一位历史学者那里得到了部分解释："中国人之所以这么热爱主食，其实和农业社会发展的历史有关。近两千年以来，中国，尤其是汉族聚居的地方，平均每70年就有一次大的地区性的饥荒，这让人们在脑海里深深埋下了饥荒恐惧的因子，见到粮食类食物和油脂类食物，发自内心的喜爱便会油然而生。"

以主食为中心的思维，也让中国人改变了对菜肴的评价标准。一道菜是否好吃，要看它能否"下饭"。美食家蔡澜对某种食物赞赏有加，就会加上一句话：三大碗白饭！另外一位美食作家董克平就和我说，中国人有种"饭和菜"的二元观念。但很长时间以来，伴随中国人下饭的菜肴都不怎么体面、营养，都是猪油、咸菜、辣椒这种辅助性的调味角色。康乾盛世时，中国人口从 1 亿左右猛增到了 3 亿。一个很重要的原因来自于玉米、红薯、土豆这类美洲高产粮食作物的引进，另一方面是辣椒的广泛种植，能够形成对于主食的搭配。曹雨在《中国食辣史》一书中说，人口的增长使得农民将更多的土地用于种植主食，分给蔬菜等副食的土地随之减少，"辣椒作为一种用地少、对土地要求低、产量高的调味副食便得到小农的青睐"。一点点滋味，再加上足够的主食，就支撑起了中国人口的增长和文明的演进。

今天虽然要吃到各种食物都不再难，但主食又有着一些其他的意义。于我而言，单一主食的餐厅，永远是对"一人食"最为便捷友好的地方，可以疗愈"城市孤独症"。在北京，当我要面临一个人来解决一餐时，我会考虑三里屯的面馆"23 坐"。顾名思义，店里只有 23 个座位。就像日本的"一兰拉面"一样，那里每位客人有着专属的隔间。食客只需要全神贯注来吃下眼前的兰州拉面，而不必担心大快朵颐的吃相引得旁人投射目光，或是周边情侣耳鬓厮磨格外衬托你孤苦伶仃的尴尬。

我也会去距离它不远的"北 27 号"。这家西北风格的面馆还在某居民楼一层开业时，我就去过，后来它搬到了商业气氛更为浓厚的"那里花园"，人气陡增。和"23 坐"的封闭形成对比，"北 27 号"只有一条长桌，所有食客像家人一样分坐两旁。掌管前厅后厨的是位手脚麻利、风格干练的兰州大姐。因为祖籍东北，大家都称其"老姨"。我会把自己想象成"老姨"请来的客人——这里有她亲手制作的、筋道厚实的兰州酿皮，源自家庭料理的"姥姥家臊子面"，还有用剩余调料发明出来的"打烊拌面"。来餐厅吃饭的有个人，有情侣，也有成群的伙伴，但是大家都融洽地在一个空间里吃面，在一位新来的客人不知道点什么食物时，诚恳地给出自己的建议。

主食又总能以最简单的形式击中人的情感。我在北京的一位柳州朋友告诉我，她如果想家了，就要跑到一个名叫"韦记"的螺蛳粉店去点一碗米粉。那种酸笋和螺蛳汤碰撞在一起形成的"臭"味，是离着店铺 100 米就能闻到的，

左上图："北 27 号"餐馆里"老姨"亲手制作的酿皮，上面的油泼辣子是点睛之笔

右上图："北 27 号"出品的"姥姥家臊子面"，用"和尚头"小麦来做面粉，筋道十足

下图：刚做好的酿皮弹性十足，具有小麦的清香

又是让她感到最安心踏实的家的味道。粉店的老板韦立华2010年来到北京，那时这座城市还没有多少人听说过这种食物。这家粉店就成为柳州同乡之间默念的暗号，是抚慰乡愁的法宝。这些年来这家粉店搬过至少四次家，有时是遇到行业整治，有时是整体拆迁，有时又是附近店铺对气味的投诉。正是有一群苦苦追随的粉丝，帮着他看店面，审合同，打听贷款，韦立华才一直坚持到了现在。柳州也有其他丰富的美食，可它们都不如这碗螺蛳粉易于在异乡复制，瞬间就以最地道的风味打开人的味蕾，让人回到数千公里外的老家街头。

我就在北京长大，尽管无甚乡愁可怀，一份精心烹调的主食却可以让我穿过时间的隧道。想想看，我记忆中不少童年美味都和主食相关：妈妈单位食堂出品的馅饼，学校食堂难得一见的懒龙，还有邻居家的炸酱面。大概孩子对主食就有一种原始的渴望。

前不久上榜米其林指南"必比登推介"的后海方砖厂炸酱面，众人褒贬不一，我则算是他家的老客人，去过不止一次。北京人都说炸酱面是自己家里做得好吃，但在我的印象里，小时候是我家邻居做得更胜一筹。那也或许是心理使然，觉得邻居家的饭菜就是香。去方砖厂吃饭就有点像去邻居家做客——叔叔招呼落座，阿姨在厨房里炸酱。我一边和叔叔说话，一边心早就飞到那滋滋作响的铁锅旁，迫不及待地等待炸酱出锅。阿姨则笑着朝我喊不要着急，那酱要炸黑炸透才叫好。在方砖厂就可以循着香味，在胡同的院子里找到正在炸酱的阿姨，老板宋文静每几个小时就要跑回家去，骑着三轮车运回店铺里新鲜炸好的酱。和老板聊天，一问果然，他们夫妇开店的信心，就来自于以前儿子把班里同学带回家吃炸酱面，对方的赞不绝口。我一下恍惚，仿佛这条胡同，这个杂院儿我真的来过。

中国的主食丰富多彩，在北京自然不能感受到全部。中国以秦岭—淮河为界，形成了"南米北面"的格局。各地的人们今天对主食的依赖程度如何？他们对主食的深情又如何在日常生活中体现？我们开始了一路的探访。

関中：寻一碗好面

丘濂／文　于楚众／摄影

关中平原沃野千里，自古就是小麦的重要产区。在小麦文化哺育的地方，找一碗好面，本是件极其简单的事情，却因为形式多样，也让人眼花缭乱起来。

古老的面，多姿的面

来到关中平原，我们寻找一碗好面的起点却先放在了一个名不见经传的地方——咸阳市礼泉县。

为什么首先是这里？这其实和面条演进的历史相关：小麦进入中国后，中国人最早是采用加工谷子和稻子的方式来处理小麦，将整颗麦粒蒸煮熟化。到了汉代，从西域传入水碓和水磨等工具才让人们改"粒食"为"粉食"，各种饼开始流行起来。早期的白面面条，是一种汤饼的形式，有片状的，也有条状的。今天在礼泉县就保留有一种古老的面条，叫作"烙面"，吃法便和汤饼非常类似。

张学军的烙面作坊里热气蒸腾，两名妇女正在像床铺一般大的铁板前烙饼。每隔一段时间要把饼翻来倒去，好像是在叠被子一样。所谓"烙面"，第一步是要将面糊摊成大饼。张学军告诉我，过去在他们磨张村，家家户户都有一张做烙面的台子，通常是圆形的。现在要满足餐馆的用量，才改成这样两米乘一米的操作台。烙成这样大面积的饼，难度在于面糊要摊得厚薄一致，不能反复修修补补。烙好以后，焦褐色的花纹须得均匀分布。饼皮挂在铁丝上晾干，再用木板压着蒸发出水分，最后切成细丝，就是能够保存至少三个月的烙面。

在距离烙面作坊一公里的县城里，有张学军的馆子"磨张烙面"。中午时分，对面县政府的职工成群结队来到这里吃饭，潮水般地涌进馆子，又很快离开了。快速翻台的玄机就在这烙面。烙面不用煮。抓一把放在蓝边白瓷大碗里，浇上棒骨熬制的肉汤，再舀上一勺肉臊子即可。油泼辣子一放，再来点韭菜和蒜苗，卖相相当工整。别人做一碗面的时间，张学军五碗都卖出去了。要快速吃掉，也是吃烙面者的共识。第一口吃会觉得它带一点筋道劲儿，和面条相似，但因为它表面充满了蓬松的空隙，稍微多放几分钟就会被浸得软塌。张学军说它曾经是"武王伐纣"时候的军粮。这种说法在时间上禁不住推敲，但我相信这种类似方便面的属性，一定让烙面做过行军打仗或是出差行旅的必需品。

也许烙面曾经风靡一时，但在面条演变的过程里，它还是成了一种局限在礼泉本地的食物，属于面条里小众的类别。说到底，烙面是一种切碎的饼，并没有体现出面条应有的特质：细腻、顺滑、筋道。这是人类一直在口感上所追求的。在小麦没有普遍种植前，人们已经在把当时可用的谷物做成条状——至今考古发现的最早的一碗实物面条来自青海省民和县的喇家遗

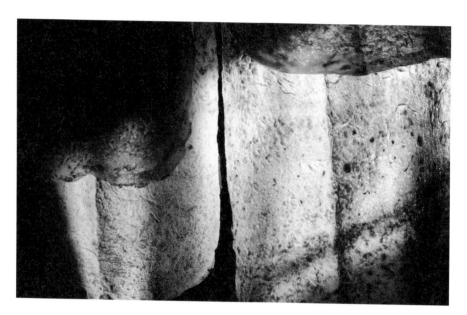

上图：做得好的烙面面饼，黄褐色的花纹要均匀分布
下图：烙面不用煮，直接浇上热汤就可以食用

址。一只蓝纹红陶碗里盛有一个线团状的东西，经专家做了碳同位素分析，它是由粟和黍两种粮食做成的，也就是小米和糜子。我在陕北也吃过各种杂粮做成的条形物，无论是荞麦饸饹、豆面擦尖，都体现了人们改造粗糙度所做的努力。但直到人们发现了小麦面粉的独特之处和正确的处理方法之后，才最终找到了和条状形式最为匹配的内容，从此沉迷于这愉悦的体验里不能自拔。

为了能够了解当今陕西面条的全貌，我们来到了西安市区一家以实用著称的嘉诺餐饮学校。小麦面粉和杂粮面粉最大的不同在于筋度，也就是蛋白质的含量。不管什么粗细长短的面条，做面条的过程都始自对于筋度的调教。在这里，面点培训师王亚平给学员上的第一堂课是揉面。"揉面讲究三揉三醒，一次不可能揉到位，因为面筋在搞怪。"王亚平拿起一块刚揉过一次的面，试着用擀面杖擀了一下，果然它又缩了回去。"醒过的面，里边的组织结构重新排列，面筋就松弛了。重新再揉，面的延展性更好，方便下一个步骤来塑造各种形状。"

揉面也是为了将面越揉越光。"有'三光'的说法，面光、盆光和手光。"王亚平又拎起一块学员没揉到位的面，摸起来疙疙瘩瘩，切开里面像是蜂巢一样充满了小孔。"这样的面你将来一拉，中间气孔的地方就会断。吃起来也磨嘴，不滑溜儿，不筋道。"王亚平身旁的另一只小盆里，毛巾下面盖着的是一块揉好也醒好的面团。"喏，你们摸摸，就像是婴儿的脸蛋儿一样。"为了能将面揉成这种效果，王亚平总结了几种手法：比如"捣"，就是双手握拳向下捣压；还有"搋"，就是在捣的基础上把面团向外推开，然后卷回来再推出去；甚至加上了"摔"，整个面团反复几次，用力丢在案板上。陕西的面种类繁多，会让初来乍到的人眼花缭乱。据说，某餐饮协会评选中国十大名面，陕西竟然没有一面入选，原因就是这里各地均有名面，对于谁能代表陕西的形象，本地人就莫衷一是了。王亚平是搞陕面教学的，必须要教会学员掌握最核心的做面技巧，要有一通百通的能力。他按照技法把陕面分类："扯"是最基本的，就是把揉好的面团分成二两一份的剂子，擀成中间厚两边薄的面片后，拉成双臂展开的长度，就是常说的"裤带面"。"裤带面"揪成面片，就是𰻞𰻞（音：biáng）面。面片中间压上一道或者几道印子，扯完之后再顺着痕迹撕开，又成了扯面。"扯"之外还有手擀面，也就是将面团擀成面片之后，再做成切面。切的手法还有几种，切丝最简单，有细面、韭叶和宽面几档不同的宽窄。切片还可以是菱形的面片，叫作"旗花面"，因为它看上去很像是旗子的一个边角儿。最后一种"拉"的方式比较难掌握，要把几块剂子搓成圆柱形的细条并在一起，拉长、对折拧成麻花，再拉，反复几次。如果不是足够了解面条筋度大小，能顺着力道来使劲，就很容易拉断。这样做出来的面俗称"棍棍面"，雅名"箸头面"。

当然，做面技法的差异并不能概括陕西面的全部。王亚平说，汤汁的多少，以及究竟是在一个碗里吃，还是"过桥"来吃，都决定了面的花样变化。他只能教授最为日常的陕面，却不能穷尽所有。同样是"扯"的做法，可以成为干拌的油泼扯面，也可以是需要蘸着调料来吃的"杨凌蘸水面"；同样是"过桥"的吃法，三原县的疙瘩面和户县的摆汤面，面呈现的样子和蘸料搭配又不一样。就像礼泉县的烙面一样，陕西始终还有一些面是极其地域性的，出了那个地方很少能够吃到，好比澄城的手撕面、耀州的咸汤面、合阳的踅面、乾县的驴蹄子面等。

我对王亚平提到的这个驴蹄子面充满了好奇。正好西安有一家新开张的"李记驴蹄子面"可以一探究竟。在这之前，驴蹄子面在本地除了袁家村那样的集成小吃城，都很难寻觅。老板李高举告诉我，过去在人民公社时期，大家着急务农，没有时间擀面，就把面团在案板上按成半个圆柱体的形状，切片下锅。这样的面片看上去像是半个驴蹄子，面嚼起来，有股驴蹄子的倔劲，因而得名驴蹄子面。其实里面的配料，和驴没有任何关系。驴蹄子面吃

驴蹄子面厚实而有嚼劲儿，十分耐饱

起来费腮帮子，十分耐饱，更适合下田种地干体力活儿的人，所以必须要针对都市人的口感做改良。于是，他改变了水和面的比例，让面稍软，也切得稍薄。面吃起来仍旧筋道，因为加进了些许的盐和鸡蛋。在李高举看来，陕西有许多小地方的面是当地特色，但名声不响，一是可能本地人在外面从事餐饮的不多，另外就是不太符合现今的饮食习惯了。他相信，自家的驴蹄子面一定能在西安受到欢迎。

岐山臊子面与𰻞𰻞面

尽管对一个陕西人来讲，要挑选出一两种面来代表当地，会是个引发地域之争的难题，但对我这样来过陕西三四次的外地人来说，有两种面是我格外想要了解的。一个就是来自宝鸡市岐山县的臊子面，另一个或许是起源于咸阳的𰻞𰻞面。它们一细一宽，一个是汤面一个是干拌，一个精细一个豪迈，各有各的来历和说头儿。无论是色彩还是味道，它们都让人吃过以后就难以忘怀。

　　"永明岐山臊子面"是 1989 年就由岐山人张永明开在西安的一家老店。在前去拜访之前，我的担忧是，这家店的做法是否会和岐山本地的做法有区别。但看到来自岐山的师傅王晓林仍然在用老家的方法制面，我的顾虑便打消了。

　　岐山臊子面的面算作擀面，可这从擀到切的过程，要比我在餐饮学校看见的复杂得多。要保证用量，20 斤的面需要一次性擀完。和面与压面首先要经过机器。由压面机压出来的长方形面皮卷成了一个面筒躺在案板上。这之后就进入了手工擀面环节。王晓林说，用擀面杖操作，和用机器反复去压是截然不同的效果。"机器要来回来去过上几遍，面就变死性了。擀面杖则可以掌握力度和所到的位置，面才是有筋道劲儿和弹性的。"他双手握住擀面杖在面筒上往复去压，接着展开面皮重新卷起，再去压。这有点像是华南地区做竹升面的环节，只不过那边是由人坐在竹竿上，一边弹跳一边去压，这边师傅拿着半米长的擀面杖，千钧的力气都由膀子发出，落在面筒上。如此反复五六次之后，原来紧绷的面皮就逐渐松懈舒展开来，好似变戏法一般，整个面积扩展到原来的三倍大。

　　王晓林的另一个绝活儿是用铡刀来切面。他一边同我们说笑着一边切面，眼睛根本不用在刀口上盯着。五六斤重的铡刀，一头抵在案板上，一头抬起落下，发出"嚓嚓"的声音，面被精确控制在一毫米的宽度。待到完全切完，他抓起一把细面撒上面粉簌簌地抖动，那样子真像是一只鸟在颤动它细密的尾羽。一碗上好的岐山臊子面有"薄筋光，煎稀汪，酸辣香"九字形容，其中，"薄筋光"说的是面条本身的质地。之后在餐桌上吃面，那薄薄的面条，一吸溜儿就顺从地滑进嘴里，我知道那全部来自于王晓林擀面和切面的精湛技艺。那种丝绸般的感觉印刻在脑海里，让我意识到以前许多次吃到的岐山臊子面，那面不过是压面机与切面机配合出来的平庸产物。

　　臊子面中的臊子又是另一学问所在。据考证，臊子这种碎肉的形式起

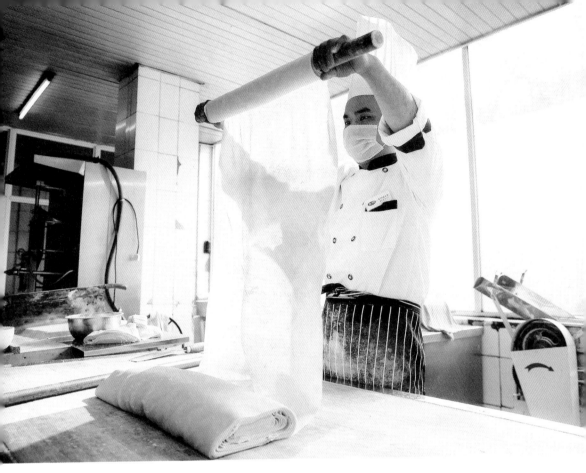

"永明岐山臊子面"至今用手工擀面和铡面。王晓林师傅对此颇有心得

源于周代的祭祀。从"臊"字的构成来看，"月"表示肉，"品"即猪牛羊三牲，"木"为祭品摆放的祭台。祭祀结束之后，作为祭品的肉要分给臣民，切成小块有利于更多人一起享用。慢慢地，民间便有了油炸碎肉的做法，以能够长期保存。现在的臊子以单一的猪肉做成。带皮的五花肉和后臀尖的瘦肉按照一比一的比例切成指甲盖大小，先干煸，再加入盐、辣椒、酱油和醋一起文火炖烂。岐山话里保留了古字"燷"来形容这个加工臊子的过程。臊子里用的醋很关键，须得是岐山本地产的岐山醋，主要是用小麦来发酵，再辅以大麦和其他杂粮。这种醋比较酸，但是一种绵柔的酸，不会过于尖刻刺激。岐山所处的西府地区，也就是关中平原的西部，人们普遍嗜好酸辣，就和这里出产好醋很有关系。肉臊子煮好晾凉后，上面会结一层酡红色的辣椒

油和猪油混合的脂膏。把它撇下来和水一起打成汤，一直在火上滚着。这时再准备六色的配菜：黑木耳、蛋饼皮、黄花菜、胡萝卜、土豆和蒜苗。有顾客下单时，煮好的面放入碗中，加入一勺热气腾腾带红油的面汤，接着是舀上猪肉臊子和配菜。

一碗岐山臊子面端上桌，六色配菜在红光中浮浮沉沉，是看不到面的。"煎稀汪"讲的便是面汤烫嘴，面条少而汤多。以前在岐山有红白喜事，吃臊子面是流水席，只吃面，不喝汤，面不够可以无限添加，最后每碗中剩下的面汤要再倒回到大锅中。专门有一位"司汤人"，要把握汤锅中的味道，不断进行调整。这样的岐山臊子面也被人笑称为"涎水面"，直到当地政府出面给过事农户以补贴，这种剩汤回锅的节俭传统才有所改变。也许是受这种只吃面、不喝汤的习惯影响，岐山臊子面的汤汁酸辣突出，但是口味过重，并不适合单独喝汤。有一种岐山臊子面的吃法是"一口香"，就是把三两一碗的面条拆成六小碗，可以几个人来分吃一套，颇有旧时流水席的感觉。

和岐山臊子面比起来，biangbiang面的样子更符合我们对陕西人吃面的想象。陕西旧时的乡村里，蹲着吃面是一道景观。有句话叫作"蹲着吃饱，站起刚好"，说的是蹲下来容易产生饱腹感，之后站起身来胃里就不多不少，不会糟蹋粮食。还有种解释是，陕西人吃面用的都是直径一尺左右的青花白瓷大碗，蹲着端起碗来轻松。不管是哪种原因，汤汤水水的碗拿起来都晃荡，一碗油泼辣子的biangbiang面则刚好能够放进这个画面。难怪"陕西八大怪"里，把这几个奇特的现象都总结到了一起：板凳不坐蹲起来，面条像裤带，盆碗难分开，油泼辣子一道菜。稍微有些混乱的是，在面食学校里，裤带面、扯面和biangbiang面是不一样的，但在民间的面馆里，这三者经常互换使用。其实扯面和biangbiang面，都是在裤带面的基础上再去做变化，是为了方便食用的结果。

biangbiang面的"biang"字是中国笔画最多的汉字，为此还专门编有一首顺口

醉长安餐厅的师傅周世荣正在演示𰻝𰻝面的制作

溜来帮忙记住这个字："一点飞上天，黄河两头弯，八字大张口，言字往里走；左一扭，右一扭，东一长，西一长，中间夹个马大王；月字边，心字底，挂个钩担挂麻糖，坐个车车逛咸阳。"普遍流传的说法是，一个秀才在咸阳吃了一碗美味可口的面，问店主叫什么名字，店主随口回答𰻝𰻝面，也就是取了扯面时上下抖动摔在案板上的声音。秀才仿照武则天造字的方式创造了这个汉字，每个构件有一定的表意成分，比如"穴宝盖"代表面馆，"马"可能是老板的姓氏，"刂"代表切面刀，等等。

醉长安餐厅的白案师傅周世荣做起𰻝𰻝面来颇为享受那"𰻝𰻝"声音发出的瞬间，一连在案子上抖动了几回，很是吸引我们的注意力。能有这样响亮的声音，说明面醒得好，揉得到位，可以禁得住师傅的摔打。当然也不排除有的师傅为了"炸势"，纯粹为了满足自己的表演欲望。醉长安餐厅是本地美食家老妖推荐我来的。他觉得这里的面好，不仅是面本身质量高，还有油泼辣子的环节掌握得到位。老妖告诉我，𰻝𰻝面里的辣椒主要为了突出香气，所以要选用本地产的香为主、辣为辅的秦椒。为了能最大程度地释放这种香气，辣椒先要用一点点油在锅里焙炒，再用石磨磨成小块碎片。𰻝𰻝面煮好之后捞进碗里，碗底是酱油和醋混合的料汁，𰻝𰻝面的顶上撒上辣椒片片和葱花，再把烧热的菜籽油泼上去。菜籽油的温度则要控制在 180 摄氏度上下，也就是油刚开始冒青烟即可。"刺啦"一声后气泡泛起，热油要让辣椒片微微发焦，又不能变得苦涩，焦香一下子就蹿上来了。𰻝𰻝面本身就有着丰腴肥厚的身躯，浑身再裹满喷香的油泼辣子，是让人欲罢不能的滋味。

陕西人对油泼辣子有种执迷。"油泼辣子一道菜"，也就说明了它在餐桌上的地位。这一天，老妖正好要帮醉长安餐厅改良凉皮里油泼辣子的配方。这种油泼辣子不是现泼，而是要提前制作。不仅需要香气，还要有颜色以及辣度。老妖的改进方法是把辣椒面改成了三分之二辣椒片片以及三分之一辣椒细粉的混合，又加入了一点四川朝天椒。泼完油之后，还要趁着温度尚未下降，再倒白酒和醋，逼出香气。这样的油泼辣子放上几天，味道都不改。老妖说，调料里每一个微小的变化都会造成最终口味的差别。另一个细节是，无论凉皮里的醋，还是𰻝𰻝面里的醋其实都经过了熬制的环节，就是把醋、八角桂皮等香料、甜面酱和白糖一起小火熬制。属于关中东府的西安不如西府那样嗜酸，如此又将酸味柔和了一道。这又只有餐厅才会讲究去处理，因为有许多菜肴都要用到这种熬制的香醋，对于家庭就略微麻烦了。

顺口溜里暗示了𰻝𰻝面可能诞生在咸阳，而那里确实有做𰻝𰻝面的老店。一家叫作"胜利面庄"的面馆 1935 年就在咸阳卖面。老板娘朱丽新告诉我，当年她公公做面，用的是附近的渭河水。渭河水在缸子里沉淀完后使用，也是面条特别筋、光、滑、软的因素，有人称它为"河水𰻝𰻝面"。胜利面庄别无分号，所以扯面仅供自家使用，就连第一个步骤和面，大部分餐厅已经采用机器进行，他们仍然是"手推水，水推面"的老方法。老妖曾经告诉过我一个去餐馆检测<ruby>遍遍</ruby>面的方法——无论有几种口味，都要试试基本款油泼辣子<ruby>遍遍</ruby>面，看面条和辣子是否过关。胜利面庄的油泼面的确出色，面条本身是<ruby>遍遍</ruby>面的标准做法，先扯成长条，再撕成小块，光溜得如同缎带。这样就可以过渡到他家现在主打的集西红柿鸡蛋、炸酱和肉臊子为一体的"三合一"。桌子上华丽的一盆中，面条若隐若现在汤汁之中。它更适合把头埋进去，"呼噜呼噜"把面条扒进嘴里，大快朵颐地来一个盆底朝天。

麻食，以及面的东与西

在关中吃面，还有一种面让我很感兴趣。它和所有条状面都不一样，从技法到汤汁都无法归类，又有一个异域风情的名字"麻食"，与我在陕北品尝到的荞麦圪坨样子类似。为什么面食会出现这样的形式？它和圪坨又有怎样的联系？

麻食是"秃秃麻食"的简化。这种食物最早出现在元代蒙古族医学家忽思慧所撰写的《饮膳正要》里："白面六斤做秃秃麻食。羊肉一脚子，炒焦肉乞马（蒙古语，意为小块）。用好肉汤下，炒葱，调和匀，下蒜酪、香菜末。"它奇怪的名字来自 tutumas 的音译，一般被认为是在元朝时随蒙古人进入中原的西域穆斯林的食物。它很快流行开来，为蒙古人和汉人所喜爱。其实在宋朝的时候，各种面条就已经很普及了。之所以这种特殊形状的面制品能够受到欢迎，推测一下，原因大概如下：一是它比面条制作方便，搓一下就可以了；二是宋朝本身已经有类似的制品；三是麻食对于是白面还是杂粮来做并不挑剔。在一则元世祖忽必烈在一位回民家里第一次尝到麻食的传说中，麻食就是荞麦做的。麻食也很快在各地有了不同的名字。陕北叫作圪坨，关中叫麻食或麻食子，甘肃张掖叫窝窝面，新疆乌鲁木齐叫杏皮子，等等。今天在许多城市都有的猫耳朵，估计是从山西扩散出来的名字。麻食又可分为两种："懒麻食"，就是将切成的小面丁，随便揉一下就下锅煮；"精麻食"，则是在草帽或者柳条簸箕上搓，表面带着花纹。

麻食在关中的面食体系里算不得主流，一般综合性餐馆会顺带卖一下。但在赵海宇这里就不一样了，他另辟蹊径，开的"小馋虫麻食"是个麻食的专营店。赵海宇常能想起小时候家里人一起其乐融融搓麻食，因为做起来容易掌握，小朋友也都可以参与。现在店里专门有一位阿姨，在一片竹帘子上，左右手同时开弓配合，搓麻食。不一会儿，帘子上就出现两个麻食的小堆，速度之快，让摄影师捕捉都有些困难。竹帘子比起草帽，搓起来效率更高，花纹也美，何况这样的制作工具本来就是家里顺手之物。阿姨每天要完成 25 斤面，手上都搓出了老茧，是个辛苦活儿。赵海宇告诉我，他们也曾经考虑用机器来做麻食，但是麻食讲究面软，机器必须要面硬才能够出品。如果是机器做出来的麻食，需要先下水焯至七分熟，再放进骨汤里去煮。经过两次，汤汁黏稠的质地就消失不见，不是传统的味道了。

麻食单个做起来比扯面和擀面那些容易，但它算是一种"富饭"，在家庭里是需要有闲工夫才会去准备的。这就在于它的配料和汤头需要花费时间。麻食的传统技法是"烩"，也就是把麻食、骨汤和配料都放在一起，而并不是先煮麻食再浇汤。顾客点单，厨房里要用单独的小锅来加工。骨汤是棒子骨和鸡架子熬三个小时后的浓汤，麻食放进去煮一会儿，再加牛腩、粉丝、油炸花生米、金针菇、青菜和一种名叫麻叶的用鸡蛋和面混在一起炸成的脆条，出锅前撒葱花、香菜。麻食和汤面不一样，烩出来的成品里，主食和副食是充分融合在一起的，汤汁挂在麻食上。吃到嘴里，丰富滋味的包裹中，还能咀嚼出小麦的清香。

麻食的形状让我想起去年在意大利走访面食时，吃过的一种面疙瘩

上图：传统的麻食是在草帽上搓成的，具有草帽的花纹
下图："雾在自在面食"的蛤蜊青酱麻食，融合了意大利面的做法

Gnocchi。可能你对电影《教父》里面性感的一幕也有印象：里安迪·加西亚和索菲亚·科波拉一边调情，一边用手指将小面卷搓按出带个小窝的小疙瘩，就是那个玩意儿。只不过 Gnocchi 的材质有些不同，里面有土豆、鸡蛋、面包屑、黄油、奶酪粉等，体积也稍大。那种捏捏、搓搓、按按、揉揉的手法，让这两种面食的共性大于个性。在"丝绸之路"两端的中国和意大利，面食不断出现相似的样貌。但这和马可·波罗无关，因为马可·波罗在游记中描述中国面条时，使用的是他已经熟知的用来指称意大利面的词语。小麦和面食的传播路径大体是从中间到两边，也就是从中亚和西亚向两边蔓延，东传西渐，意大利和中国都是继承者。

西安就有餐厅将本地面食和意大利面融合在一起。在"霁在自在面食"，蛤蜊青酱麻食让我眼前一亮。青酱是用罗勒叶、橄榄油、松子和奶酪打制而成的，那种清鲜的香气，让我仿佛再次回到了意大利的烹饪厨房，那天女主人得知我们到来，随意在小花园里掐下罗勒叶，叶子上还挂着的水滴闪烁着阳光。"霁在自在面食"主厨张小军是陕西人，有过十几年西餐从业经验。他告诉我，这样搭配麻食的想法正是来自于意大利人用青酱配面疙瘩的方式。他家的麻食是用小面丁在西餐叉子上搓出来的，这让每一个的纹路都很深，看上去像是螺旋着的毛毛虫。我倒是觉得这是介乎意大利螺旋粉（Fussili）和面疙瘩之间的一种创造。螺旋的凹槽里能够藏匿住酱汁，每颗麻食都均匀呈现出可爱的草绿色。

"霁在"是香港美食家欧阳应霁和本地一家文化公司 Localland 合作的餐饮品牌。面馆的旁边还有一家名为"霁在游牧料理"的餐厅。食物风味本身就是异质文化间交流融合的产物。"游牧"二字道破了不同国家的食物，应该打破界限的真谛，这也是两家餐馆共同遵循的烹饪原则。于是，面馆里的关中裤带宽面配的不再是油泼辣子，也不是"三合一""四合一"的臊子，而是俄罗斯的罐焖牛肉。大块的牛肉、土豆和胡萝卜，伴着浓稠的番茄酱汁，就往裤带面上一盖，倒也相得益彰，因为裤带面宽厚的身姿，正好能驾驭得了这成块的炖菜。倘若面条再细一分，战斗民族这粗犷的食材就托举不起来了。

还有一种泡菜牛肉浆水扯面，你很难定义它是哪里的食物——基础的浆水和扯面是地道的陕西货，陕西人夏天尤其爱吃，觉得清爽开胃。在这种芹菜叶子和面汤发酵而成的酸水之外，里面还添加了柠檬汁调剂而成的果酸，这就有种来自东南亚热带地区的清新感，也让第一次接触浆水的人不会感到不习惯。而上面用来调节酸味的一小勺辣白菜牛肉酱又是韩国风味了。为了找到一个平衡的东西结合点，张小军费尽了脑筋。"并不是大家都吃面，相关的元素就能互换。"一个失败的尝试是，他曾经把西红柿鸡蛋的臊子和意大利最家常的细长意大利面（Spaghetti）拌在一起，发现细面太滑了，味道在面上挂不住。"中式手擀面粗细可以和它差不多，但是形状是扁的，切下去的截面会产生细纹，酱汁就能渗进去。"张小军最新的实践是改造本地的酸汤扯面。陕西的酸汤，多是西红柿和醋生成的。他将这底汤改成了用法式高汤料理三宝洋葱、红萝卜、西芹来熬制，再加泡椒水，同时用蒸熟的南瓜调成金色。把酸味的构成全部置换掉了，他很想看看顾客的反应。

最后的手工挂面

陕西人不光做新鲜的面食有一手，还擅于将面保存，长久食用。原来我以为挂面的质量肯定不如现做的面食，其实，那是我不了解手工挂面制作起来有多么繁复艰辛，口感和一般吃的机器挂面有天壤之别。按照旧时风俗，陕西人过年走亲访友，是要带上用麻纸红绳系起来的整捆挂面。手工制成的空心效果，又让它易于消化，适合老人和孩子食用。陕西好几个地方都保存有手工空心挂面的技艺。陕北的吴堡县和佳县均以此出名，但那里并不算是小麦产区，据说是有流落在外的宫廷御厨把技艺带过去的。而在盛产小麦的关中平原，岐山、澄城、陇县、乾县、兴平等地，也都零散分布着挂面村和挂面作坊。

我纠结于到底走访哪里，还是西安市非遗保护中心副主任王智给了我一个明确的建议：不如就去西安南部的长安区看看，嘴头村的肖家就是做空心挂面的。他当然知道岐山的合作社挂面作坊更有名——社长曾经手把手地教国家领导人制作挂面。不过，后来合作社的土坯面槽换成了水泥面槽，制作过程也搬进了砖瓦盖的厂房。"有一种观点认为，传统手工艺那些不太核心的环节，可以用现代化的生产设施来代替。可我们就担心，这样逐步替代，整个技艺就消失了。"嘴头村的空心挂面，不论是制作的环境、工具、手法，还是制作者的匠心与情感，都曾让王智深深感动。

从西安市区向南驱车40多分钟，地势逐渐升高，风景也出现了变化。中国西北，这样顶上平、四边陡的台地被称作"塬"，地名里则写成"原"。嘴头村位于八里原上，西边是少陵原，东边是陈忠实笔下的白鹿原。原上一片片墨绿色的小麦，早晨还带着一层白霜。"'冬天麦盖三层被，来年枕着馒头睡'，说的就是这冬小麦。今年还差一场大雪。"肖斌说道。

肖斌是老肖夫妇的儿子，现在安家在西安城区，经常也要回家帮忙分担一下做面的体力活儿。肖家做挂面的麦子来自旁边的白鹿原。"那边地势比八里原高。早晚温差一大，麦子结出的颗粒就更加饱满。"而且肖家要求必须要"靠茬麦"，不能是"倒茬麦"。也就是种植小麦的地里，只能种一季麦子，而不能小麦和玉米轮种，这样麦子能吸收更多营养。麦子和酒一样，也需要陈年储存。"一年以上、三年以下最佳。新麦子甜，麦芽糖含量高，会影响筋度形成。"每年肖家去收麦子，碰到质量好的就多收一些，存在仓库里。

来到肖家是9点多。肖斌的父亲肖年娃和母亲张导慧已经在晾晒挂面了。缠在两根竹棍之间的挂面，被挂在门口的木架上。肖年娃要继续将它往下抻拽，并一边用两根竿子将交叉的部分挑开。转眼，挂面就变成了三米多长的细丝，如瀑布般倾泻直下。用石头压住下面的竿子，让面条在重力的作用下能够更直，接下来的时间就要交给空气和阳光了。做手工挂面，对好天气十分依赖，起雾、刮风和下雨都会影响挂面最终的干燥。肖年娃也不用看天气预报，自有一套判断天气好坏的方法。"太阳挂胡子，那可就不行了。"肖斌在旁边解释，"胡子"是说太阳的光晕，"日晕三更雨，月晕午时风"就是这个道理。有时候，对人来说是微风拂面，对挂面来说就要破坏出品。那会出现"摇风面"，晾干的面形成一个弧形，干得不均匀。不过话说回来，如果天气不好，那将是老肖夫妇难得的休息时间。每年立冬来临，肖家就要开始做面，一直到雨水节气到来。这段时间气温合适，又到了农闲，正好做面来储备过年的物资。一旦做面，人就必须要像上了发条的机器一样运转。完整的做面过程需要两天。这边把所有挂面晾完，已经接近中午。肖家夫妇又回到窑洞里，重新开始下一轮的做面。肖家在村子里有新房，但每年做面一定会回到老窑洞里，就是因为窑洞里比室外温度高 5 摄氏度左右，适合面的发酵。这口老窑洞还是肖年娃的爷爷从光绪年间留下来的，最里面有一个长方形的深坑，是建窑洞时就留出来的面窖位置。

　　简单来说，做挂面就是把面从粗变细。一口大缸里躺着已经醒好的 60 斤面团。肖年娃把这个巨大的面团放在案板上，用一头抵在墙上的桐木杆压成 3 厘米的厚饼。下一步就是非常核心的"盘大条"，造成挂面空心的玄机就在于此。肖年娃用刀把饼切成胳膊般的粗条，用手一上一下朝着相反方向搓了起来，面的表层便形成了一种麻花般的纹路。这样的粗条盘放在缸里要再醒上 4 个小时才能使用。

　　再往下的步骤，由于时间的关系，我们就看不到了。肖年娃演示了一下，他要继续把粗条搓成小指一样的细条。从下午 6 点到晚上 9 点，全都在做搓细条的工作，随着长度的增加，花费的时间也越来越多。晚上 9 点到半夜 2 点的时间段，老肖夫妇可以有一个短暂的睡眠。凌晨 2 点万籁俱寂之时，窑洞里准时会亮起昏黄的小灯，他们就进入了"上面"这个最辛苦的阶段。所谓"上面"，是把细条的面一上一下缠绕在两根竹竿之间。肖斌形容父亲"速度快得好像无影手一样，要不量太多根本干不完"。这就要一直干到早晨 6 点。肖年娃很体贴地承担了大部分工作，让老伴争取再睡一会儿。6 点之后，又换到张导慧上岗，肖年娃休息。竹竿悬挂在面窖里，张导慧要把它们拿出来，从上往下拽一遍，叫作"开面"，然后放回面窖继续去醒。这样就到了 9 点多钟，迎来了最终晾晒的时刻。

正是在这个不断给面条"窜劲儿"变细的过程里，上面的纹路嵌进了面条的中心，形成了空心的效果。肖年娃老把一句话挂在嘴边，就是"你不哄面，面才不会哄你"。意思就是只有踏踏实实才能做出好面。这种能够实现空心的挂面确实和手工操作很有关系。我在陕北的时候，顺便去过一个空心挂面工厂，那里搓面的步骤大部分都由机器完成。厂长告诉我，空心程度大概是 70%。而在肖年娃这里，基本 100% 的挂面都是空心的，插在水里吹气能够冒出水泡。肖年娃一度试过把和面换成机器来做，结果和面时间长面就弹性不够，时间短里面又有疙瘩，干脆又退回到纯粹的手工当中。

老两口夜以继日地工作，每天也只能做 60 斤面，3 个月下来，生产数量不大。亲朋好友和慕名而来的顾客就基本认购一空，流通不到市场。肖年娃觉得，这是爷爷那辈人流传下来的技艺，现在村子里只有他这一家还在年年坚持做，能做得动一天就要做下去。无论谁来询问空心挂面的技法，他都毫无保留地相告。嘴头村所在的鸣犊镇曾经有四大美食：嘴头的挂面，吊钟沟的蒸馍，孙家场的煨面，桥头的米醋。除挂面和蒸馍之外，后两者都已经成了传说。肖年娃不想让技艺就这样凋零，更何况有忠实的食客在督促他生产。有一位加拿大华侨无意中吃到了肖家的挂面，之后每年回老家西安过年的时候，都要带走两箱，还说过"要是没来取挂面，就是人不在了"。这都给了老肖夫妇莫大的动力。

　　下午 4 点多，肖年娃和张导慧配合着把挂面取下来，在长案上切成包装挂面大小。我们也在第一时间吃到了刚刚煮好的挂面。手工挂面最大的特点就是煮起来多开几遍锅也不烂，丝丝分明，嚼起来筋道。这是我此行吃的最朴素的一碗面了——没有浓墨重彩的臊子，碗底只有一点点猪油，几滴香醋，一勺油泼辣子。碧绿菠菜掩映下的，就是这碗清水煮挂面了。如此简单的面，却最好地展示了关中麦子的魅力和加工者的辛劳。难怪走到天涯海角的人，也念念不忘这缕馨香。

湖南：米粉的诱惑

丘濂／文　于楚众／摄影

"克恰粉啵？"来到长沙，你可能经常会听到朋友这样发出邀约。湖南这个水稻大省，米食有千种姿态，却都抵不过米粉这一枝独秀。在这个湿冷的冬日里，能够让你早起，穿城，甚至跋山涉水到另外地方的力量，可能都来自这一碗热气腾腾的米粉。

米粉选择题

从西安飞往长沙的飞机上，机上小吃十分应景地提供了一个用大米制成的新型汉堡，仿佛提示我正在由小麦产区前往稻米产区。湖南在稻米种植历史上具有特别的意义。永州道县玉蟾岩发现过世界最早的古栽培稻，澧阳平原则有世界最早的水稻田和灌溉系统。自明清开始，湖南就成为中国重要的稻谷生产基地，有

"湖广熟，天下足"的美名。我想要考察的食物，正是稻米所转化的一种最日常，也极具依赖性的吃食——湖南米粉。

米粉是何时出现的？一本成书约在南北朝或更早的《食次》中第一次记载了将米做成线条状的食物。《食次》原书不存，北魏贾思勰的《齐民要术·饼法》的篇章里引用了《食次》中的文字。大意是在竹筒的底部钻上小孔，让稀米粉糊漏过去，再和动物油脂一起来煮，就成为"粲"或叫"乱积"。米粉和面条不一样。将米磨成米浆之后，还要经过若干烦琐的程序才能成为米粉，而直接食用米饭其实就已经很美味了。所以很长时间以来，米粉都并未成为湖南人的主食。清末民初的时候，关于米粉的文字才渐渐多了起来。如今长沙以做面闻名的老字号"杨裕兴"，1894 年开业的时候，便是卖米粉的。长沙美食和民俗研究者任大猛向我展示了一本 1936 年出版的《长沙市指南》，其中专门有"粉馆"的条目，介绍是："长沙米粉馆，近年颇发达，对于门面之修饰，设备之改良，无不精益求精。""杨裕兴"就位列其中。

12 月的长沙，草木依然葱茏，空气潮湿而阴冷。在这漫长的冬日里，湖南人格外倚仗这一碗热气腾腾的米粉来开启一天的生活。长沙作为省会城市，集中了全省各地的米粉。当你早晨起床，想像本地人一样，去店里点一碗米粉来安抚肠胃的时候，却先要搞清楚自己的需求，回答这"米粉三问"：

要吃扁粉还是圆粉？长沙米粉是扁粉，另一种颇为流行的常德米粉则是圆粉。大体说来，长沙、株洲和湘潭，以及湘北、湘东地区喜欢扁粉；而湘西和湘南，像是常德、衡阳、邵阳、怀化、娄底等地则吃圆粉。"恰圆滴还是恰扁滴？"这个用方言提出的问题经娱乐节目放大，成为了一场旷日持久的圆扁之争。两种米粉制作工艺不同，导致了口感的差异。圆粉顺滑弹牙，扁粉则偏软糯，能够充分感受米香。圆粉的拥趸会力挺圆粉："轻轻地吮进嘴里，不溅出一丝油彩。"扁粉爱好者则有奇奇怪怪的理论，证明扁粉才是最好："同等体积的物体，圆形表面积是最小的，所以圆粉接触汤和码子的面积比扁粉小得多，由此可得出结论——味道稍差。"

要吃汤粉还是拌粉？一般的规律是，扁粉多搭配汤，圆粉多为干拌。这和圆粉的质地有关——表面光滑，在汤中难以挂住味道，所以圆粉通常会结合重口味的汤汁来干拌。这也取决于不同区域的口味偏好。有一种解释是长株潭地区因为人群嗜好槟榔的缘故，口腔黏膜遭到破坏，无法接受重口味的挑战，所以清汤扁粉就成为主流。还有一种解释是从经济发展的角度来看，湘西和湘南历史上处于经济欠发达的山区，要以香辣调料佐下主食，口味就偏重，调味厚重的圆粉自然更受欢迎。这里也存在着例外。比如长沙就有一种从学院街夜市兴起的猪油拌粉，会用扁粉，甚至手工切出更宽的扁粉。它的调料并不复杂，就是猪油、酱油、辣椒和葱花，不会掩盖米香。汤粉也会有圆粉，好比常德津市的炖粉，像吃火锅一样，把圆粉放在锅子里去煮，帮助它入味。汤粉中的圆粉还会以较细的形式出现，攸县米粉和湘乡的银丝粉都是如此。

如何选择码子？最为普遍的是肉丝和牛肉两种。肉丝软烂，和同样软嫩的扁粉相得益彰；牛肉具有嚼劲儿，与 Q 弹的圆粉更容易形成最佳拍档。所以经典的长沙米粉是肉丝煨码，而常德米粉则是麻辣牛肉。但长沙米粉又是盖码最为广阔多样的米粉，其制作手法有煨、蒸和炒，食材从边角料的下水，到高级的菌菇、海参都会涉及，盖码中几乎浓缩了一个湘菜王国。对于初来乍到者来说，肉丝米粉只是入门，而不是全部。除了肉丝和牛肉的主流外，湖南各地也都还有一些固定配搭的米粉，例如怀化的鸭子粉，衡阳和郴州都有的鱼粉，沅陵的猪脚粉，等等。

当米粉的形状、汤汁和盖码，每一项都有不同选项后，相互排列组合，便三生万物般出现一个旖旎多彩的米粉世界。在湖南吃粉，即使一天三餐都吃，也可以做到三个月不重样。本地人当然能够依照自己的童年记忆、惯常习惯，点出那一碗心仪的米粉。但作为外地人，总被一种穷尽一切的野心所驱使，想要方方面面都有所尝试。如果在湖南仅仅停留一周，应该怎样吃粉？

长沙米粉的清鲜与多样

由长沙米粉开始是没错的，毕竟身为扁粉的它代表了湖南米粉的一大流派，内涵又特别丰富。从它进入体验，还能改变对湘菜的刻板印象。

郭江端来一碗"易裕和"出品的肉丝米粉，放在桌上。他是本地的食评人，写过《长沙米粉一百单八将》这样颇具传播力的点评文章，现在的另一重身份是"易裕和"米粉品牌的合伙人。在"一百单八将"的榜单发布时，郭江给出了他对米粉的测评维度，分别是清汤、盖码、粉面、煮锅、辣椒、配菜、名气、环境和价格。他去长沙各家品尝的都是最为基本的肉丝粉，清汤和盖码他最看重。眼前这碗自家的米粉，汤色棕褐透明，泛着点点油光，漂着些葱花香菜。莹白的米粉纹丝不乱，整齐地叠放于碗中，一勺粗大的肉丝覆在顶上。某种程度上讲，它代表了郭江心目中，理想肉丝米粉的模样。

汤头澄澈，是用猪棒骨和鸡架进行长时间熬制的结果。传统上还讲究要增加香菇梗和豆豉来提鲜，可郭江认为只要材料货真价实并且火候分寸把握好，就已经足够。肉丝码子清亮，肉丝取的是猪前腿肉，这是脂肪和瘦肉结合得很好的部位。说是肉丝，其实是要筷子粗细，两寸长短。因为肉丝加工的技法是"煨"，也就是小火慢炖。唯有这种形态和部位，才能让肉不至于柴，而是在油脂的滋润下，越炖越酥烂。煨也强调本味。肉丝并不飞水，而是原汤滤掉血沫，始终都是在一个容器里炖煮。我刚想要在米粉里加一点酸豆角和榨菜来提味，就被郭江连忙阻止。在他看来，店家费尽心思来烹制清汤和码子，先品尝原味，才是最好的敬意。

果然，猪肉香和米香相互渗透，我本想浅尝辄止，却有点欲罢不能了。我一边吃，一边心里疑惑：为什么这长沙米粉，和我平时在外地接触的香辣风格的湘菜完全不一样？郭江告诉我，香辣小炒是平民化的湘菜，而"原汁原味、浓淡分明、尤重煨燉"则是湘菜的另一面。郭江提到两次湘菜发生

"易裕和"的米粉可以有多达60种的盖码选择，这其中有一些在市面上已不常见

融合的过程，都可能间接影响了米粉的发展：一次是1864年，湘军东征太平天国归来，将江南一带的饮食习俗带回了长沙；另一次是民国时代"组庵菜"的形成。谭延闿字组庵，曾任湖南督军兼省长，一直官至南京国民政府主席、行政院长。因为父亲谭钟麟担任两广总督的缘故，谭延闿在广东长大，身边的家厨曹荩臣精通粤菜。后来曹荩臣跟随谭延闿做官迁徙，一路又把湘菜、淮扬菜和粤菜融会贯通，形成了一种独具一格的谭家官府菜。"组庵菜"就以一系列制作精细的煨炖菜看出名。

米粉和江南饮食的联系是，今天许多吃米粉时用到的词汇都和苏州人吃面类似。比如免青就是不放葱，过桥是码子放在盘子里，轻挑和重挑则对应轻面和重面，就是粉少或多的意思。就连米粉摆放的动作和造型也是呼应的，讲究"观音头，鲫鱼背"——把米粉从沸水中捞起，要夹在筷子上，往小爪篱中一顿，抖两抖，翻两翻，再卷紧，这叫"观音头"；米粉在汤中微微拱起，这叫"鲫鱼背"。

任大猛和我梳理过面和粉各自在长沙的发展历程：由于长沙不是麦子产区，面粉要从外地引进，在 20 世纪初的饮食资料里，可以看出面馆的档次要比粉馆高。1927 年到 1937 年这段社会比较安稳的阶段，物资流通方便，长沙的酒楼餐馆甚至西餐厅里都提供面条。而到了抗日战争全面爆发，武汉和岳阳相继被攻占沦陷后，面粉进入长沙出现了困难，于是城市里掀起了吃粉的热潮。1938 年，国民党当局采用"焦土政策"御敌，制造了焚烧长沙的"文夕大火"。剧作家田汉就回忆，在大火过后，长沙火宫殿的瓦砾上就搭起了好几间吃粉的粉棚。任大猛认为，当面馆不能在长沙生存时，原来搭配面条的码子就配合米粉去了。这就增加了米粉盖码的种类，又提升了米粉的品味。

"鸡丝火"就是典型的配面的码子，为面馆"甘长顺"所首创。"易裕和"的创始人易军曾经在"甘长顺"学徒，也就把这种码子搬到了自家现在的米粉上。"鸡丝火"就是鸡丝和火腿的组合。任大猛提过，关于它还有一段趣闻——谭延闿擅长以"无情对"的方式来完成对联，"三星白兰地，四月黄梅天"就是众人称赞的一副。一次，谭延闿为"鸦片烟"找不到下联而苦恼。走进"甘长顺"的面馆，看到"鸡丝火"的面码广受欢迎，就灵机一动，以"鸡丝火"来对"鸦片烟"。

易军告诉我，过去的"鸡丝火"是选用老母鸡胸脯肉切的鸡丝和金华火腿丝一起煨出来的。但这样的码子煨好就要赶紧食用，否则继续长时间加热，鸡丝就容易变老。于是他现在改成了炒，尽量还原味道。他还提到了一个有趣的情况，就是现在粉、面馆子都不分家了，共享同样的码子，顾客可以根据个人需要，选择点米粉或者点面条。但在易军学手艺的年代，米粉的码子和面条的码子其实是不一样的准备方式。"面条是碱面，有鸡蛋的香气。因此码子就要口味轻些，不能遮蔽蛋香。比如同样是'腰肝双炒'这个码子，配米粉的调味料里要用剁椒，配面条的就改成新鲜的青红椒。"区别如此细微，现如今已经没有多少粉面馆子肯花时间准备两套东西了。

长沙的小米粉店只有肉丝和酸辣两种码子，有的稍微多些，变化到肉丝、牛肉、杂酱和酸辣四种。在"易裕和"这家长沙面积最大的粉馆，它的码子则多达 60 种。"鸡丝火"之外，煨码中的寒菌是外面不太能吃到的，它用的是一种产于湖南山区、每年农历三月和九月才会上市的寒菌做原料，和猪肉与生姜一起来炖，口感滑嫩鲜美。这里采用的是冻寒菌，全年供应，另外一位本地美食家范命辉推荐我去的"辉记"，按时令提供，价格要稍贵。

还有一种煨码中的大什锦和炒码中的酸辣海参都属于码子中的高配，是从湘菜大菜或是以前面条较为高级的浇头演变而来。大什锦光配料就有肉片、肚片、香菇、鱿鱼、玉兰片、火腿、鸡丝、鸡蛋、青菜九种，精细得让人咋舌。有的炒码，像是椒脆，是剁椒和榨菜炒在一起，食材都算廉价，但外面的粉面馆子卖得不多，易军担心有一天会彻底消失，就都恢复在这家餐馆里。老长沙人更倾心于煨码，觉得炒码油汪汪的一层会破坏汤头的口味。年轻人则更青睐于炒码，腰肝双炒、辣椒炒肉一类。虽然更多的食客都是围绕常见码子来点，但易军有一种愿望，就是把传统中出现过的码子都尽量恢复，让餐厅有点像博物馆一样，告诉大家这食不厌精的精神是如何渗透在米粉中的。

"易裕和"已经成为一家吸引人专门前来打卡的网红店。长沙更多的米粉店是分散在社区附近，本地居民会就近选择适合自己口味的那家。在"长沙米粉一百单八将"上排名榜首的"公交新村"米粉店就是这样的店铺。老板周亮 1990 年开店，长达 20 年的时间里是连招牌都没有的"无名粉店"。郭江将它排名第一，不仅是它码子分量足、价格实惠，在群众中人气很高，还因为周亮曾有一段失手伤人导致的牢狱经历，让他的境遇酷似《水浒》中的人物宋江，有了些许传奇色彩。另外一天，我和《长沙晚报》的美食记者李卓相约来这里吃早餐。李卓一度住在附近，就是粉店的常客。他也为我展

在"公交新村"点一碗米粉，开启一天的生活

示了一位熟客是如何点单的——他觉得这里的清汤味道浓郁，因此碗底要"免味"，就是不要味精。两种码子，切片牛肉软烂入味，以京式面酱炒肉丁做的杂酱口味则香甜醇厚，两个都不能割舍，那么两样都要。一边吃着米粉，一边与老板聊叙家常，才是一间邻家米粉店最亲切的打开方式。

圆粉里的天地

由扁粉进入圆粉，又是另一番美好。要尝圆粉，首先就不要错过与长沙米粉成对峙双峰的常德米粉。

圆粉的制作要比扁粉麻烦许多。简单来讲，扁粉是将米磨成米浆，上蒸锅蒸熟后，再切丝即可。而圆粉则至少要多三个步骤，一是大米浸泡时间长，至微微发酵才可以磨成米浆；二是米浆上锅蒸熟之后要进行木棒舂捣和在木板上反复揉搓；三是米粉团经过模具挤压成为米粉，要在沸水中定型。

若是从难易程度上来推断，应该是先有扁粉，再有圆粉。这也的确能和常德当地流传的说法得到对应：常德地处沅江和澧水的汇合之地，虽是富庶的鱼米之乡，但经常受到水患困扰。最早常德人为了在逃灾时能有粮食，便仿效北方面条的做法，把米浆蒸熟切丝晒干后，做成可以储存的扁粉。圆粉则要追溯到清朝，云南回民马如龙调任湖南提督驻守常德，他带来了云南过桥米线的制作技艺。从此，常德米粉由扁平变得圆细。常德人如今把圆粉才称作米粉，扁粉则叫米面。

无论是扁粉还是圆粉，湖南人都首选新鲜的湿粉。在长沙，每天消耗的约 40 万斤扁粉都是由米粉工厂提前一天，甚至当天来供应，因为鲜湿米粉的保质期不能超过 24 小时。在常德，情况也相似。"如果用干粉在水里泡发，水就会充分占据米粉里的空间，汤汁的味道就进不去了。你会觉得味道是浮在表面的。""津市刘聋子粉馆"的老板黄震告诉我。为此，这家从常德津市开来长沙的米粉店，每天都要从津市配送米粉。"这米粉必须要在津市生产，因为澧水的水质好，做出的米粉，没有乱七八糟杂质的味道。"

圆粉是什么时候开始和牛肉相结合的呢？据说常德名叫水星巷的巷子里有家"赣南德"的牛肉食品店，由樊姓回族人开设。它是前店后作坊的模式，专门生产出售的牛肉干、牛肉松，牛肉食品远销省内外。"赣南德"每天将加工牛肉时剩下的碎牛肉、碎牛筋和牛肉原汁当作牛肉米粉的"浇头"和汤料，卖给那些早晨售卖米粉的摊贩。摊贩们把这种牛肉米粉盛在黄色钵子里出售，称为"钵钵粉"。这一形式广受欢迎后，牛肉米粉就成为了一个独特的品类。到民国初年，常德人早起吃牛肉粉已经成为了常态。

常德的牛肉米粉当然不只"刘聋子"，但"刘聋子"是商业运作上最为成功的一家，在长沙已经有 8 家粉店，也保持了和津市老店齐平的水准。今天的"刘聋子"和创始之初的"刘聋子"并不算是一回事。按照《津市志》

"津市刘聋子粉馆"的炖粉能让米粉保温的同时,更加入味

的记载,"刘聋子"的创办人叫刘松生,因幼年患中耳炎导致耳聋的缘故,有了"刘聋子"的绰号。1930 年,刘松生先在常德开店卖米粉,只是小本生意。1937 年,日本飞机轰炸常德,他便迁到了下面的津市。刘松生是汉民,但和周围的回民交往密切,学到了不少牛肉加工的经验,慢慢就形成了"刘聋子"粉馆的声誉。

1956 年,"刘聋子"粉馆经过公私合营,收归集体所有,后来改称饮食副公司。4 年之后,刘松生病故,没有留下后代。黄震的父亲黄承余在 1977 年来到饮食副公司工作,跟随一位叫王国钧的师傅。王国钧曾和刘松生共事过,又接替了刘松生成为掌勺大师傅,掌握核心技艺。从这个角度来讲,刘松生的手艺就传给了黄承余。黄承余在 20 世纪 80 年代末单独出来开了另外一家清真粉馆,一直到 90 年代中期,饮食副公司的经理找到他,希望他能把"刘聋子"的品牌重新树立起来。2002年，"刘聋子"通过了商标注册，背后就是黄家父子来经营。

牛肉和汤汁是成就一碗常德牛肉粉的关键。牛肉选用的是滨湖水牛。"以前用的都是澧水流域和洞庭湖水域的滨湖水牛。去年开始，政府担心水牛会导致血吸虫的传播，我们就都从云南和贵州引进了。要求至少三年吃青草散养，肉质足够紧实才可以。年纪太小的牛，肉是嫩，但是松散，没有嚼劲儿。"黄震说。和长沙米粉所需要的清汤不同，常德牛肉米粉需要的是浓汤，不能用牛骨来熬，要用牛肉来炖。这牛肉汤里也不放辣椒，而是靠配制的中草药来提味道，这是从刘松生那时就用到的做法。《津市志》里就讲，刘松生的妻子李才三特别强调过他在做汤时候的与众不同：要用到20多种中草药。牛肉进店，立即挂在近风处，分老、嫩、肥、瘦切成一斤的块子，放在清水里浸泡，挤出纤维中的血水再反复清洗，而后同草药包一起放在锅中来煮。煮时不加锅盖是关键，方便牛肉的腥膻味飘散出去。这样的牛肉原汁保持滚烫，只需要一小勺浇到米粉上把它打湿，便立刻香气扑鼻。

黄家父子还为牛肉盖码完善了品类，这就涉及牛肉各个部位的烹制。麻辣牛肉要的是纯瘦的墩子肉，用花椒和辣椒来炒，这样就越嚼越有滋味；红烧牛肉用的是带筋的牛腩，烧起来酥而不烂；酱汁牛肉主打鲜嫩，将牛里脊在酱油中腌制，大火爆炒，最能在短时间内锁住肉汁水分。还有一种人气很高的炖粉，黄震说是父亲黄承余的想法。冬天很冷，牛肉粉里汤汁不多，容易凉，于是就上来小火锅，先吃一部分牛肉，再借着汤汁来下一碗没有味道的"光头粉"。这是一个很巧妙的发明。圆粉要比扁粉禁煮得多，越煮越入味。像牛杂和米粉组成的炖粉就是绝配，这两种食材都对牙齿形成微微的抵触感，又都能随着加热时间的增长，让每个孔洞充分吸收汤汁，让我这个内脏爱好者在冬日里回味无穷。

圆粉之中，还可以尝试不同型号粗细的米粉。因为担心无法消受过于重口味的邵阳大块牛肉粉，我选择了温和一些的怀化鸭子粉。它们都是略粗的米粉，可能是为了承托起较大码子的缘故。怀化人在长沙开餐厅的不多，辗转打听，我才找到了这家名叫"克成堂"的怀化米粉店。老板吴旭告诉我，在长沙有一家怀化搬迁来的工厂，除了在那个厂区附近有两家怀化米粉店，估计就是要到他这里来吃了。

具体说来，这鸭子粉来自于怀化洪江。"每年农历八月十五，洪江县城全城就弥漫着一股炒鸭子的香气。"吴旭说，这样的习俗来自于一群流落洪江的汉人对于反抗满蒙统治而起义的纪念。他们举事失败，在洪江隐姓埋名，仍然以"杀鸭子"作为"杀鞑子"的谐音，来发泄心中的愤恨。八月十五这天吃鸭子最为集中，其实从端午节到中秋节的这段时间都是吃鸭子的好时节。洪江本地的土鸭春节后开始养大，3个月后的端午正好能够食用。并且这段时间是紫姜上市的季节。紫姜就是带有紫色嫩芽的生姜，放的时间再久一点，就是老姜了，多了辛辣，少了清香。吴旭推测，鸭子粉的诞生，可能是由于鸭子吃不完，剩余利用的产物。当地还有一道鸭子和米制品相配合的血粑鸭——宰杀鸭子的时候用鸭血来浸透糯米饼，再将糯米饼蒸熟油炸，和鸭子烧在一起便能吸足汤汁。

赋予这炒鸭子盖码以灵魂的是洪江特有的甜酱。它以小麦为主料，黄豆为辅料，在阳光下暴晒发酵而成。闻起来并不觉得有多惊人，可一旦进了油锅，便香气四溢。一个制作的诀窍就是，炒鸭子的时候，要分几次添加啤酒，一次性加完鸭肉会老。如此烹调后端上来的鸭子粉，米粉粗胖而白嫩，上面的鸭肉闪着黑亮的光泽，黑白对比，煞是好看，还有种对于食欲的挑逗。吴旭说，判断食客是不是洪江本地人，就看是不是要额外再加几勺油泼辣椒。还有的老乡会搭配一碟子洪江泡萝卜，原味吃或者拌上辣椒和香菜都可以。我这样的游客，直接吃，滋味就刚刚好。一个小小的遗憾是，如果鸭子不用吐骨头，和这乌冬面似的米粉融合，就更加完美了。

白汤鱼粉，红汤鱼粉

如果说有哪种汤码对我来说有种特别的吸引力，那应该是以鲜鱼入馔的那一款。在以往的美食踏访中，我有过几次难忘的吃"鱼粉"经历。在湖北武汉，"过早"的餐桌上有一种叫"鲜鱼糊汤粉"的小吃，是用小鲫鱼熬汤，加入米粉和荞麦粉搅成糊状。吃的时候下进去煮好的细粉，价格亲民，味道鲜美。在广东潮州，一碗用肉质松厚的大白鳗鱼做成的鲜鱼丸米粉，让我连续三天都持续光顾一家店铺。在云南西双版纳的夜市上，我尝试过一份手抓鱼米线的宵夜。它是把烤好的罗非鱼和米线一起裹在生菜叶子里，酸辣爽口，为我打开了过桥米线之外的另一重天地。所以，当我听说湖南也有两种风格迥异的鱼粉时，我决定把最后的米粉体验留给它。湖南既然有"鱼米之乡"之称，这两种食材的配搭肯定也不会令人失望。

位于长沙一处居民区里的"毛记鱼粉"是郭江的私藏。要不是看见有位大姐在门口的案板边蹲着杀鱼，我会一下走过这个只能摆下三张桌子的店铺。张小毛一家来自衡阳。他们做的便是衡阳派别的白汤鱼粉。"你以为做鱼粉有什么秘诀？根本没有。就是鱼要新鲜，火候到，时间够。"张小毛的女婿肖亚伟告诉我。肖亚伟最早在外面的湘菜馆子打工，后来想到了要有自己的生意，就决定从单一品类的衡阳鱼粉做起。"我也没找谁打听。衡阳有个很出名的'彭海军鱼粉'，我天天去吃，回来自己实验着做。最后就是那三个总结全满足，味道就一样。"肖亚伟把做法教给了岳母和媳妇，自己在旁边又开了个衡阳菜的餐厅。我观察了一下，人气倒没有这家小小的鱼粉店火爆。

鱼要新鲜，指的是须得是当天采购的活鱼。胖头鱼一鱼可以做两种粉，鱼头粉和鱼片粉。这要清早采购，在饭点之前就准备好。价位较高的黄鸭叫和鲫鱼粉都是现点现杀现做。火候和时间既指做鱼，也指炖汤。鱼先用油来煎，逼出鱼里的脂肪，再加进熬好的猪骨汤炖煮十几分钟，就会得到奶白色

在长沙的"毛记鱼粉"就能吃到衡阳风格的白汤鱼粉

的醇厚鱼汤。鱼汤收尾时要放进去的一件特殊食材是紫苏。虽然在我看来特殊，其实这在湘菜里非常常见。这种本土植物有种淡雅迷人的香气，在湖南可以做成开胃甜食紫苏桃子姜，可以搭配素菜成为紫苏煎黄瓜，更可以与河鲜配合来去腥。我面前的这碗鲫鱼米粉看上去清淡，其实辣度一点也不打折扣。出锅前加入的小米辣既提升了辣度，又增加了一抹鲜亮的颜色。

但唯一的遗憾是他们使用的是要用温水发泡的干粉。这就让米粉无法全然浸透鱼汤的滋味，喝汤吃鱼的美妙大过于吃粉。我了解到衡阳本地多用的是来自下属渣江镇的鲜榨米粉。那是一种细而绵软的圆粉，有一点微酸的口感，能够更加中和鱼汤里的腥气。这样的米粉不能过夜，外地小本经营的店铺当然也没有能力天天要求配送。

对于另外一种风格的红汤鱼粉，我认为有必要去趟所在地郴州去尝个地道。尤其是，我听说那里还有餐馆在用手工的古法制作米粉。

我对手工制粉有一种执迷。这可能来自于之前在小麦产区的采访。要知道手擀面和机器制面的光滑度、筋道劲儿完全不可同日而语。但在长沙，出于食品安全考虑，全城已经都在使用工厂制造的机制粉了。我去到扁粉供应量占到全市二分之一的银洲米粉厂参观，那里的厂长告诉我，他们机器制作的米粉，其实也有机器粉和手工粉的区别。手工粉其实就是含水量少一些，米香更加浓郁。它出品时是整张来出，由商家购买回去后自行切割，厚度要比机器粉增加 0.1 毫米。这样做就是为了满足人们对手工粉的怀念。那么这种机器手工粉和真正的手工粉究竟有什么区别呢？那位厂长告诉我，机器粉必须要使用陈米，也就是陈放两年的大米。这是因为新米里面支链淀粉没有转化，黏度达不到，机器制作米粉产量就达不到。但手工就无所谓了，水和米浆的比例在做每一张的时候，能够随时调整。新米做出来的米粉要更加柔软新鲜，这是机器粉所无法达到的。

郴州的栖凤渡镇被认为是红汤鱼粉的发源地。传说是三国时期的庞统路过这里吃了一碗米粉，赞叹有加。因为庞统号凤雏，这个地方也改名为栖凤渡。其实直到清朝人们才开始广泛食用辣椒，而红汤鱼粉里辣椒是重要的一味调料，庞统究竟吃了什么就非常可疑了。不过，受到好评的红汤鱼粉仍然都集中在栖凤渡镇上。我即将去的，是当地一家餐饮企业"凤楚传奇"旗下的一处传统米粉体验基地。在那里负责米粉制作的吴安英，曾经在镇上卖手工米粉多年。几年前她休息不做了，现在又被重新请出山来做指导。吴家三代做粉，她也是郴州米粉制作技艺的"非遗"传人。

我到达的时候，吴安英已经带着几个同事在做粉了。米浆磨好了盛放在盆中，她需要舀放进长方形的模具里，在锅中蒸制定型。吴安英又告诉我几个自己手工米粉的优点。首先她能够选择稻米的品种，从源头上控制米粉的质量。根据她的经验，常规稻 7307 这个型号的表现要优于杂交稻。这种稻谷的米粒短，做出的米粉韧性强、米香浓，劣势就是产量不高。以前她要专门跑几个村子，以比杂交稻每斤多两毛的价格去收购，如今基地这边能够种植供应了。第二，米粉的软硬度她能及时调整，这就是个水多水少的问题，要不多不少正合适，米浆倒在模具上能够"走路"。当然，这也就说明了手工做粉的一些弊端，米粉质量和个人经验、当天的心情、劳动强度都很有关系。我看了看挂在竹竿上晾晒的米粉皮，有存在破洞和不均匀的情况，这都是个体制作者之间的差异。她切下来一块匀称饱满的皮子给我品尝。我还是第一

上图：郴州鱼粉的"非遗"传人吴安英正在检查手工米粉皮的质量
下图：红汤鱼粉是郴州的特色。在"凤楚传奇"的"非遗"传承基地，可以有从制作到品尝的体验

次吃到刚做好的米粉。果然，味道是没的说，原始朴素的米香味最为动人。吴安英笑着说，这里人也会用它直接来裹辣椒或者白糖，已经足够好吃了。

传统的红汤鱼粉用的是鲢鱼，吴安英1990年开始卖粉时就改成了肉质更加鲜美的草鱼。她用来熬鱼的浓汤主要用的是猪头骨，不是猪棒骨，熬出的高汤要更白更香醇。红汤来自草鱼块快煮好时放进去的油煎辣椒面，是朝天椒和皱皮椒的混合，一个管香，一个管辣。这种辣度也是可以调整的，因为红油浮在汤的表面，顾客要重辣，就多撇进碗里一些辣油。豆油和茶油是郴州这边独特的调味品，放在碗底作为底料。与其叫豆油不如叫豆膏，黄豆制成，黑褐色的膏状物。单独闻会觉得臭，逐渐适应又感到有豆香的回味，在当地的烹饪里相当于酱油来使用。茶油类似香油那样只需几滴提味，是一种淡淡的烟熏腊肉的味道。这些都为红汤鱼粉增加了风味的层次。

我们坐在户外吃粉。远方是已经收获过的稻田，近处是果园和鱼塘。这可是此行最得来不易的一碗米粉了——先要坐高铁两小时，又要转汽车一小时，再目睹对方将米浆从头转化成米粉。在这样的前提下评价这碗米粉不能不带感情因素，觉得跋山涉水来一趟还是非常值得的。仔细想来，那些打动我们的食物，哪些又只单纯关乎于滋味呢？其中蕴含的人情的温度、唤起的往日记忆、所处的周遭环境都左右着我们的情感好恶。当我们称它为难得的美味，其实是在赞颂那时那刻所感受到的一切美好。

（贾雨心、梁梓琳对本文亦有贡献）

在广西吃米食，总是会被它的多样性所震惊、可谓千种做法千种味道。

豆蓉糯米饭

停在蒋梅香的店铺门口绝对是个意外。我跟摄影记者张雷本来想找的是另一家卖糯米饭的店铺，跟蒋梅香的铺位只隔了一家店。第一天对方没开门。我们找蒋梅香打听，说是休息了。想着既然都到了店里，就尝一尝吧。糯米饭的价格4元起，里面加的辅料都一样，只是给的量不同。我要了一个最小的，站在门口边吃边跟蒋梅香闲聊。

铺面并不大，只有两三平方米，做糯米饭的台面还是以前的小推车，长方形，卡在铺子里很是合适。蒋梅香微胖，戴着一顶鸭舌帽，从头到脚衣服的颜色都是深色，就连围裙也是黑色的。她出生于 1981 年，十几年前从老家出来，先是去工厂打工，后来就在王城景区附近的广场卖花，结果折了本。隔壁卖糯米饭的夫妻心地善良，就劝她也卖糯米饭，"小蒋你长得漂亮，卖吃的别人肯定买"。

蒋梅香的糯米饭铺叫"蒋记王城糯米饭"。蒋梅香说是希望提醒老顾客自己就是王城景区那家。在王城景区，蒋梅香的糯米饭很火，经常有导游带着旅游团来买，一个团少则十几个人，多则三四十，一下子包围上来，蒋梅香做糯米饭的手速就这么练出来的，包一个糯米饭只要十几秒，已经形成了肌肉记忆。蒋梅香的糯米饭内容很丰富，要放酸豆角、绿豆蓉、酸菜、香肠，还有脆皮。各种食材混在一起，加上糯米的香味，我跟她聊着天，一会儿就吃完了一个。

蒋梅香说自家糯米饭用的材料好。"我老公嘴巴很刁，差一点的东西都不吃，什么东西只要他一尝就知道好不好。原材料都是他买，我就负责卖。"我最喜欢里面的绿豆蓉，绿豆去了皮，煮得细细的，然后把绿豆皮一点点挑出来，什么都不放，就是天然的香气，比我之前在桂林吃到的都要好。还有脆皮，炸得像个小车轮一样。蒋梅香说这个最考验功夫，是桂林最传统的做法，不能批量生产，只能一个一个手工做，炸两箱需要 5 个小时，"很多人嫌麻烦，只有那种碎碎的炸物"。蒋梅香说很多人找她买脆皮，她只答应给一家学校的食堂做，以前卖糯米饭时，学校的学生照顾了她很多生意。

要想做好糯米饭，最重要的还是选糯米。蒋梅香的米都是去乡下收上来的。他们夫妻也曾经去市场买米，因为不熟悉经常被人骗，往往上面是好米，底下的米就差很多，有的甚至不能用，她只好给乡下的婆婆用来爆米花、做油茶。她去乡下收米都是几千斤地买，没有自己的房子前只能放在租来的房子里——前几年生意好，一天能卖 100 多斤，用得也快。房东看她生意好，整天喊着要涨房租，有一次还跟她说如果不将另外一间房子也租下

小顾客在等着蒋梅香做糯米饭，她的动作很快，十几秒就能做一个

来，就不让他们住了。她只好又租下了一间。房东还是不满意，总是挑三拣四，有一次电动车丢了，也怪是蒋梅香家里人偷的。

蒋梅香说，从那时开始，她就下定决心要买房子。她以前爱花钱，糯米饭卖完就去后边的步行街买衣服和吃的，这些后来都戒掉了。她那时候只有一个愿望，放米时再也不看房东的眼色，想放多少就放多少。几年前，她和老公终于存够了首付，房子如今也住进去了。不过，疫情的出现让她很焦虑，她说现在每天卖上三四十斤就算好的，只能勉强维持铺面的租金费用。这段时间，蒋梅香总是街上最晚关铺子的一家，她总是想多开一会儿就多卖一点。

蒋梅香是从苦日子里熬出来的，她不想再回到以前的日子。她出生在桂林周边的乡下，还有两个弟弟。父母重男轻女，将两个弟弟送去读书，却让她打工赚钱帮忙支撑两个弟弟的学费，后来他们都上了大学。蒋梅香说自己

16 岁开始打工，第一份工作是在一家印刷厂，专门印刷商标，最初工资只有 500 元，后来涨到了 1000 元。去做糯米饭也是为了多赚钱，"说起来你可能不信，10 年前桂林旅游兴盛时，做一天糯米饭能赚 700 元（没有刨掉成本）"。

蒋梅香说，那时儿子只有五六岁，跟着她一起摆摊。孩子每天下午都会去对面商场的楼上看电视，中间会过来两三次找蒋梅香。可有一天下午，蒋梅香一直没有见儿子回来，她让隔壁摊主帮忙看摊，她去找儿子，10 分钟后没有找到她就回来了。讲起这个事情，蒋梅香觉得对不起孩子，"当时觉得钱真的重要"，好在过后孩子回来了。蒋梅香说儿子特别聪明，还没上学账就算得特别快，买大米花多少钱，成本是多少，都能算得出来，"现在已经读初二了，正是用钱的时候"。

米粉酒

初遇米粉酒，你会被它的江湖气所震撼。一张大圆桌，上面放着五六个盘子。盘子里全是下水，猪脑、骨髓、毛肚、黄喉、牛胃，以及各种你可以想象出来的内脏，就那么赤裸裸地摆在那里，新鲜到脑洞大一点你就能想象一头猪或者牛走出来的场景。店家告诉我，食材都是早上师傅从市场上拿来的，连冰箱都没有进过。对于几乎不吃下水的我来讲，只是看，都会觉得太过丰盛。

唯一能够让胃平静下来的是桌子一角摆的一盆米粉和一碟牛肉，米粉 4 两左右，牛肉也差不多。米粉酒，自然得有米粉了。没有见到食物前，我总是弄不明白米粉酒的含义，以为是将米粉酿成酒。我心里纳闷，这是要将米粉塞进罐子里再发酵一次吗？

见到《临桂文艺》的主编莫喜生时才知道，米粉酒是火锅的一种形式，米粉是人们酒到最末尾时最后暖饱肚子的一步。莫喜生说，火锅的底汤是鲜榨米粉的汤汁。小火在炉子上慢慢熬起，趁着米浆咕嘟咕嘟冒泡时下入食材，食物煮不老，能一直保持最鲜嫩的口感。

米粉酒是桂林下面的两江镇独有的食物。莫喜生的老家与两江镇紧挨着，但听说米粉酒还是他几年前到两江镇任宣传干事之后。莫喜生告诉我，最早吃米粉酒的人是杀猪杀牛的屠夫。两江镇紧挨着义江河，数百年前就是出入融安、融水、灵川、龙胜的交通要道，商贸交易范围远的可达湖南、广东，其中最繁华的要数牛市。两江牛市的规模，在桂林周边的市、县里，甚至华南地区，都是数一数二的。

屠夫也因此成为一个必要的职业。莫喜生说，屠夫往往在凌晨就起来工作，早上人们赶集时他们就已经收刀了。这时候在街头，就能看到他们三五成群地聚在一个做手工米粉的摊子附近，用下水做料，用米粉汤打底，吃得醋畅淋漓。这样的吃法如果追溯起来，也有上百年的历史了。屠夫吃得欢快，人们看得眼馋，也纷纷效仿，米粉酒就这么在两江镇流传开来。

桂林传统米粉传承人梁志强告诉我，以往村里人盖房子或者家里办酒席，都缺不了米粉酒，年轻人相亲也要请吃米粉酒。媒婆介绍之后，双方家长拿着生辰八字先算上一算，如果八字相合，两个年轻人又对上眼，男方就去集镇上割肉，在米粉摊要个炉子，吃上米粉酒，就代表这个事情成了。"所以，在两江镇，人们问一个人相亲成功与否，会问：吃上米粉酒没？"

莫喜生说，以往两江镇手工米粉作坊多，都是在街头支个摊子，前店后厂，不缺鲜榨米粉的汤汁。赶集的人就会几个一起在米粉摊子口坐下来吃米粉酒，炉子、桌子挨着挤着，吃酒的人吹着牛，笑着闹着，好不热闹。现在这样的景象却没了：整个两江镇只剩下一家手工米粉作坊。莫喜生说，可不要小看一桌米粉酒，都是最好的食材，一桌下来不算酒，费用至少也在

吃米粉酒，用的食材大部分是下水，一桌子摆在那里，满是江湖气

米粉酒吃到最后，拿出二两米粉，用汤汁一烫，鲜甜可口

六七百，在两江镇，吃米粉酒的都是"吃家子"。

我们采访那一天早上，就有几个人在米粉老板家里吃米粉酒。那天下着雨，他们在院落里搭了个棚子，肉和下水都是自己带来的，我看着他们在自来水边细细搓洗，吃火锅的容器是借老板家的一个不锈钢盆，放在蜂窝煤炉上，不大不小，简单实用。形式虽然看起来粗放，却跟米粉酒的气质也搭。米浆已经热了起来，米粉却不用着急，毕竟老板在灶台里一直不停地下粉。我跟摄影师在旁边等着想拍照，想看他们将米粉下锅时的样子，他们却不着急，两个小时都要过去了，酒一杯一杯地下肚，讲话都开始冒酒气，米粉却还没有上来。

我等得焦急，就上前去商量，问能不能下点米粉进去先让我们拍一拍，对方连连摇头，坚决拒绝，说酒还没有喝到位，不能下。我后来才知道，吃米粉是要将火锅中的汤淋进米粉里，汤汁有米香，又集结了肉和下水的鲜，米粉的味道自然浓郁可口。如果将米粉直接下进锅里，粉煮起来汤底发黏，不仅米粉口感不好，还坏了一锅好汤。讲究！

粥与酸粥

　　人们都知道广东人爱喝粥，品种众多，从简单到烦琐，样样都有，却很少有人注意到，隔壁的广西，也有粥的一片天下。广西习惯喝粥的片区，多集中在桂东、桂南、桂中、桂西。在这一带生活的人，许多会早起熬上一大锅粥，分量足够家里的一日三餐食用。为了这一碗粥，他们用各种各样的小菜来搭配，大部分是酸物：酸豆角、酸笋、酸萝卜、酸菜……

　　喝粥大概与气候很有关系，比如说广西南部属于典型的亚热带季风气候，天气炎热，人们出汗多，特别是劳作的人需要补充水分。天气热，胃口不好，粥就成了一个很好的选择：消暑、解渴，还不会觉得腻。广西电视台纪录片导演庞德成经常去乡下采风，他跟我提起在乡下遇到的吃粥场景：往往是在田间地头中心区的大树下，会设有粥铺，一张大长桌子，几条长凳，凳子上坐满了人。粥是白粥，配的是各种腌菜和炒的青菜。交几块粥钱后，菜不限量。来喝粥的人多是下田劳作的人，对他们来讲，喝粥既能饱腹，又是休息。一碗粥下去，身上的疲惫也减轻了不少，还能在树底下乘凉，等着烈日从脑袋上移开，又可以回到田地里。

　　我也喜欢喝白粥，尤其是出差在外，如果在酒店吃早餐，我都会盛上一碗白粥放在餐桌上，米煮得碎碎细细的，已经看不出原本的形状。这一碗粥对我来讲，是一天的开启，粥进到胃里，暖暖的，觉得一天的能量都有了依仗。有时候在家不知道要吃什么，也会打开灶火，将水烧开，洗上一把米搁进锅里，米在沸水里上下跳动，我拿着勺子慢慢地搅动，看着锅里的水一点点减少，很多琐事都忘在了脑后，所有的心思都在一碗粥上。

　　广西的粥当然不只一碗白粥这么单调。如果你驾车从南宁出发，途经玉林、梧州，再往南走到北海、钦州，一路吃下来，粥的种类都是不重样的。玉林有名的是功能粥，有点类似于猪肝粥，用的是有名的陆川猪肉，加以猪肝、猪脑、猪心、猪肚、猪腰等，粥煮好后，撒上绿油油的葱花，鲜得让人流口水；梧州则是艇仔粥，以新鲜的小虾、鱼片、葱花、蛋丝、海蜇、花生仁、浮皮、油条屑为原料，粥滑软绵、芳香味鲜，跟广东味道有些类似；北海的海鲜粥种类则是数不胜数，最吸睛的是沙虫粥，沙虫干处理干净，浸泡之后放进粥里，味道极鲜；钦州的粥则更多了，鸽子可以放进粥里，黄鳝也行，番薯也不差，可以说没有食材是放不进钦州人粥里的。

崇左的扶绥县能够拿出来的却是一碗酸粥。酸粥在我看来，是广西人对粥发挥想象力的极限。在过去，酸粥是人们将吃剩的大米饭密封进罐子里所得。扶绥酸粥的传承人郭志勤告诉我，以往在扶绥，各家各户都有这么一个酸粥罐子。某种意义上来说，酸粥酸爽，更像是一种佐料，用来送粥。"我们将这种吃法叫作以粥送粥。"郭志勤说，除此之外家里人炒菜也会放点酸粥，到了中元节，家家户户都要做白切鸭，蘸的小料就是酸粥。"在扶绥，不管你到哪个乡镇，饭桌上都会有酸粥，每个地方的酸粥味道都不一样。这个地方喜辣，便多放辣椒；那个地方喜甜，便会放糖。"

郭志勤原本是公务员，提前退休后经营了一家小菜馆，一直想着做些特色菜出来，后来将目光瞄准了酸粥。"虽然家家户户都会做酸粥，但是吃法简单，而且因发酵时间过长，酸粥看起来总是黑黑的。"郭志勤在厨房里琢磨酸粥最佳的发酵时间，她拿着一个本子，把酸粥各个阶段的特点记下来，最后发现半个月是最好的时机——打开酸粥罐，会闻到一股酒香，米看起来也是洁白晶莹的。"发酵酸粥有个很奇怪的地方，就是要离灶台近，这样酸粥才好吃。我之前把酸粥放在单独的屋子里，就没有那么香浓。"

用酸粥，郭志勤创新了许多菜品，酸粥鱼汤、酸粥鸭、酸粥黄金扣、酸粥鱼刺生、酸粥脆皮豆腐、酸粥白糕等等，每一种对酸粥的使用方法都不一

纸米卷里包了花生、虾、香菜、黄瓜等，蘸上炒过的酸粥，
吃起来很爽口

样。我跟张雷尝了一道酸粥纸米卷，蒸熟的糯米卷，包上黄瓜丝、胡萝卜
丝、香菜、花生、新鲜的虾仁，蘸上炒过的酸粥，口感清爽，尤其是那股酸
的滋味，在口腔中回味起来，竟觉得有些绵长，会忍不住再来一个，想要再
确认一下味道。

陕北：一场杂粮之旅

丘濂/文　于楚众/摄影

陕北气候高寒少雨，土地瘠薄，种小麦不合适，却正好成就了蔚为大观的杂粮文化。如今城里人觉得稀罕而极具营养价值的杂粮，在陕北乡村正是人们最日常的食物。杂粮粗糙难于入口，缺乏筋度不易成形，最能体现出陕北人在烹调加工上迸发的智慧。

杂粮，陕北人的日常

我们从陕北的榆林市出发，在千沟万壑的黄土高原辗转颠簸了两个多小时，终于看到老高家那一排规整的六孔窑洞。几天前，我向陕北一位电视台的朋友张永强询问那里的人每餐是否都离不开杂粮，他一拍脑袋，推荐我去老高家吃顿便饭感受一下。老高全名叫作高文停，和妻子李启花一起居住在吴堡县高家庄村，在附近镇子卖了一辈子自制的黄米馍馍。两人如今年过古稀，几年前在孩子们的劝说下彻底退休了。平常的日子里，他们依然要打理村子里那十几亩土地上的粮食，还有家门口那块供给日常吃食的菜园。农闲之后，老两口坚持每年继续手做一批黄米馍馍馈赠亲朋好友，张永强就有着这样的口福。这一天是周末，老高夫妇的儿子女儿从县城和更远的延安赶回来看望父母，我们正赶上了高家阖家团圆的日子。

此时正是下午 3 点多，所有女眷都在为晚餐而忙碌：大儿媳坐在炕上用锤子把一颗颗黄豆在石板上砸成叫作"钱钱"的圆片，一会儿要用钱钱和小米来煮稀饭。她告诉我，这样结合会让米汤特别甜，到时先喝汤再吃饭——把钱钱和小米捞出来，再和腌酸菜炒在一起，好吃极了。大女儿在准备两吃的土豆，一半土豆擦成薄片，裹上面粉上锅蒸熟，做成"蒸擦擦"，拌着西红柿酱食用，另一半土豆磨成泥，再混合干香菜和葱花搓成圆球，蒸好后再浇上蒜汁、陈醋和香油，成为"黑愣愣"。这个名字听来摸不着头脑，其实它指的是早年小贩推车贩卖，车轱辘轧过石板路发出的声音。二女儿正忙活四色凉菜：红萝卜丝、洋葱木耳、苦菜杏仁和心里美。没有大棚蔬菜的支撑，只有好保存的块茎类植物相伴，冬日里传统的陕北农家的餐桌本应是单调的，当地人却用智慧克服。提前灌在瓶子中的西红柿酱、躺在坛子里的酸菜、煮熟后冰冻的野苦菜、晒干的香菜和辣椒都成为了佐餐的必需，更不用说作为主食的杂粮有多么丰富了。

站在老高家的窑洞顶上向四周张望，便能明白陕北为何更加适合杂粮生长。和沃野千里的关中平原不同，这里梁峁林立，又干旱缺水，如果种小麦只能广种薄收，不如多种耐旱耐瘠的粮食作物相结合。现在白面可以轻易买到，过去则是一种奢侈。老高家更多延续了传统，自给自足，种啥吃啥。在杂粮的营养价值日益被强调的今天，它们反而会让城里人觉得稀罕。李启花带我去看储存粮食的窑洞，那里有十几口大缸，如同一个杂粮博物馆：黄米

上图：黄米馍馍的面是硬糜子和软糜子混合而成的
下图：李启花在把刚出锅的黄米馍馍码放整齐

也叫作糜子，分成软和硬两种。软的颜色深，煮熟具有黏性，可以用来做糕和酿酒；硬的颜色浅又粒粒分明，是蒸米饭或者馍馍的主要原料。黄米还有个古老的名字——"黍"，《诗经》中《黍离》写到的植物就是它，在汉代以前，其地位仅次于小米，可能要排在小麦之上。黄米之外，缸子里还有小米、高粱米、玉米糁子、荞麦糁子，以及豌豆、绿豆、芸豆、红豆和黑豆等各种豆类，旁边地上码放着成堆的土豆、南瓜和白薯。"在我这里待一星期，主食肯定天天不重样。"李启花说。这殷实的粮仓不由让我想象了一下陕北秋收时的景象。本地作家史小溪写道，农历八月的陕北高原会暂时隐去荒凉贫瘠的底色，"糜谷是黄灿灿的，荞麦是粉楚楚的，绿豆荚是黑玖玖的……高粱（桃黍）套种豇豆，美如彩虹落到了地上"。

高文停招呼老伴儿李启花一起帮着推磨，儿女随后跟上来一起干。孩子们和客人都在，老高夫妇决定做一批黄米馍馍让大家带走。这是在磨米了。黄米馍馍需要硬糜子和软糜子两种掺和在一起，大致二比一的比例。软的必须要占一份，否则糜子粘不到一起去，太多吃起来又不消化。做黄米馍馍不是一蹴而就的事情。硬糜子前一天夜里就要泡软，软糜子则过一遍水就好。五六百斤的石头碾子要至少两个人前后配合才能推动，还有一个人要拿着用软糜子的穗儿捆成的笤帚不断地把磨细的面扫拢在一起。曾经筛面要用粗箩，为的是不糟践东西，能多出数，现在则用的是细箩，有着极细的网眼，以保证黄米馍馍吃到嘴里细腻的口感。大家正干得热火朝天时，有人起哄让老高唱段"酸曲儿"，也就是陕北的信天游。这种直白炽烈的民歌形式，以生活中柴米油盐、五谷杂粮做起兴的不少，比如"前沟里的糜子，后沟里的谷/半碗黑豆，半碗米/端起碗来，想起你"。老高信手拈来的"酸曲儿"则和"夸婆姨"有关："不唱东来不唱西/就唱我这巧婆姨/家务活、黄米馍馍都是她来干/看我们像不像个婆姨汉？"我一问才知道，当年还是流动小贩的高文停，正是跑到另外的李家源村卖黄米馍馍才和李启花认识的。当时李启花是村里做黄米馍馍最棒的姑娘。

晚餐的"钱钱"小米汤果然好喝。上面竟有一层清亮的米油，让米汤入口滑糯而甘甜，于是总算相信"米汁渐之如脂"这般对于小米的形容。就在我还留恋于暖烘烘的火炕时，李启花已经抹完嘴儿跑到旁边的窑洞里继续揉面的工序了。大约两个小时之前，她就把上一次存留下来的一块"老面"和新的黄米粉混在一起，成为这次发酵的引子。现在她正往一缸黄米粉里倒热水，一点一点地把面揉到一起，再把铁盆里的引子和面团混合。缸子里大约有20斤黄米粉，能蒸200多个黄米馍馍。在这个和面的过程里，李启花需要跪在炕上才好用力，不断用双手翻腾、揉搓和挤压。我试了一次才明白这其中的难度——与和白面不同，黄米面没有任何筋度因此缺乏弹性，是又死性又结实的一团，需得花很大力气才能让内部组织均匀起来。用力过猛或者停留时间过长，面絮就会粘在手上，简直就像与一个执拗的孩子不断斗争。经过半个多小时的"搏斗"，面团终于光滑地帖服于缸底下。李启花把被子往上一盖，告诉我们面要醒一宿，明早才能继续。

第二天早上再来的时候，那间专门用来制作黄米馍馍的窑洞里已经充满了蒸汽。氤氲中看见李启花和高文停一起操劳的身影。李启花正盯着炉子上冒出的蒸汽，根据蒸汽的大小，随时需要拉动封箱调整火力；高文停则在一刻不停地包出一个个黄米馍馍，两人就这样配合了许多年。为了照顾大家的口味，高家夫妇做了甜口和咸口两种，都是就地取材。甜的用的是自家枣树结出来的"狗头枣"，将它们煮熟后和红豇豆搅和在一起，做成馅儿。一路往老高家走的时候，我看到许多枣树上都挂着没收的枣儿，觉得奇怪。高文停说，现在陕北枣在市场的知名度不如新疆枣，卖不上价，农民都懒得收。"个头虽然没那个大，可是酸酸甜甜很好吃哩。咬下去也不会出现空心。"老高夫妇每年照样打枣，新鲜着吃，做成枣泥，还有泡在高度白酒里做成醉枣。另外一种咸口的馅料，混合了地软、酸菜、豆芽、葱和豆腐。地软是啥？下过

上图：黄米馍馍要趁热吃才香
下图：在陕北农村，黄米馍馍是入冬农闲了才准备，现在会做的人也少了

雨后，窑洞顶上就会出现这样一层念珠藻属的植物，褐中带绿，类似木耳般脆嫩。老高夫妇每年都要在雨季里捡够用量，挑选、清洗和晒干之后，一年当中便有了地软包子、地软饺子、地软馍馍，或者凉拌地软、炒地软、地软汤这些无穷无尽的吃法。在物质不丰富的年代，它是一道调剂的美味。

一屉一屉的黄米馍馍接踵出锅。它们码放在高粱秆子编成的盖子上，一个个黄澄澄、胖乎乎，经过水蒸气的滋润变得油亮亮。很快，铺着大红底鸳鸯戏水图案床单的火炕就放不下了，凉一些的黄米馍馍被抬到了碾子台上。它与窗台上堆起来的玉米棒子，窑洞两侧挂着的红辣椒、绿香菜，以及玻璃上贴着的红艳艳的剪纸窗花一起，组成了一幅陕北农家的静物画，让我在冬日的暖阳下看得陶醉。李启花招呼我赶紧去吃那些还热乎的。刚蒸出来的黄米馍馍外皮又黏糊又软糯，烫得人要往外哈气，又唯恐漏走了那枣香和黄米香。再搭配上大锅里熬出的红枣小米稀饭，绝对是开启一天的饱足一餐。我们一边吃着，一边听着高文停在窑洞里又开唱了。依稀听出来两句："我家糜子长得实在凶／蒸得那个米馍馍爱死个人。"他把尾音拖得悠长，余韵回荡在山间。

豆子的歌谣

周磊在榆林经营的餐馆门口放了石磨和石碾子。刚从老高家返回榆林市区，我以为那纯粹是个摆设，因为高文停说过，这样工具在农村基本都是荒废的，村民会送到专门的机器磨坊进行加工。不想过了一会儿，工作人员真的在那里开始磨面了，原来是底下增加了电机来带动。周磊说，这样的好处是完全可以模拟人工的转速，一分钟稳定转九圈，不像钢磨，速度太快，香气在磨的时候就全部挥发了。周磊捧了一把刚磨出来的杂粮面让我闻，里面有黑豆、高粱米、玉米和麦仁几种，其中黑豆还提前用铁锅炒成七分熟，为

榆林自古以来就是边塞重镇，饮食文化发达

了让豆香更加释放。"这种杂粮面做成面食，吃到嘴里，香味都在。"当电机石磨闲下来的时候，也有住在附近的居民扛着成袋的粮食来这里借用机器磨面。周磊大手一挥让他们随便使用，"都知道这样磨出来的好吃"。

这家名叫"山食农家小院"的餐馆做的是农家风格的自助餐，36 个品种里，有超过一半都是各种杂粮制品。榆林作为城市当然有十分高级的菜肴。翻看能找到的唯一一本榆林美食书籍、1994 年出版的《榆林菜谱》，第一页竟然是海参和鱼翅打头的海产，其他鸡鸭鱼肉各种菜式应有尽有，想必是为了突出榆林自古以来就是边塞重镇的富足殷实和饮食上的南北交融。周磊觉得，这种以大菜、官府菜为线索的梳理方法，反而忽略了普通人的日常三餐，"其实一般陕北人吃得粗犷，比较原汁原味"。他原来在榆林市一家化工企业的食堂里，专门给领导班子做饭。他屡次受到称赞的，不是多么繁复的硬菜，而是一道普通不过的炒豆腐——榆林以普惠泉水做的黑豆豆腐出名。

周磊就找新鲜磨制的豆腐，放一点油来煎，再加酱油、糖、盐，出锅前放韭菜和小葱，就这么简单。他决定开餐馆后，提供的就是过去家里吃的那些东西。"每人26块钱随便吃，什么年龄层次的客人都有。但50多岁的妇女来到这里就特别情绪化，也不是大哭，就是眼角默默淌泪，因为能让她们回忆起老父亲、老母亲曾经做饭的味道。"

在这些杂粮制品中，和豆类相关的不少。豆子在陕北的饮食结构里是个奇特的存在。有的豆子可以用来趁着鲜嫩时和豆荚一起炒着吃，或是发豆芽、磨豆腐，都算是素菜，还有的豆子可以做成酱，成为一种调料，但大部分豆子则都能担当主食里面的角色：豌豆可以做成"杂面"，也就是磨成粉之后再擀成面皮，但一定要加一种叫作沙蒿籽的东西增加筋度，才能擀出来和炕一样大、像纸一样薄的一片，再用刀做成切面；豌豆面还能做成"抿尖"，需要把面团在带有小孔的"抿尖床"上来回摩擦，擦出来的"抿尖"如同毛毛虫一般呈条状；以黑豆为主的杂粮面能做成另一种"擦尖"，"擦床"上是一条条细缝，"擦尖"像是一些不太规则的厚纸片；这样的杂粮面再加进有点黏性的软糜子，还能做成"窝窝壳壳"，也就是一般说的窝窝头。

我曾经对杂粮制品这些奇奇怪怪的造型表示不理解，北京旅游学院教授面点制作的王美教授给了我答案：说到底，这都是不得已的情况下想出的办法。小麦面粉的蛋白质吸水后可以形成面筋，就有弹性、韧性和延展性，能抻拉出各种形状。大多数杂粮就不同了，弄出个样子，就要赶紧下锅；杂粮面也无法做成松软暄弹的发面产品，因为没有足够的蛋白质包裹住气体。这样一团死面放在蒸锅上难以蒸透，所以要在下面按一下凹进去，窝窝头就形成了。

豆面虽有特殊的豆香，但毕竟比不上白面那样有着细腻爽滑的口感。陕北人自有办法让它吃起来也能有滋有味。周磊特地恢复了陕北农家的调料盘文化。以前物质匮乏时，各家都只有过年才能杀猪宰羊。调料盘就是让平淡

以豆子为主要原料的杂粮制品，是"山食农家小院"的特色

食物焕发魅力的神秘武器，也是各家婆姨比拼巧手的所在。我在老高家也见过炕桌上的几种调料，但远不如周磊的餐馆里这般阵容华丽。每张桌子上都有一个红色木质托盘，里面的12个黑瓷碗里五颜六色，暗藏着玄机，除了葱花和香菜，没有哪个是一句话能讲清楚的。他指了指那碗西红柿酱说："这柿子必须自己种。要让它成熟到开裂，用手掰开里面都是沙瓤的，直接吃都发甜。后半个夏天，我们在厨房里天天蒸柿子，放在玻璃瓶里存起来。柿子酱炒制的时候，锅里要再添花椒面、五香粉和老盐，放一夜入味了再吃，三天内要吃完。"那碗辣椒油也相当麻烦。"里面有三种辣椒，陕西凤翔的线椒要它的香，四川的二荆条要它的辣，贵州的灯笼椒图它肉厚。泼辣椒的油先要用葱根来炸香，油温降到180度再往辣椒面上浇。"

但最难得的还是那碗黑酱。它颜色是黑乎乎的，闻起来极其香醇和幽深，像要把人吸进去一般。做黑酱的原料就是豌豆。豌豆用石磨去皮之后，要在炉灶上蒸、炕头上闷，看到豆子起霉，就磨成细粉，加入老盐，放在大缸中。黑酱每年只能做一次，是因为它必须经过 6 月和 7 月的高温暴晒。晒的时候缸子并不封口，要用木棍不断搅动，才能黑得通透。周磊说，过去加工黑酱的办法是用油泼。会吃的人都用勺子去挖表面那层，因为下面的酱熟不了，是涩口的。他改良的办法还是要去"炸酱"，将花椒、桂皮、大料等七八种香料用菜籽油炒香，再把黑酱倒进去慢炸两个小时。"炸完的酱放起来冷藏，还会慢慢发酵，一个月左右，是最巅峰的食用时间。"周磊顺手拌了一碗豌豆面擦尖给我，加入了芝麻盐、西红柿酱和黑酱，又淋上一层辣椒油。质朴的农家餐食，也瞬间隆重起来。

还有一道麻汤饭是周磊格外看重的。"小时候奶奶就给我做这个，现在用不上这个原料了，也就几乎绝迹了。"周磊的馆子里每天上午和下午要各熬一锅。食客进了门，几乎每个人都要盛上一碗，在那里呼哧呼哧地喝着，脑门儿上顿时就冒出一层细密的汗珠。麻指的是小麻，过去陕北人吃植物油是靠压榨小麻籽得来的。剩下的油渣还有点油星的残余，舍不得丢掉，就用它来煮稀饭，这就是麻汤饭的来源。如今没有了榨油的程序，周磊会从头来加工小麻籽。小麻籽先要炒熟，再在石磨上把它碾碎，放在锅里熬汤。"锅里水不能是冷水，冷水就把油给积住了，任凭大火也化不开。要温水加中火慢慢熬，半小时以后把渣滓捞出来放进纱布袋子里加点水，再揉搓挤压，直到油脂全部出来，小麻籽成了光壳壳。"漂着油花的汤里，继续把难煮的红豆、黄豆、老黑豆和菜豆放进去，又过半小时加土豆、小米、高粱和麦仁。临关火的时候，倒进去小麻油炒的花生碎和青菜，马上香气四溢。那些熬汤剩下的小麻渣滓也不会浪费，周磊把它们放在大桶里发酵，当作有机肥料用在自己在城郊的菜园子里。

周磊对好的食材有一种痴迷，没事的时候就开着他卸掉后座的五菱宏光跑到乡下去收杂粮。他是子洲县苗家坪镇上的人，愿意优先考虑收购那里的作物，惠及乡民。"都多少沾亲带故，可我严格得很。每袋粮食上都写着谁家的，多少斤。今年发现有问题，明年就再也不会来了。"他觉得遗憾的是，我们没有赶上一种土话叫作"羊打脸"的高粱上市。"现在已经割下来放在外边了，冻上个几天，壳和肉分开，就比较好分离。"这种高粱种在坡子上，稀稀疏疏地，产量不高，吃起来明显和一般高粱不一样，"特别滑糯，整个稀饭都是稠稠滑滑的"。每年冬至之后，麻汤饭里的高粱都会换成"羊打脸"这个品种，一下子又增色不少。

荞麦与羊肉的缠绵

陕北虽然四处都产杂粮，但各地擅长的品种不一样。榆林市下辖的地区有南六县和北六县的分别。之前我去的吴堡和周磊的老家子洲都属于南六县。南部属于丘陵沟壑区，糜谷和豆类这样的耐旱作物最适合不过；而北部和内蒙古接壤，多为地势平坦的风沙草滩区，具有一定的灌溉条件，以荞麦和土豆的产量为大宗。早已耳闻北部定边县有着全国红花荞麦第一生产大县的称号，那里便成为我们下一站的目的地。

温仲浩的荞麦特产商店里挂了一张荞麦花开时的风景画，粉红色的荞麦花漫山遍野，和落日前的云霞连成一片。荞麦 8 月开花，最初是淡淡的胭脂色，之后逐渐浓艳，9 月花还未谢就同时长出果实，可以准备收获。正是这种生长期短的特点，让荞麦在北方很多地方成为一种救荒作物，大田庄稼受到影响时，及时补种荞麦，便可抢回一茬粮食。荞麦喜欢寒凉的气候。定边平均海拔在 1600 米以上，9 月白天气温在 15 摄氏度左右，又是降雨集中的时段，特别适合荞麦制造养分。温仲浩所在的山丹丹荞麦公司，有对荞麦的深加工、餐饮和旅游几个部分，全部围绕荞麦进行。

温仲浩随手捏起一把荞麦面粉，发出"咯吱咯吱"的声音。"当地话叫'坚'，就是筋度好，做成东西不容易碎掉。"他又让我仔细看荞麦粉的颜色，其实有点发暗。"如果是雪白的颜色就可疑了，多半是质量不好，掺了糯米粉为了提高筋度。"荞麦家族好看，全身又都是宝都可以利用：荞麦壳被用来做荞麦枕头，苦荞能够泡茶，甜荞能做成各式各样的主食。因为它高度融入了陕北人的生活，所以当地信天游的歌词里关于荞麦的特别多。荞麦壳有三道棱，因而歌词就唱，"三十三颗荞麦九十九道棱，小妹妹虽好是人家的人"，"荞面三棱麦子尖，妹妹长对毛眼眼"。

在这些歌词里，荞麦是女性的隐喻，而羊肉出场就指代男子了。还有一句是"荞面圪坨羊腥汤，死死活活相跟上"，用来诉说男女双方对爱情的忠贞不渝。荞麦性寒，作为主食，吃多了伤胃，正好需要热性的羊肉汤来平衡。荞麦与羊肉就成了陕北食物一种经典的结合。看到我们对"圪坨"的含义一头雾水，温仲浩带着我们去当地很受欢迎的"乔氏饸饹面"，分别点了荞麦圪坨和荞麦饸饹，让我们终于把这两种从字形到读音都傻傻分不清楚的面食，看了个明白。

荞麦面讲究现吃现做。说到底，它的筋度再怎么高也高不过白面。提前做好的面容易干，下锅就会碎掉。圪坨与饸饹都指的是荞麦面食的形状。荞麦面粉加水和成面团，如果分成剂子，再揪成小丁，用手指在手心上按压过去，成为"猫耳朵"一样的小面卷，就是圪坨；饸饹则是把面团放在带有圆洞的机器上挤压成条形，直接入锅。

这两碗荞麦面端上来煞是好看：圪坨配的是带有小块羊肉的清汤，上面密密地盖着一层青翠碧绿的香菜、葱花和芹菜秆；饸饹浇的是西红柿臊子，红光潋滟的汤里，土豆、青蒜、炸豆腐和肉丁若隐若现。更有视觉冲击的是那直径足有30厘米的蓝边海碗，让我联想到作家贾平凹所描写的陕北农村人"圪蹴"（蹲）在碾盘上吃羊肉荞麦面的情景："海碗端起来，颤悠悠的，

靖边、定边都出好羊。菜市场的羊肉贩子正在分解羊肉

比脑袋还要大呢。半尺长的线线辣椒，就夹在二拇指中。如山东人夹大葱一样，蘸了盐，一口一截。鼻尖上，嘴唇上，汗就咕咕噜噜地流下来。"可惜我们身处文雅的定边县城，无法感受这"圪蹴"的盛景。每桌都不见人头，只看到两个筷子头儿在碗后奋力地动着。

"乔氏饸饹面"的荞面圪坨羊腥汤好吃，在于羊汤炖好之后，每次顾客下单，都要盛到小锅里单独重新加工。不过，温仲浩却嫌那里的小块羊肉吃着不过瘾。"附近农村人冬天闲了的时候，要进行羊肉的'打平伙'。也就是几个人约好了，AA 制去分一头羊。到了定边县城，这种吃法就变成了一种名叫'大块羊肉'的早餐，先豪迈地吃大块羊肉，再就着羊肉汤吃荞麦面。"早餐？我以为我听错了。温仲浩解释，可能过去城里人要下乡，担心不方便找吃的，就要在早餐填饱肚子。"这在当地叫作'硬早点'，已经成为了一种待客方式。"我们是客人，自然也要体验这样"生猛"的一餐。

凌晨 5 点钟，"李占强大块羊肉"的老板付彪就要在店里开始炖煮羊肉。

陕北几个地方都出好羊，志丹、横山、靖边、定边的羊，品质不分伯仲。陕北人都爱吃山羊。山羊和绵羊相比，出肉量少，却因为活动量大，肉质也更加紧实。定边北关羊肉市场的老板告诉我，七八年的老母羊肉质太老不能要，公羊作为种羊膻味又太大，本地人吃的基本都是两年到三年的羯羊，体重在 30 斤上下。这个标准到了付彪这里又有提高。"大块羊肉顾名思义，是大块来吃，一定要嫩，肥膘也不能厚，要不吃着糊嘴。我们的羊必须是一年半、25 斤以内的小羊。"付彪是创始人李占强的外孙女婿，这是一脉相承下来的规矩。定边羊所吃的草料，也决定了它的肉质。"这里讲究羊要吃百草，不能是单一一种草。禁牧之后，是要把草料割回来。"除了甘草、苜蓿、苦豆子、绵蓬和盐蒿之外，还有一种名叫地椒的植物。它是一种贴地生长、叶片卵形的小草，看似貌不惊人，却有奇香。山羊吃它长大，炖肉的时候再撒上一把干地椒，可想而知，羊肉里便一丝腥膻都没有了。一只整羊要按照不同部位分成 24 块，先洗干血水，再下锅来煮。秘诀无他，就是不能加水太多，也不能换水，要用勺子把肉中残留血污的浮沫一点一点撇去。水里还要加线椒、姜和本地一种较为辛辣的红葱。羊肉炖好，汤汁只有半桶。到时成为面汤，再要加水来稀释。

早上 7 点多就吃上大块羊肉，简直就像在做梦。那羊肉的滋味如今回想起来，也仿佛梦中才有。24 块羊肉的部位很多和一般叫法不同，先板是肩胛骨，眼子骨是后腿股骨头的位置。我们得到了最好的羊肋排，叫作大肋支。那是洁白晶莹的一大块，一层肥一层瘦地均匀排布，肥肉并不觉得肥，而是像果冻一样有胶质感。看我们肉吃得差不多了，厨房里的阿姨开始做荞麦擦尖。羊肉的精华保留在汤汁里。鲜美的清汤，最能衬托荞麦的甜香。大块羊肉在气势夺人上先胜一等，但须得有这样一碗轻盈妥帖的荞麦面收尾，才算得上完美。

同样是荞麦和羊肉的结合，在距离定边两小时车程的靖边县，又有了

何改莲做剁荞面很有一手，切得细可穿针

新的演绎。这里以风干羊肉剁荞面著名，白氏老婆婆剁荞面就是其中的佼佼者，已经成为了榆林市的"非遗"项目。这本来是靖边一带家常的主食。老板白玉的奶奶刘友珍因为手艺出众，经常被邀请到所在的乔沟湾镇政府给来客做面，后来干脆在1985年自己开了一家剁荞面馆。如今这门手艺被白玉和他媳妇继承。妻子何改莲负责剁面，白玉处理风干羊肉，也正暗合了陕北民歌里荞麦羊肉配搭起来的天衣无缝。

何改莲生得白面细腰，完全不符合我对西北女子的想象。她干起活来干脆麻利，呼呼生风。擀面杖上下翻飞，先是将荞麦面团擀成面皮，再握住一尺多长菜刀的两头来剁面。手起刀落之间，银光闪烁，案板上擀开的荞麦面皮就成为了一缕缕细丝，直接扔进滚水里煮。老人家牙口不好，她会切得细如丝线，足可以穿针；成年人喜欢有嚼头，她又会改成略宽的一条。

白玉已经提前炖好风干羊肉汤。肉是干的，至少要炖三个小时，汤色才能白中泛黄，让羊肉中的风味物质进入汤中。接着白天的时间，白玉要忙着制作风干羊肉。整个一年需要的风干羊肉都集中在入冬后生产。整只羊用粗盐抹过，等到血水全部渗出，悬挂两个多月的时间完成自然风干，就能长期储存。三斤羊肉才能做出一斤风干羊肉，所以煮出汤来味道醇厚而浓郁，有一种加入火腿的鲜味。整个陕北只有靖边人对此特别热衷，大概是受到内蒙古吃风干肉的影响。但这种汤多吃会觉得腻，因此还有必要淋些酸汤——用腌制洋蔓菁的酸水再混上野生泽蒙花的油。这种泽蒙花长在黄河边上，要在它开出紫色的花苞时就把花掐下再晒干，好把香味封存其中。干花基本没有味道，可是当用烧热的小麻油泼过之后，它的生命就如同复苏了一般，尽情释放着香气。加了这一点芳香酸汤的这碗风干羊肉面，面条便跟着也点燃了灵魂。

土豆变形记

和豆类在陕北的情况相似，土豆在当地人的餐桌上不仅是蔬菜，更多是作为主食出现。曾经看到过一些说法，讲土豆在历史上无法成为全国性主食的几个原因，一是不耐储存，二是提供人体的热量不足，三是存在退化问题。倒是在"胡焕庸线"以西和以北的地区，由于天气寒冷可以抑制病毒传播，成为了土豆生长的天堂。陕北榆林市的土豆产量全国第二，仅次于内蒙古的乌兰察布。这里的人日常离不开土豆，也就不奇怪了。

土豆在陕北被叫作洋芋蛋蛋。它的可塑性极强，也是各种杂粮里，变化最为多姿多彩的一个。可想而知，在极端依赖土豆的年代里，当地人为了每顿吃得不重样，花费了多少心思。一路走来，我吃过"蒸擦擦"、"炒不拉子"（土豆擦擦炒着来吃）、"黑愣愣"和土豆饼，要是没有人告诉我，我绝对想不到它们是土豆做的。

榆林大菜"拼三鲜"中的土豆片粉，这是"塞上饭庄"的名菜

　　榆林还有道镇桌大菜叫作"拼三鲜"，集主食、肉类和蔬菜为一体，是婚宴的前一天，全体亲朋好友聚集在一起吃的一种食物。土豆便"分饰三角"，是主食里的土豆片粉，肉食里的猪肉土豆丸子，也是素食里的炸土豆片。"拼三鲜"已经被列为陕西省的非物质文化遗产。技艺传承人、榆林"塞上饭庄"的厨师史双鱼告诉我，虽然"拼三鲜"涉及煮、炸、蒸、涮等不同烹饪技法，原料也有十几样，但最关键的是汤的制作。陕北冬天寒冷，大家便喜欢一锅炖的汤菜。但和大多数本地汤菜都"酱乎乎、咸乎乎"不一样，这道"拼三鲜"是明清时代"南官北任"时，江南大员带到榆林来的精致做法。"汤是清鲜的，要用猪肉、羊肉和鸡肉放在锅里煮。老方法要灌入鸡血凝固杂质后再撇掉，才能得到透亮的一锅汤。"在史双鱼眼里，汤中的各色食材都不如土豆片粉美味。"片粉是用土豆淀粉在一个很薄的平底盆里

定边"五洲生态园大酒店"的土豆荞麦宴，有不少创意菜品

现做的，薄而柔软。它能吸满汤汁，得到'拼三鲜'里的精髓。"

　　榆林的餐厅多选用定边县出产的土豆。定边县的土豆和荞麦一样出名，都是具有中国国家地理标志的产品。这里冷凉的气候、极大的昼夜温差以及合适的降水时间，成就了荞麦，也有利于土豆干物质成分的积累。在定边五洲生态园大酒店，热菜厨师长胡建斌表现出对一颗定边土豆的爱不释手："你看上面的黑色小点点，有点凸起的颗粒感，能够匀称分布，只有定边土豆有这个。"他把皮削掉，露出土豆莹白的肉体。"定边土豆有种抗氧化成分，不容易发黑。它的淀粉含量特别高，火上一蒸就开花了。"正是这些特性，让胡建斌和同事们有了做"土豆宴"的想法。"土豆宴"并不是从头到尾每一道菜都是土豆，而是以土豆的菜品穿插其中，以突出定边的土豆特色。

　　因为口感绵软的特点，定边土豆特别适合做成土豆泥再来加工。一道土豆狮子头，是把土豆泥和少许猪肉馅混合，先炸成丸子，再浇上肉汁，油脂让土豆格外咸香；苦瓜酿肉，改成了苦瓜酿土豆泥，苦瓜的脆嫩正好衬托土豆泥的香滑。更有创意的是两道土豆泥的甜做：一个是紫薯和土豆泥的混合，里面拌进牛奶和砂糖，挤在蛋卷上插入冰沙中，真的适合一口口舔食；还有一个是冰糖土豆梨，土豆泥揉成鸭梨的形状炸透，淋上一层冰糖桂花和枸杞做成的芡汁。胡建斌对我说，过去定边人天天吃土豆，来到这家当地人均消费最贵的餐厅，总是期待平常的食材有些不一样的处理，这些土豆菜肴正好能给人以新鲜感。

我喜欢的是最后的烤土豆，就是完整的土豆进入烤箱来烤制。定边的餐厅，无论档次高低，基本都不会用电烤箱，而是采用烧炭火的抽屉式烤箱，由人来控制火力的大小，让食物有炭火的焦香。如此加工过的土豆外焦里嫩，用筷子破开，撒点盐和辣椒面，就能伴着热气感受到又沙又绵的内芯。胡建斌担心这道主食太过简单，"过去家里有炉灶生火，家家户户都会在灶膛里烤土豆"。于是他多放了几样调料配在旁边，精致化了摆盘。对我这样的外地来访者来说，定边土豆的好就在于它不用"借味"，展现本味就足够。在体验了种种在单一食材上变花样、做加法的方式后，回归到本源便显得珍贵。

（梁梓琳、贾雨心对本文亦有贡献）

第二章

猪 肉

一桌家宴，需要一盆红烧肉坐镇，就像时代需要英雄，人类需要猪肉

人们为新鲜的猪肉预留了足够热情，更乐意为"记忆中的味道"付出更多。

猪肉的十八般武艺

为了寻觅关于猪的美食，我去了广东与浙江二省。有天午夜时分，在广州番禺一家吃猪杂粥的店中，我碰到一位50岁的大婶和她七八十岁的父母，还没吃上，还在排队。我问大婶："年纪这么大，也为了吃口宵夜熬到凌晨1点？"她告诉我，年轻时她住这附近，常来，原先只知必须12点之后，"10年一晃而过，饭点竟也提前一个钟头了"。

吃猪小史

选择浙江起初是因为苏东坡这个人。东坡肉大大地有名，他与杭州又渊源颇深，两次在杭州当地方官。他与猪肉的关系有打油诗做证："净洗铛，少着水，柴头罨烟焰不起。待他自熟莫催他，火候足时他自美。黄州好猪肉，价贱如泥土。贵者不肯吃，贫者不解煮。早晨起来打两碗，饱得自家君莫管。"

杭帮菜中一道名菜即是东坡肉，此东坡肉与他打油诗里写的猪肉做法，用现代烹饪观点去理解，基本就是一回事。都是小火慢炖，多加调料少加水，剩下的交给时间。

宋朝称得上吃猪肉的一个高峰期，"价贱如泥土"的另一方面，佐证的也是其畜养量大。记录北宋首都开封城风土人情的《东京梦华录》，讲过一个场景，说民间要宰杀的猪，得从南薰门入城，"每日至晚，每群万数"，而且还说猪群在街上行进时，没有乱跑的。即便有夸张的可能性，也依旧是盛况。

往宋朝以前追溯。江南素来被称为"鱼米之乡"，并不包括猪，率先吃猪肉的是北方。考古界追溯到的最早猪骨距今 9000 年，当时已经是驯养过的家猪，不过它是在黄河流域，也就是北方地区。而相应地，长江流域就少得多，唯一例外就是 5000 年前的浙江，良渚文化出土的动物遗存中以家猪为多数。此后几千年间，世情变幻，朝代更替，中国农耕社会的本质不变，养猪吃猪，用猪祭祀的总体习惯是一致的。到了秦汉时期，政府倡导大家伙养点猪，也养点鸡，是谓"一猪，雌鸡四头"。

先秦时期有"炮豚"做法，看上去是"叫化鸡＋汽锅鸡"的组合：乳猪挖空，内填枣，外裹泥，拿去烤。烤熟之后，涂上米浆，再拿去煎炸，这煎炸用的油，自然也是猪油。这还不算完，煎炸的这只小鼎要再放到更大的锅里去隔水蒸，直蒸他个三天三夜。终于可以吃了，那也要"与梅子肉酱同食"。《礼记》记载的这种吃法，当然是贵族阶级才能享用到的，比现在也讲究得多。

之后，游牧民族侵入中原地区，中国人的饮食结构曾因此改变，北魏《洛阳伽蓝记》说"羊是陆产者之最"，羊肉曾取代过猪肉的位置。唐宋以后，随着人口增长，耕地被更多开发，圈养而高产的猪，才重新夺回它"天下畜之"的地位。

杭州美食家陈立教授的观点是，江南人开始大量吃猪，又与中原动乱、居民南迁有关，包括"五胡乱华""大槐树移民"等历史事件。移民迁徙，人们都要赶着猪一起，然而又不可能一步到位，于是一路走一路停留。陈教授梳理江南猪品种的演化，"莱芜的猪，就是金坛猪的前辈，金坛猪又是米猪的前辈，米猪又是太湖猪的前辈，一路南下，在这个过程当中，猪的特性已经发生了很大的改变。比如有一种南方猪会吃的一种水草叫水花生，北方的猪从来不吃，北方的猪不会游泳，南方的猪，发大水都可以活下来"。

烹调方式当然也发生变化。东南沿海的人们吃的一味佳肴叫作"鲞烧肉"，这是非常好的设计，鲞就是晒干的咸鱼，它的鲜味主要来自门冬氨酸和丙氨酸，而猪肉，鲜味主要来自谷氨酸、粗氨酸和精氨酸，两者一起烧，构成非常丰富的氨基酸交换。如果真要区分今天南北方吃猪肉的特点，鲞烧肉是南方猪肉料理的典型代表。猪肉固然是主角，却经常不唯一，"双男主"事件时有发生——人们习惯在烹饪猪肉时添入些辅助食材，它们的鲜味碰撞在一起，似乎才够味，比方说大大有名的梅干菜烧肉和笋烧肉。

最近百年重要的历史节点是 1949 年。毛主席当年号召大家养猪，说猪一头就是一个"小小的化肥厂"。"养猪是关系肥料、肉食和出口换取外汇的大问题，一切合作社都要将养猪一事放在自己的计划内。"如此号召之下，养猪成为家家户户的"大事业"，当然，这同时也是"没有肉吃"和"凭票买肉"的时期。改革开放之后，吃猪肉逐渐不成问题。

近 40 年来，养猪更是实现了工厂化和专业化。我小时候生活在浙江富阳的乡下，我妈妈和村里的其他人家一样，都会养猪，也有售卖的，也有养来自己过年吃的，每到过年前那几天，村里几乎每天都有杀猪表演。如今这种过年的热腾气氛已不复存在，土猪也成为一样越来越罕见的东西。去年秋天，我堂弟结婚，在村里摆酒席 43 桌。我叔叔特地寻觅到两头家养土猪，花去 9000 元，共杀出 300 多斤肉。

富阳一带摆在乡下的宴席里，有一道菜我极热衷，每逢宴席，我都专等这道菜。也是需要等的，因为它总是在宴席尾声时才会上场，有时席吃得太长，一桌人走掉了几个的情况也经常发生，我总是乐得有人走掉。这个菜叫肉夹馒头，为何不是馒头夹肉？道理应当和西安肉夹馍是一样的。

肉做法是红烧，部位应当是五花肉，不过宴席都是按整头猪购买，所以一盘肉，总要混进来一些猪腿上的或其他部位的瘦肉。它的精彩之处在于要切得够大够豪爽，乡下做席大师傅，不会拘泥于形状，也不会像家中做红烧肉那样将它炖到那么烂，仿佛要刻意保留肥肉里的油脂。总之这样一盘端上时，不免要在心里惊叹一声，它们实在块头大，铿锵有力，于别处见不着。

一大盘红烧肉上桌后，没人会动筷子，直到几分钟后，跑堂的怀抱巨大的蒸笼出现。他会挨桌发馒头，走到你身边，打开蒸笼盖，叫你自己抓，我一抓就是——8 个。我已经有好久没有吃到过它，当时就打定主意，不仅要吃，还要打包带走。富阳的馒头与北方有很大不同，它是所谓"酒酿馒头"，发挥威力的是糯米制成的酒酿酵。馒头松松软软，内里空间很大，撕开一个口子，夹肉一块，挑肥的夹，咬一大口，满嘴是油。馒头带着清甜，夹着那肥瘦相间的烧肉来吃正是妙不可言——经验之谈，倘若是瘦肉，则很有可能因为太干被噎到。乡下办婚礼，至亲基本能连吃三天，我那次果真待足了三天，连吃三天肉夹馒头。第二天的早餐，都是将打包回家的馒头上锅蒸了两个吃，仿佛要把未来几年的配额都提前吃掉。记忆中不曾有吃得如此放肆和过瘾的时候。

记忆的俘虏

我从北京出发，先到广州并佛山、顺德，再去汕头，然后从汕头到浙江东阳，最后到杭州。等我在行程的第 10 天左右到杭州时，过去一周多时间里，我逐渐意识到一件事：一座城市的美食，哪怕与古人再有渊源，都不如与现代社会中的个体关系来得大。苏东坡出生地四川眉山，这个地方大搞东坡研究，也有餐厅借大学士之名在全国多地开出连锁餐厅，以川菜馆的身份主打东坡肉，东坡肉与苏东坡的关系不免被过度商品化。东坡肉的做法，与苏东坡的关系如何？不再值得考究，反正我们已经吃了那么多年，弄清楚一件事即可：东坡肉不过是红烧肉的一种形态。

我发现对家乡美食的探寻有它非常可爱的一面，我回忆起很多小时候吃猪肉的经验，从记忆的犄角旮旯拽出一些落了灰的细节，好比突然打了一场羽毛球，动到了许多平常动不到的肌肉。

很多回忆牵连着食物，是味觉，味觉牵连着的是菌群。这是那日在陈立教授家中，他提到的理论。他认为，很多人怀念小时候的味道，是跟肠道中的菌群有关。它不是基因决定，而是由你出生之后，进入你系统的食物长期培养出来的菌落所决定。"无论你走多远，去了地球哪一端，最终有东西会把你拽回去，这东西不是你的潜意识，是你肠胃中的菌群。"

对记忆深处味道的眷恋——或者陈教授所说的"菌群的力量"——之强大，我在广州感受深刻。当时听说广州富力君悦酒店中餐厅的梁志坤师傅有一道菜不错，叫"红酒火焰黑豚肉"。若干种菌类与青红椒并洋葱大火爆炒，另用大火炒黑豚肉，合在一起焖煮，又加入一点黑胡椒，出来的是很淡的辣味。再说红酒，红酒是起锅前加入，上菜时，再在餐桌上当着客人的面点火，这当然有它的表演性，但这一把火也有提香作用，受热后芳香物质挥发在餐桌上，倒是深谙消费心理。

我们在厨房围观了全程，赞叹梁师傅的身手，一提一颠，都是大师风范。吃到嘴里当然是极嫩，酒香浓厚，除此之外，我却有雷声大雨点小的落差感，并未感到惊艳。我翻看菜单，发现有一道蒸肉饼，眼前一亮，这是多

梁师傅的"蒸肉饼"，是想要再吃一次的菜

年没吃过的东西了，嘴于是比大脑先行一步，问梁师傅这个菜能否一尝。

不一会，蒸肉饼上桌。它的外表与做法都称得上平平无奇，不过就是将肉斩碎，略加酱油与料酒拌匀，上锅蒸。吃上一口却不由得感慨，鲜美无比，真是小时候的味道。我跟梁师傅坦白说，相比之下，我简直爱这蒸肉饼，多过刚才华丽繁复的火焰黑豚十倍。"没想到你也爱吃这个。"梁师傅感慨道，"我将这道菜加入菜单，也是因为自己喜欢，一碟肉饼，我能吃三碗饭。"

在五星级酒店的餐厅，这类朴素的肉类料理其实数量有限，"星级酒店，是要贵买贵卖的"。它是如此美味，以至于我回到北京后，惦记它的味道，尝试着自己做了一回，结果当然是大大的失败。想起当时梁师傅说，它味道鲜美，与食材本身有关。他们这道简单的蒸肉饼，用的也是西班牙黑豚肉，这种猪肉比我们在市场上买到的大多数猪肉都要紧致，肉也更香。

这道朴素的没有花哨浮华技巧的蒸肉饼，恰恰就要求肉质本身要好。"很多客人到这里就喜欢点这道肉饼，当然他该吃鲍鱼该吃辽参都去吃，但肉饼是他们怀旧的一样食物。"梁师傅的蒸肉饼，当然也更讲究一些。用的肉，不是多出来的碎肉，是将肥瘦均匀的肉切成肉粒，切到足够小，然后用手按顺时针方向去揉打，打出胶质，10 分钟后，肉的胶质就融化在整一碟肉饼里了。这种人手与肉的脂肪产生的摩擦是机器无法替代的。

整整一盘蒸肉饼，都叫我一个人吃光了。我想起小时候，妈妈管这个菜叫"斩刀肉"，意思是这是斩出来的一个菜。买回来的肉最好是七分瘦三分肥，先切成块，当然是越细越好，然后是斩。我爱吃这个菜，通常切肉的时候就在厨房转悠了，妈妈有时候会将最后一步"斩"交给我。够不着桌上的案板，就将它放矮，放到方凳之上，任由我斩得惊天响。交给我后，我妈妈会去菜地摘青菜，有一回她摘完菜后跟什么人攀谈上了，回来发现我还在奋力地斩，急忙喊停——斩得太细可不是好事，蒸肉饼毕竟还讲究一点颗粒感，这也是现在机器打的肉馅做不出好吃的蒸肉饼的原因，太细太碎，口感就完全不对了。

此行还有一个惊喜。我在浙江东阳的菜市场，意外地吃到了多年没见的干菜烤饼。食物有时候也真是经不起惦记，就前几天在顺德，我们在一家乡野饭馆，吃到一种"鸡仔饼"。我从来没吃过这种零食似的小饼，第一口咬去半个，觉得很熟悉，剩余半个塞进嘴里，哦，想起来了，它的味道极像我从前很爱吃的干菜饼，只不过缺了干菜的香味。但那肥肉粒"滋滋"烤着，就与面的清甜味融合在一起，咬下去粘一点牙又满口甜香的感觉，简直与我记忆中的烤饼有异曲同工之妙。

在东阳菜市场碰到的师傅守着一只筒状炭炉，他烤的饼子跟我记忆中的几乎一样美味。肥肉粒与梅干菜应当是事先炒过，拌匀成馅料。将它们包在面团里，然后捻平成一张大饼，直接贴到火炉壁子上去烤，烤出来香香脆脆一大张。好的师傅把饼子做得够薄，烤到火候，表面会鼓起包来，烤到再往下烤就要胀破的程度，取出来吃最好不过。我喜欢掰一大片塞进嘴里、面饼子碎在口腔的感觉，手里那剩下的大半张，往往馅料就裸露出来，一粒粒晶莹的肥肉粒相当可爱。想起这张饼子真是又要流口水，深觉自己可能一辈子都将是肥肉的俘虏。

保存的神通

我们到东阳自然是为了此地的"金华火腿"。在我们中国人吃猪肉的历史当中，诞生了各种保存新鲜猪肉之法，火腿是其中一个大类。火腿不论是出自金华，还是云南，都是发酵的产物。古代盐很金贵，政府又课以重税，所以在北方，基本没有可能用盐来腌制猪肉。一过长江，天高皇帝远，私盐流通，才有了腌咸肉的可行性，火腿就在这个过程中逐渐演化出来。

陕西三原有一种封肉，用的是"油封法"。用五花肉，切成块后放到锅里煸，大概煸至八分熟，改装到坛子里，将油倒在肉上，及至淹没，如此隔绝氧气，肉就可以保存很久。还是在陈立教授家中，他讲完那个著名的"红拂夜奔"的故事后，问我："我家里就有封肉，你敢不敢吃？"我迟疑着点头。他从冰箱里取出一只塑料盒，打开盖子递到我手里，我看这盒中码着大半盒白乎乎的东西，凑近看的确是肉，只不过猪皮、肥肉与瘦肉之间全无界限，只是一种软绵绵的白色。我用手指捏起一块，塞到嘴里，发现这东西吃着完全不像肉，陈教授接过话去，"像冰淇淋"。你完全想象不到猪肉的质地经过漫长缓慢的发酵，能进化出完全不一样的口感来。不过它是淡薄无味的、极像冰淇淋，但也是原味的且抽掉奶味的冰淇淋。

我被这种口感怔住，几乎未能想到，现代菜肴讲求色香味，其实很难以

腊月里来制腊肠，这是
许多人儿时的过年回忆

之为肴，除非另有佐料搭配。"红拂夜奔"那个故事后面是"红袖添香"，讲红拂与李靖二人私奔后，逃到华山脚下，遇到的道士问二人去往何处，李靖回说"去抢天下"。道士大异，告诉他们，想抢天下，那么要先过他这一关。怎么个过法？下一盘棋。棋局摆上，红拂取出封肉切了几块，刚要开局，道士却把棋盘一推，说："不用抢了，天下主人就在你们身后。"李靖回头一看，李世民站在那里——不知果真到了三原，封肉是否有这股吸引天子的奇香。

除此之外，还有风干之法制作的腊肠和腊肉。在广州，蒸腊双拼是粤菜馆里常见的一道菜，蒸腊味，无他，全看腊味本身好不好。在广州的半岛豪苑吃到的腊味，回北京后还不时想起。

在广州这个美食江湖里，我们遇到了各式各样的人，有半路出家的苦心孤诣人士，有浸淫数十年兢兢业业的尝试者；有后起之秀，也有前辈能人，半岛创立者利永周就是后者。甚至，在许多人眼中，他称得上这个江湖中的一代宗师。他1950年出生在广东花都，20岁到香港利苑当学徒。学成后对粤菜的创新有很大贡献。他正式收过两次徒弟，第一次124人，几年前又收了40多个，总共160余人。广州餐厅加起来有米其林十几颗星，他徒弟占了三分之一，这个比例在其他城市都不可能见到。

利永周请客人吃饭，自己吃得比客人过瘾。一到半岛豪苑，他就利落地跟当班经理点了五六个菜，又听说我们是专为猪肉而来，又添了两道，一道是蒸腊双拼，一道是脆皮叉烧。我们一桌四人，数他吃得最香，我们的摄影师老常多年习惯以蔬菜为主，他听闻后还"训导"年轻人："你看你吃得那么少，脸色蜡黄。"

这味腊肠的配方来自他的爷爷，是近几年才重新寻出来的，"用五花肉作原料，按53度的汾酒3钱、生抽1两的比例腌制，腊肉要用猪背中间30厘米长的肉，腌制配方也是一样"，然后就放在低于12摄氏度的环境中发酵

中国味道：刻在胃里的思念

上图：脆皮叉烧
下图：蒸腊双拼

15 天。味美的腊肠我向来无法抵抗，基本上吃上之后我就无暇他顾；腊肉也很不赖，切成薄片，肥肉部分入口融化，瘦肉被油脂浸润，也相当可爱，带一股清香。

不过，腊味和叉烧，也都是传统中的传统，我问利永周关于创新的问题，他顺势拿脆皮叉烧举例子。"脆皮不是猪皮，是用糖和面粉按比例混在一起的。五花肉在叉烧酱里腌 8 个小时，再烤 1 个小时，烤出一块入味的叉烧肉来，其中一面抹上粉，拿到油里去煎。煎又是一个难关，油温太高，糖粉就化在油里了，太低则达不到理想的脆度。它是糖和粉的结晶。创新，就是要对材料的来龙去脉一清二楚。比如糖是怎么来的？蔗糖水结晶。反过来推敲，你想要的脆皮就有了。"

利永周制作他"百年全吉"腊味的方式，其实已经足够现代化了，烘焙房这样的设备，可以减少风干的时间，因此能够生产相对多的数量。广式腊肠更传统的做法，首先要用猪肠的肠衣，蛋白合成的肠衣有个好处是不容易破；其次是要在自然环境中风干 20 多天，这就比工厂的方法要慢 5 天。惠美的丰酥腊肠就遵循自然法则，不过也有不同。她是"80 后"，做腊肠的思路也更贴近年轻人的口味，在配料上因此坚持"低糖、低盐，几乎吃不出酒味"。所以她的腊肠颜色会淡一些，最好放到冰箱保存。

猪的全身都是宝

封存之外，当然要吃鲜，我们中国人对猪肉是否新鲜这条十二分在意。欧美国家吃肉，需要经过 24 小时以上的冰冻处理，目的是杀菌。我们恨不得就将餐厅建在屠宰厂旁边，越近越好。广州番禺有很多吃新鲜猪杂的店，吃客等到午夜，就是等着吃屠宰厂杀完猪立刻送过来的那一口。

我去年去法国做美食之旅的专题，在这个国家的肉铺和餐馆里，多次

看到牛和猪这类家畜的解剖图，最常见的就是简笔画，几笔勾出身形，标上数字，十几个部位分别叫什么，适合做什么菜，一目了然。普通人到肉铺买肉，除了乐得欣赏这类兼顾说明性的美术作品外，心里也会默默感激，手生的下厨者，网上看好了菜谱来买肉的小年轻，看到这样直观的知识点，心里也能宽慰一些。在大城市，专门吃牛排的餐厅里也见到过这样的解剖图，以示专业——但对猪做这样的解构就比较少见了。

我小时候见杀猪的次数不少，但对猪的结构，却一点也不比其他人知道得多。猪头，猪脚，猪尾巴，这些不用教，一眼便知。猪头还能细分呢，猪耳朵一听就适合下酒，原因好像是看《西游记》，孙悟空总威胁八戒，"将两只耳朵割来下酒"——整个猪头腌过后其实都很下酒的。

整只猪头，又数猪鼻子这一小块味道最好，因为它一生永远在哼哼唧唧，鼻孔翕张，从不停息。从前做完年福，一只腌猪头拿去切，率先就切这个鼻子，一共切不到一盘，一桌人，每人分得一两块而已。我人小胳膊短，看我伸长胳膊也想吃，大人会吓唬我："这是什么你知道吗？肥猪的鼻子，拱来拱去的。"一想到它吃喝拉撒都在它那所狭窄的小房子里，鼻子拱过什么地方，不敢往下想，伸出的手缩了回来。这时候我爸爸就会夹一块塞到我嘴里，一惊之下，只觉得是人间美味，吃在嘴里沙沙的、糯糯的，又急着咽下去，又舍不得咽下去。我爸爸爱吃猪头，每年夏天，不逢年不过节的，也会去买一只猪头来腌，10天后美味就成了。

里脊这个部位可能是令肉铺老板最省心的部位，卖得最快。它最有名的菜当然是糖醋里脊，不过我不大爱吃，我爱的是五花肉。据猪肉档口的老板说，五花肉要分上下，不过"下五花"其实就是猪肚腩，也叫它"五花"只是因为跟正经五花"接壤"，其实肥膘多、肉质软塌塌，要说做红烧肉肯定不行，还是拿去炼猪油的好。

猪头和身体之间还有一块颈肉，上颈和下颈简直妍媸自别。下颈当然不好，但是颈背那块却是"黄金六两"，它自己还有个名字叫"松板肉"，广州那边也叫它梅花肉，因为它肥瘦相错，很像我们常见的雪花牛肉，常有用这一块来做叉烧的。

猪的整条腿当然可以拿来腌制火腿，但这是后腿，前腿倘若让浙江金华人拿去腌制，只配叫"风腿"，腌制开启时节相同，都是入冬以后，到来年春天就可以吃了。

再往细了说就是猪内脏了。猪杂与汤水的组合常见于沿海地区。潮汕一带吃稀饭吃汤，要跟猪血或猪肚搭在一起，益母草、珍珠草等再加进去，又兼有药膳意义。从前沿海劳工起大早出工，既要补水，又需要足够的蛋白质以维持体力，猪杂汤粥，吃得饱又便宜，是一天的好开始。基于以形补形的原理，人们又对猪肚另眼相看。汕头潮菜研究会会长张新民告诉我，古代人多有胃病，因此尽管猪大肠明明更肥美，地位却不如猪肚。在胡椒身为贵重调料的年代，大肠这类下水是不配使用胡椒的，只能与咸菜配对调味。所以今天在潮汕，猪肚汤的吃法要加大量胡椒。而福建一带，同样吃猪肚，则多用酱油调味。

五花肉自然是大众眼里的王子；有人爱肥肠爱之入骨髓，甘愿为它"永葆肥胖"；广东还有一味白果猪肺汤，有人认为猪肺才是猪全身上下最美味之处……如此不胜枚举，对猪的各个部位有严重偏好的吃货大有人在。关于猪，我们大可以按其部位分门别类、畅快淋漓地享用它。

一块五花肉，天生有英雄气概，生来就是
做将军的命，即便混在士兵中间，也一定会被
挑出来。

猪肉档口作秀场

菜市场的猪肉档口上，仿佛秀场，猪的各个
部位都有出场，只是咖位各有不同。它们守在各
自的位置，不忘搔首弄姿，努力展览自己。能见
着雪花纹的猪颈肉，挂在醒目处，你去问价，摊
主眼睛都不抬地告诉你，就这么两块，就我这个
摊位有，意思是爱买不买，不买别烦我；一堆蠕
动的大肠，摆出软爬爬的怪模样，但这个东西，
犯不上推销，不冲着它来的人绝无可能捎带手地
买走它；猪脑列队，齐齐整整，排在一张光洁的
餐盘上，餐盘往最边上一摆，特地来寻它的客人

五花肉的英雄主义

驳静／文　常缓山／摄影

不会错过；三五个猪肘猪脚堆成金字塔，用高度压倒余众；猪里脊则属于大家闺秀了，鲜鲜嫩嫩地往那儿又手一站，足以艳压群芳。

别忘了还有猪皮和肥肉。摊主就在档口将一片猪皮摊开来操作，一点点割下那白花花的猪膘，丢在一边。又举起气喷枪，往猪皮上喷，稍微一走神，游走的喷枪多停滞一秒，猪皮就被烫起了卷儿，龇牙咧嘴的，让观者不小心叫了一声疼。在汕头龙眼市场，其中一个猪肉档的摊主，意外的是一位戴着眼镜的文雅女士，倒像一位老师。她听到异响抬头，冲我羞赧一笑，拿起抹布一抹，那卷曲的猪皮就平静下来，这一抹其实是为了擦去刚刚烫掉的猪毛。

但猪头不是每个猪肉档口都有，却是人人爱谈起。无论广东还是浙江，遇到的人都提到猪头，带着喜气洋洋的神情，偶尔还有点自豪，但用过去时较多，用将来时少，想来用猪头做年福也是一个正在消退的旧习俗。碰上旅居在外、早就将他乡当故乡的人，话头一起就带人前往几十年前。刘昶教授人生中大部分时间在北京和巴黎度过，这一年多来客座汕头大学，他的童年，则在上世纪 60 年代的杭州度过。他那一代人自然是家家户户都要买猪头做年福的。

我的童年则是 90 年代，也在浙江，是富春江岸的一个山村，家里头每年都会养猪，不多，就养一头，足够自己家吃。我妈妈未出嫁时，外婆养的猪就有三四头之多，她们姐妹三人，每天放学书包一丢就上山下地砍猪草。那个时候山间地头，猪草都紧俏，早就被其他人砍光了，那也没法子，猪要吃饭，人就得喂它。她们姐妹经常分散行动，一个去那片油菜田里，偷偷砍那底部发老的油菜叶，祈祷不要叫人发现；一个可能还得往山上走，爬得越高，去的人越少，获得猪草的希望就越大，反正话是这么说的，"猪吃百样草，看你找不找"。

我 6 岁那年，我妈妈的养猪生涯迎来高峰，大肥猪长到了 190 斤！村里的屠夫老徐都夸她能干，"讲不定要拿冠军了"。她高兴坏了，因为就在上一年，她精心挑出来的小猪崽，长到一百斤出头就不肯往上长了，到现在我妈妈还耿耿于怀，"品种没挑对，光吃不长肉，你小时候也那样"。

杀猪现场就发生在我们家门口，那时农村地面普遍没浇水泥，沾点雨水就得踮着脚走路。我爸说他记得很清楚，老徐提起尖刀时他硬把我抱走了，不让看那血腥场面。等猪一声接一声嘶鸣渐渐止了，父女俩这才折返。但我耳朵里还残留着余音，不敢凑太近，只远远看着两个大塑料盆装满猪血，红艳艳的，想象不出，这猪血吃起来口感竟会像是水果果冻。噤声了的猪在那案板上躺着，脑袋硕大，嘟囔着一张嘴，有点不高兴自己被宰了。

老徐两脚踏着巨大的黑色雨靴，直通膝盖，这两只靴子在地上移动的时候，仿佛有地动山摇的效果。它们向我走来了，我盯着它们，感到离我越来越近，猛地抬头看他的脸，觉得怎么他也嘟囔着一张嘴。哦，他是努嘴让我爸爸搭把手，同他一起将猪放进大木桶。那时候很多人家里都会备这样一只桶，叫王桶，反正意思就是全世界最大的木桶，专门用来给猪煺毛。

沸水滚滚浇进去，一盆接一盆，王桶装水的空当里，老徐点起一根烟。烟抽完，他伸手指试了一下水温，冲我爸一努嘴，两人将肥猪小心翼翼地按到桶里。去猪毛是桩细致活儿，张爱玲写她在浙江温州过年看杀年猪，为了煺毛，可怜的屠夫要用嘴去衔着猪脚，"从猪蹄上吹气，把整个的一个猪吹得膨胀起来"，她借住的闾先生家里有女佣，那些猪脸、猪脚犄角旮旯里的猪毛就交由她们处理了。

普通人将猪头买回家，少不得需要亲自再伺候一遍。主妇们忙，这项任务有时就落到小朋友身上。刘昶小时候住的地方只有集体公用厨房，小朋友们坐在竹椅上，面对一只大水盆，一起给猪煺毛。女孩子坐得住，一根一根拔，就当在绣花了，他总是最没耐心的那一个，试图学大人，用烧红的烙铁去烫猪脸，小孩子哪里掌握得了那火候，总给猪脸烫出一脸伤，换来一顿骂。他后来到北京上学，又去法国生活 20 多年，半个世纪过去，这集体厨房里水汽氤氲的场景，仍历历在目。

旧时说腊月二十六之后就可以杀年猪了，现在政府对活猪屠宰管控严格，但浙江一带的农村，腊月二十之后，也放开了，毕竟还是要热闹地过年。杀完猪，接下来就是上盐腌制，做成咸肉，包括猪头在内，都要腌过一遍。等到了除夕，这只嘟着嘴眯着眼的猪头，会被供奉到八仙桌正中央，睥睨群雄。它的脑袋顶上穿出它自己那条尾巴，嘴被它自己的一截前脚撑得老大——有首有尾有脚，四舍五入算是一头完整的猪了。

这个时候的猪头肉腌得恰到好处，切一切直接就是一碗上好的下酒菜。我妈妈说这头 190 斤的猪，送给亲戚朋友三分之一！（怪心疼的。）剩下的都腌好挂到阳台。再往后，要直接吃就偏咸了。不过不要紧，马上春天就来了，咸肉配春笋，鲜味上天入地。

笋恐怕是质感更幼齿的肉

讲一讲腌笃鲜。

腌笃鲜是上海话，中间这个"笃"字要讲得短促而轻巧，飞一般掠过，得像水鸟擒鱼那样干脆利落。当然，上海话里头，笃其实就是嘟，拟声词，模拟汤锅伏在火上发出的嘟嘟声，这样听来，这是道上海菜倒是无疑。不过杭州人会认为，上海哪来的笋。临安人老董就是这么辩护的，他这几年在杭州开了家小餐馆，特色之一就是腌笃鲜。他说，笋这种东西，见风就老，从浙江运到上海，最快也要隔了夜。笋多金贵呀，老了上海人也舍不得扔，那就拿去炖汤，笋嘛就嚼一嚼，嘬嘬鲜味再吐掉，"那你说腌笃鲜是哪里的菜"？

临安一年四季鲜笋不断，老董说这几句当然有底气。不过在浙江，腌笃鲜说白了就是很家常的笋烧肉。

后人借苏轼大名，在"无竹使人俗，无肉使人瘦"后面杜撰一句，"要想不瘦也不俗，天天吃碗笋烧肉"。笋与肉之间于是有了各种奇妙的组合，鲜笋或笋干，鲜肉或咸肉或火腿，当季有什么便用什么，上面几种食材里随意选三两样都能搭配良好，最常见的组合就是春笋和咸肉——咸肉自然也得是五花肉腌的。我小时候家里做这个菜，还会加入千张结，说是为了丰富口感，其实是劳动人民为了面子节省原料，千张结是豆制品，价廉而占地多，十来个结一下锅，肉就省去一半，味道总是足的，只是倘若家中来了客人须得满满当当才好看。但小孩子反而就爱吃千张结，豆制品浸在肉汤里，饱吸油脂与鲜味，入口又软嫩，吃它几个结，连米饭都省下了。

倘若用火腿代替咸肉，鲜笋之外又加入笋干，用的是金银蹄一类"生死菜"的理念，煲出来的气质与火腿老鸭煲有异曲同工之妙。不过，火腿也好，腌咸肉也罢，乃至鲜肉，为汤底提供鲜味与浓郁口感，还是不可避免地拱手将男一号的位置让给鲜笋。

老董的饭馆名叫"老懂茶食"，眼下这个时节，能在他这里吃到鲜笋，也是有缘由的，这是"种"出来的春笋。临安人管这个叫"孵笋"。竹林地表浇透，再铺上竹叶，厚厚铺一层，地表温度上来后，竹子会误以为春天来了，它就会开始长笋。

早年鲁迅常在知味观请客，必点干菜焖肉，大作家自己爱吃。他是绍兴人，自己在家也爱做这个菜，不过会琢磨点创新，比方说放几个辣椒。在知味观·味庄，干菜焖肉这道菜，却因为与金牌扣肉和东坡肉重复而被舍弃已久。

那道金牌扣肉倒是每桌必点的。不过在很多人眼里，知味观这个品牌"年久失修"，集团化运营后，就没什么意外可言。翻开菜牌，它为自己这道招牌菜做的广告重点也是曾经获得过各类大奖，仿佛客人不是来吃肉的，是来吃奖的。我悄声跟摄影师说，这个由一圈绿色小青菜围着一座红色金字塔的造型，绝对能把你难死。

第二章　猪肉

上图：酱肉炒冬笋
下图：油焖笋

味庄的一位师傅为我们讲解这款金字塔造型是如何一步一步实现的，听来的确繁复，想来在当年，也的确是对"红烧肉"这一味的创新。一筷子捅到底，塔内还堆满了笋干，咸鲜软嫩，可那丰腴程度却像在嚼肉，那种嫩法又没有肉能够达到，怪不得有人说，笋是质感更幼齿的肉。要我说，鲜笋水分大，比谁牙感更接近猪肉，那还是笋干胜出——这真是笋干烧肉的妙处，不管五花肉被变换成什么丑造型，只要火候到位，助笋干沁满油脂，它就是一碗好肉。袁枚说"万般食物皆可加笋"，可也只有肥肉能全身心地滋养笋干。

对梅干菜烧肉怀抱执念

再回到这猪肉档口，顶重要的一项还未点名：五花肉。

一块五花肉，天生有英雄气概，生来就是做将军的命，即便混在士兵中间，也一定会被挑出来。肘子啊大肠啊，一见它那玉树临风的气派，只会服服帖帖将摊位的最中间位置为它留出来。老板进货的时候，要是连几块像样的五花肉都没拿到，怎么好意思开张。

川菜里的回锅肉、盐煎肉和蒜泥白肉都很容易吃到，这几样菜都是非五花肉不可的。广州人做叉烧要找五花肉，杭州人做东坡肉、绍兴人做梅干菜烧肉，全国人民做红烧肉都要找它，甚至我还遇到好几家做腊肠的店主，标榜自己做腊肠选用了上好五花肉。从前，制作腊肠本是为了收集零碎肉料，不至于浪费，现代人却早已用起了整块的标志五花，这等埋没英雄的气魄可算得上是任性了。

厨师对五花肉于是又有更细致的讲究。有的只挑猪五花前半部分，因为它更不容易打散；有的对分层感兴趣，横剖面要绝对符合"五层"标准，仿佛非得如此方能证明自己不平庸；有的对肥瘦比有执念，四六开、五五开的尽而有之，但同时做出来的肉又要让肥瘦之间几乎没有过度。五花肉小小身躯所承载的寄托和希望可真是太重大了。好在它受得起。

有的人对五花肉最大的执念，还是梅干菜烧肉，比如我。

它还有个名字叫"梅菜扣肉"，听起来是一回事，吃起来却大异其趣。梅菜扣肉是将肉单独煎完后切

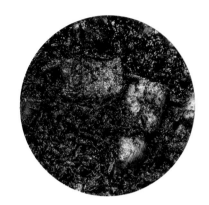

这是我最喜欢的"梅干菜烧肉"的样子

长片，码在干菜下方，固然还有再蒸的一道程序，与梅干菜发生关系时，是肉在下菜在上，接触面其实虚有其表；但胜在样貌好看，肉肥瘦有致、大片平整，倒扣在干菜之上，没人能掩其丰采。

梅干菜烧肉要更朴实一些。它是将五花肉切块，煸过出油，加入生抽和老酒等调料，再倒入（大量）干菜拌匀，然后才是蒸。但这两个小时里，干菜和肉却是充分而亲密地接触，你中有我，我中有你，彼此对对方风味的影响似乎更有力度。只不过，端出来的时候必定是黑乎乎一团，肉块埋在干菜山堆里面，伸筷子进去扒拉两下，肥肉亮晶晶的影子在黑暗中一闪而过，才是你要寻找的那块肉。这是个心急吃不到的菜，也是高级酒楼出于外形而不得不舍弃的菜。我有项极个人的体验，川菜馆子（他们有个类似的菜叫"咸烧白"）、浙江馆子，不论哪个餐馆吃到的梅菜扣肉，都蒸得过头，恨不得熬干肥肉所有油脂才肯作罢，吃起来就少了一份鲜活。所以一直以来，我都不爱扣肉，只爱烧肉，五花肉嘛，总要肥一点才好。

从前在家里，这一碗梅干菜烧肉，能管好几天。

头天晚上第一次出锅，自是心焦难耐，说也奇怪，从来都火候不足，永远不如第二天再蒸的。有时一想到明天蒸过再吃，会专拣瘦一点的吃，好将

肥腴留给第二天。所以我一度以为，过夜那一冻可能解封了什么神秘力量，到了第二天它的香味终于得到百分百释放。后来才明白这想法多冒傻气，倘若我蒸它个一整个下午呢？哪里还会感到火候不足，还会嫌肥肉过肥。我妈妈向我吐露真相：每天忙忙叨叨照顾一大家子，梅干菜烧肉这菜做得了，第二天蒸在饭上就是现成的菜，所以第一次蒸的时候是要悠着半小时——烧肉其实不求别的，时间给够就成。苏轼他老人家起早就要打两碗肉来吃，还不就是煨了一整夜的火候吗？

嘴角泛油的一天，就交给五花肉开启了。"早晨起来打两碗，饱得自家君莫管"，反正一早起来先来两碗肉，老子就乐意对自己好你管不着。

不过我总是等不到蒸到饭上，早餐就眼巴巴地盼着了。倘若是白粥，就将干菜拌在粥里，黑白相间，也不像有的人要清清淡淡过早，说是干菜拌粥，也绝对要"不小心"捎上几块肉。倘若是炒饭就好办多了，头天晚上的米饭经过一夜已经失掉足够多的水分，掰两块放入热锅，很容易就自行散开。再看那碗肉，此时猪油凝结，黑色表面已经泛着一点白，狠心挖两勺丢进锅里，别的什么都不用加了，炒出来的就是一碗"夺命"干菜炒饭，再立志减肥戒碳水，这一碗炒饭都能使我立刻投降。

我们这趟出来的主题是猪肉，吃到行程末尾几天，越看"猪"这个字越起疑心，越吃猪肉越感到心惊，人人都提到今年猪价贵，讲起店里的红烧肉或东坡肉要率先叹一口气。老董最近撤掉了几个猪肉菜，其中一个是梅干菜烧肉，不过特地为我们又做了一回。因为不是卖给客人吃，头天晚上他就将肉蒸上了，所以等我们到，喝了会儿茶，说该开饭了，一小时内就把几样小菜都端上来了。当时不觉得特别，倒是半个月后某个写稿深夜，翻看手机相册时，最想再吃一遍的还就是这一桌。

手机照片里那一碗，被挖掉了一个角，转移到了米饭上，米饭晶莹，梅干菜乌黑，好吃到不容你细想。旁边一大锅笋烧肉其实吃掉不少，可是锅深似海，海中春笋茂盛，咸肉有余，仍像是未被动过，倒是锅脚下那盘小巧的油焖笋已经见底，说明这一席已然过半。说起来，梅干菜烧笋也能轻易搭配出一种组合。

中年人老董说起笋和肉的组合来头头是道，不过他在餐饮这个行当里是半路出家，在开这家小馆子前，他是个搞矿石生意并破了产的男人。他这家老懂茶食店堂不大，统共能坐下三十几个人，倒有一个包厢和一个阁楼，个儿高点的人上来会感到委屈。阁楼处是自留地，一张大长木桌，两边各是一张长条凳，房间尽头立着一张开放柜，摆满各色茶器。一面墙上却挂着《复仇者联盟》的海报，金刚狼是他的偶像，"身家百亿，心中却是正义"。一面是推拉窗，隔音效果奇差。我们在这阁楼上喝了一个钟头茶，晚上6点不到，就听到楼下来了一桌女客，声音洪亮，询问"老板怎么不在"，又听一个镇定的带着口音的普通话音响起，"先点菜吧，一会儿来别的客人您又得等着急了"。

听到此处，老董跟我们笑笑，接着讲他的故事。

终于轮到红烧肉出场

虽然梅干菜烧肉和红烧肉如果同时掉水里，我肯定救前者，但还是得承认，在五花肉做成的猪肉料理里，红烧肉当然要排在榜单首位，得压轴出场，因为它不分南北地域，是全国人民都爱吃的一道菜。

一桌家宴，需要一盆红烧肉坐镇，就像时代需要英雄，人类需要五花肉。

红烧肉前面能被冠以各种名目，但绝不会是"正宗"，没有哪个地方、哪家餐馆好意思这样说。毛氏红烧肉是不加酱油的，据说是当年毛主席看到酿造酱油的一口缸里极不卫生，从此不肯再吃酱油。厨师便想出法子，用糖色加盐代为上色，作为湖南菜，调味时还有豆豉和辣椒参与。各地还有用芋头、土豆等淀粉类时蔬与五花肉红烧的做法，还有人爱吃南乳烧肉，这又是另一种风味了，杭州的江南驿餐厅有一道极妙的南乳仔排，色泽很诱人，南乳即红曲发酵的腐乳，它尤其调色，红玫瑰似的为一小碗肉徒增风情，倒是与江南驿所在的上天竺相映成趣。不过最美味的红烧肉，几乎可以精确到每个人和各自的家庭里，所谓"童年的味道"。

我常听我爸对我妈做的菜指指点点，自己从不下厨房，却总爱指点江山，但厚颜指点后又总能够补充一句，"不过你妈做的红烧肉那是真的香"，恰到好处地避免了一场家庭大战。对不吃肥肉的小女娃子来说，整块吞下就能称得上勇敢——小女孩都不吃肥肉的。我只隐隐记得有时没留神吃进了口，也会像硌到了牙，要吐出来的。淑女跟那肥腻腻的东西，仿佛天生不合拍。但小小年纪，不知减肥为何物，怎么就开始唾弃肥肉了，真是不得而知。

肥肉部分，我总是咬下来夹到爸爸碗里，不管有没有外人在，他都照单全收，小小的我内心以为这是父爱，长大后才知道，爱倒真的是爱，不过这爱多半是针对肥肉的。

西子湖四季酒店中厨行政总厨王勇，做有一道著名的红烧肉。我们到他的厨房时，一大锅五花肉块正在活泼地上下翻腾着，咕嘟咕嘟，颜色深沉，冒着热气，惹人探究。午餐高峰已过去，这一锅是为晚餐备下，厨房里节奏因此慢了下来，有人在扎石榴菌包，有人在处理白蟹，料理台上干干净净，只余一块案板，几个苹果已切成块。

在那咕嘟咕嘟的大铁锅边，王勇告诉我们，他做红烧肉，作料没什么新奇，无非就是料酒、生抽、老抽和糖等几样，现在它们已经切成了块，往前还有一道程序，要将一整块肉先煮一回，"肉嘛，总是越大块煮起来越香"。说着，王勇又去另一头的送餐口查看订单，我跟在后头。等我们回到铁锅旁，我用余光扫到料理台，突然有个画面一闪而过，刚刚摆在那里有一样重要的什么东西，现在消失了。是吗？还是我看错了？跟厨师聊天，我会要求进入厨房，但往往感到不安心，仿佛闯进别人的人生，备感突兀，尤其是那些埋头干活的学徒副厨们会看你一眼，眼神里写着什么，却又沉默着继续干活。所以很有可能，刚踏进厨房扫视一圈时，我只是习惯性不安了一小下，看错了也未可知。

后来到餐厅跟王勇继续聊天，一直很少言语的摄影师突然冒出一句"我看到苹果被加进去了"，我心头一亮，转头问王勇："这是秘诀吗，这就是秘诀吧，这是不是秘诀？"三连问，真以为发现了什么了不起的新大陆。王勇神色平静，说苹果是第三个年头开始加的，起初只是心血来潮，想看看所谓的果甜能不能带来一些不同之处。但实际上，在一大锅肉汤里，几颗苹果不过水滴入海，有什么舌头能辨别得出其中差别呢。"它们在锅里的时间也不会太长，煮一会儿，缩成小小一块，就要挑出来丢掉。"

即便王勇这么说，我们后来在灵隐附近一家名叫"解香楼"的餐厅吃红烧肉，跟厨师聊起天来，听他言谈之中倒是挺自豪地提到，他们的红烧肉是放了苹果增加了天然香甜的。对所谓"家传秘方"，我们总抱有天然的好奇心，那些偷方子的传奇故事也总容易口口相传，又或者一听到"百年汤头"立刻要敬仰三分。王勇在这方面有大厨风范，用心，但坦诚。

金沙厅刚开业的时候，王勇设计菜单要做红烧肉，拿着尺子去量，肉店老板们意见都相当大，哪有这么买肉的。逐渐地才找到愿意配合的食材提供商。他心中一块理想的五花肉就是二层瘦肉、一块肉皮和二层肥肉组成。最开始找了浙江本地最有名的品种"两头乌"，做出来当然是好，肉很香，但是两头乌个头小，它身上那块五花本就不够大，只得

南乳仔排

放弃。要说昂贵食材，还有一个选择是进口猪肉，不过中国人讲究鲜食，进口猪肉势必冷冻过，做红烧肉就不大合适了。试了三个月时间，总算找到一家合意的。

找到了合适的个头和肥瘦比，不忙高兴，还有很远的路要走。他对这道红烧肉有两次裁剪过程，第一次是在煮完整块之后。未经切割的一大块肉放到锅里煮，煮至半熟，肉块定型后改刀成块，这时候，那些边缘的模样不好的部位就要修剪掉。全部煮熟之后，还要进行二次筛选，那些品相不好的肉块是二试没过的可怜虫，无法入选，上不了最终的餐盘。历经两轮筛选，进入终试的肉块们才会被珍而重之地收汁。用这样的劲头舍弃食材，近乎勇士。

猪肉旁边，还有鲍鱼作陪。

高级料理为了让红烧肉上得台面，想过很多办法。其中最经典的是增加高价食材，比如鲍鱼。比起梁实秋写的干青蛤煨红烧肉，这又要昂贵一些了。但从味觉辅助上，青蛤要更胜一等，因为鲍鱼是一种本身没有味道的食材，而青蛤就鲜美得多。南京名厨侯新庆最早用干鲍煨红烧肉，王勇使用鲜鲍，而且还做得很好吃，后来侯师傅不服气，又使用更名贵的南非鲍鱼，二人似乎还因此闹过一点不愉快，不过在外人看来，倒有一点江湖侠客远远地过一两招的意思。

杭州美食家陈立教授提起这桩往事，说两位大厨其实对食物的理解是一致的。鲍鱼的主要构成是胶原蛋白，本身的滋味非常中立，在它与红烧肉的搭配中，红烧肉为鲍鱼提供了味道，鲍鱼反而没有丝毫贡献，它固然是更名贵的食材，却不得不沾点别人的光，才能发挥一点自己在牙感方面的功用。牙感，就是触觉了，口腔里的触觉当然也很美好，广东人也极喜爱和擅长制作鲍鱼，不过我却不能感同身受——食客对一项食材的追捧，不能以口感之外的溢价做支持。

王勇这道鲍鱼红烧肉端上桌来，不知情的，十有八九会误以为是东坡肉。本来嘛，红烧肉的概念很广泛，东坡肉与它的区别就很模糊，都是五花肉，都是喜庆的颜色。食客看到一大块珍而重之端上来的，那多半就是东坡肉了，很多店倾向于将肉装在盅里上菜，其实就是一大块肉。不过，红烧肉是一次成熟，东坡肉的上色、入味和成熟分三次进行，但这都是烹饪技法的不同，吃到嘴里，我们要求的也不过就是"肥而不腻、瘦而不柴"这一条而已。

这道红烧肉做法的创新恰好正是它难惬众怀的原因。金沙厅开在五星级酒店，对客人的反馈当然格外在意，不少客人都说这道红烧肉怎么这么甜，类似的反馈听得多了，王勇不得不思考。起初还对甜度进行修正，下调了三分之一，但还是有客人不满意。后来想明白了，每个人心目中最好吃的红烧肉，多半与童年有关，这道菜平民至极，家常至极，不可替代。主厨的气性上来，便做回了原来的味道。

要说甜，杭州人的红烧肉其实不甜，砂糖也好冰糖也罢，都只加少许，主要还是为了上色。但隔壁上海人的就会甜一个等级，你到无锡，还会吃到更甜的红烧肉，最甜的就是无锡菜，苏州菜还得排在它后头。鲁菜里面也有红烧肉，它就要加姜葱和八角，至于湖南一带，则少不了豆豉和辣椒。

许多人一听我是杭州人，都道我们吃东西偏甜，实际情况却是，我在沈阳吃烧烤都嫌它太甜了。陈教授听我抱怨这些年在北方受到的误读时说："杭州在整个长三角地区都不算甜，饮食起居都偏于北方，甚至杭州话都属于官话，是北方语系。你出生之地富阳，从建筑到饮食，实际属于徽派的文化势力范围，所谓吴侬软语，并不包括杭州地区，它的很多文化活动还是偏北方的。"

王勇在杭州做菜，因此总要强调自己做的是上海红烧肉，意思是，他烧的肉是偏甜的，先给你提个醒。对我来说，果真也太甜了，想象曾经下调三分之一甜度的版本，也许我会更喜欢。但除此之外，它汁水浓郁，改刀比有的东坡肉还要大，威风凛凛地一大块搁在白净的西餐盘中，秀外慧中，颜色十分活泼，拿刀从肉皮切下，叉出完整的一块送进嘴里，甜是甜的，仍不由感叹这是一块表里如一的芬芳好肉。

这块叉烧地位挺高

已经记不起来第一次吃到叉烧是在何时何地了，只知道对烧腊一味极上心，从前看港剧，看那些人白天在公司或警察局奋战一整天，晚上累了回家就要"斩点料"，就很希望能跑进去替他们办点案子，抓几个犯人，好换取那半只烧鹅。一间烧腊铺走进去，我一定首选烧鹅，皮酥酥的，油足足的，然后才会是叉烧，因为觉得它干巴巴，下起饭来不畅快。后来才知，这说明我应该被划归到偏爱"肥叉"的人群里。瘦叉用梅花肉制作，就是猪颈上那一块，偏瘦，好肥叉用的则是五花肉。上世纪五六十年代，香港人极爱"拖地叉烧"，五花肉取自特别肥、肥到肚子拖到地上的大白猪。

一到广州，本地吃客波哥就要带我们去顺德，对，就是"厨出凤城"的那个凤城。这里的大头华做烧鹅非常出名。招牌上写的也是烧鹅，这是他从师傅那里继承来的手艺，但店里同样卖叉烧，后来他自己又发明了一道"叉烧鹅肝"，卖得也很好。

需要开车几个小时，才能从广州到顺德黄连村，到达大头华的烧鹅店。店堂很小，档口处挂着两个金灿灿的烧鹅，却未见叉烧。往里走，只有余地摆一张圆木桌，见几位阿婶正在收拾包装。圆木桌桌沿下挂着几只白白的生鹅，那是"刚煺完毛的"。

再往里走就是水泥台阶，店堂后面原来还有一间，不过只是堆放着杂物，真正的料理间得往下走。大头华挺着一方大肚子走在前面，又回头叮嘱我，地很滑的，要小心。台阶还行，但刚踩到地面，我就打了个趔趄。这地上全是油，从炉子里拎出烧鹅、烧肉，都挂着油滴，滴在地上，每天拖上十几遍，也不管用。

除了地面，这个厨房的其余部分也像一块黑乎乎的灶膛，这样说很不准确，因为现实是，它恰好是在阳台上，三面都是窗，不用抽油烟机，一个排风扇就足够排烟。特别是，阳台底下就是顺德的德胜河！回想起来总觉得这个炉灶间不那么敞亮，也真是挺奇怪。

一只大缸炉在最显眼处，砌进土砖里了，盖子掀开，炉火正旺，我伸长脖子看，三四只烧鹅挂在里面正接受炙烤，滴油入火，嗞啦嗞啦作响，这炉温据说高达 320 摄氏度（大夏天人受不了，常常就是脱光了只剩一条裤衩），

档口当然要用镇店烧味吸引顾客

用无烟炭烧出来的。一炉最多能烧 8 只鹅。"总会有 3 只早 15 分钟，还有 3 只晚 15 分钟。"大头华盖上盖子后补充道，"受热不均来的。"平常时候，他拎出鹅来，看一秒钟，就能判断出来这只鹅火候几何。其中一个标准是收身，炉温 320 摄氏度，拎出来到室温，如果骤然收身，那是火候成熟的标志。太熟了当然不行，钩着的地方会破掉，烧鹅掉到炉子里，万劫不复。烧肉的道理也是一样。

此时烧肉已经出炉了，大头华指指头顶。七八条叉烧肉，正挤在一根钩子上，底下就是一盆颜色发乌的酱汁。这是我见到过的最赤重的叉烧，重到仿佛一只陈年的酱油瓶子，黑的、稠的、黏的，天大的肉食动物面对这块叉烧都得败下阵来。不过，大头华看了看这几条叉烧，又操起勺子，兜起酱汁往上浇了几个回合——我琢磨着，觉得厨房黑，大概就是这几块叉烧在作怪吧。

大头华说，他做的叉烧，只放盐、糖和酱油，是最古朴的配方。广州那些高档酒楼做的叉烧，又加玫瑰露酒又用异域香料的，这几块叉烧同它们一比，的确极为传统。广州名店"炳胜"有一味黑叉烧很有名，用的是梅花肉，酱汁里的关键是一款运自马来西亚的老抽，口味很醇厚，烤的过程中要反复涂酱汁，所加的料就更多了，所以即便切出厚片也十分入味。炳胜还有一道脆皮叉烧，是在表面撒糖粉去烤，又脆又香，这个新发明很快就被各大酒家模仿了去。不过这两道菜已经成名十年，我们在广州寻觅创新叉烧菜品，发现并不易得，顶多是将食材进阶到了进口的西班牙猪肉——索性就到顺德看看这味传统叉烧的模样。

不过，虽然只有盐、糖和酱油，各项的比例仍然是秘密。大头华当年做学徒，每到关键时刻，师傅一定会把他支开，说，你去把水挑一下，或者把柴火劈一下。有时候师傅生病，就不得不把三样比例交代给徒弟知道，但那一堆肉是多重，这又是个未知数。烧鹅的配料包更难了，他一开始只知道有八角、甘草等东西，但师傅都是烤干料打成粉，再将粉交给徒弟操作。有一回他逮到机会，拿到调料包，飞奔出去，去药店找他妈妈，成分和比例从此记在心里。

大头华经常头天夜里把所有的活都干好。等师傅照常发话支开他，他不走，说水挑满了，鹅喂饱了。就这样慢慢地把所有手艺都学到手了。直到师傅69岁，生了重病，得到允许，他才自立门户，搭个炉火自己开业。无论什么年代，偷师都比学师难，所以也就是脑袋瓜聪明的人才能偷得到手艺。

大头华大名刘绍华，1963年出生在顺德黄连村，9岁那年"父亲就去卖咸鸭蛋了"，顺德人用这个话代替说父亲去世。父亲留给家里唯一的东西是一辆二八自行车。家里六兄妹，大头华排行老三。读到高中，大头华骑着这辆自行车，开始当"司机"。从黄连村到勒流镇，6公里烂泥路，单程半个多小时，能从客人那里赚到2毛钱。

黄连烧鹅的老板成了大头华的常客。这位老板每天清晨3点30分起床，去勒流镇上买鹅。两人熟了之后，老板干脆把买来的活鹅交给大头华，让他运回黄连，自己在镇上舒舒服服吃一顿早茶。就这样每天包下了大头华，一天是6毛钱，包了好几年。终于，老板开尊口，让他到店里当学徒。大头华当然乐意，算是天上掉下来学一门手艺的机会，立刻抓住。这部自行车后来卖了5块钱。

到后来，轮到自己将手艺慢慢传授给儿子。儿子听老子吹牛，说杀鹅拔毛，水烧到62摄氏度的时候毛拔得最干净，这个温度他用手指一测就知。有一次讲到酣处，大家都不信，就说来场比赛吧。老子兑出一盆水，说这就62摄氏度，儿子用温度计一测，61.7摄氏度。

叉烧一天做七八十斤，油水丰足，卖得很快。做得了烧鹅，当然还有鹅的内脏，像鹅肝，干巴巴的，平常很少有人买，有一回大头华把两样东西拼在一起，发现鹅肝吸收了叉烧的油水，两味很相宜。从此菜单上就多了一个菜。

大头华灵机一动"发明"的叉烧鹅肝双拼

　　广东阿嬷有句名言，用无厘头的方式消解了一切英雄主义，叫"生嚿叉烧好过生你"，意思是"生块叉烧都好过生你"。有外地人初听这话，头脑里已有阿妈卷好头发叉着腰冲你大吼的画面，于是假装一概听不懂，一本正经地问广东人："那么，究竟是泼皮小孩地位高，还是叉烧更金贵？"

腌制火腿，猪的品种固然要筛选，更要紧的还是开启的季节、发酵的时长、保存的年限。一切都看时间如何"作祟"。

火腿的时间主义

驳静／文　常缓山／摄影

蒸火腿往事

金庸武侠小说里最有名的贪吃鬼碰到有名的机灵鬼，整治出一道菜，叫"二十四桥明月夜"。这机灵鬼自然是黄蓉，她给洪七公端出来的其实是一道朴素至极的"蒸豆腐"，只不过这豆腐个个都是球形的。黄蓉用家传"兰花拂穴手"将豆腐削成圆球，火腿剖开，挖出24个圆孔，搁入豆腐，扎紧再蒸。蒸过之后，火腿弃之不用，只取豆腐。金庸写："火腿的鲜味已全部到了豆腐之中。"

金庸在《射雕英雄传》这个篇章里，渲染

出一种叫人十分向往的"佳肴换武功"的气氛，但你也可以拍拍尘土，跳出来，用审视的眼光再去看黄蓉整治那些小菜，然后你会意识到，这"二十四桥明月夜"可真是为赋新词强做的一道菜。

浙江海宁人金庸自是对江浙菜的胗不厌细有体会，所以黄蓉为骗洪七公多教她那傻哥哥几招"降龙十八掌"，拿出手的菜多是这个路数："好逑汤"其实是荷叶笋尖樱桃斑鸠花瓣汤，斑鸠是要嵌在樱桃里头的；"玉笛谁家听落梅"则是羊羔坐臀、小猪耳朵、小牛腰子以及樟腿肉加兔肉揉在一起的四个肉条，两两同嚼滋味更有多种组合。

而"二十四桥明月夜"，是其中最炫技且奢侈的一道。"火腿弃之不用"这一句，读来叫人倒吸一口冷气。想叫豆腐吸收火腿之精华，普通人只会将火腿切块，与豆腐一起煮在汤中，而且也不会去使用最好的部位。实在想弄这二十四桥的名目，豆腐切出 24 方块总可以吧？黄蓉不，她们黄家的"兰花拂穴手"，手上缠着巧劲儿，将豆腐削角成圆，这功夫旁人可不会。再说了，明月夜，毕竟不好用方块来糊弄。

听说后来现实中也有这贪吃鬼好奇这道菜，用鱼丸代替豆腐试过一回。但究竟是否肯下狠心"弃火腿不用"，我得在心里打一个问号。真正的食客深知一条真正的好火腿来之不易，说到底是不乐意如此奢侈的。取火腿一小块来煲汤，其鲜味应对这吸收能力极强的豆腐也绰绰有余，万万花不掉一整条火腿。

在浙江省东阳市，做金华火腿 40 多年的陆永进师傅从来没听过"二十四桥明月夜"，但整条火腿拿来蒸，这道菜他是吃过的。

上世纪 70 年代末，陆师傅在金华火腿厂当学徒。计划经济时代，这是一个真正的美差，别人家肉得凭票购买，他们火腿厂"肉总有的吃的"。比如中午去食堂，花 5 分钱就能买到一碗排骨炖萝卜，加夜班更妙，如果是春节期间加夜班，不只每晚补贴 8 毛钱，还有免费夜宵吃，"吃面、炒点肉浇

中国味道：刻在胃里的思念

在上面"。

有一天来了几位德国外宾，陆师傅记得清清楚楚，那是 1980 年，他进厂的第七个年头。厂里下决心要拿最好的东西招待，会是怎么样一道大菜？全厂上下都在期待。那个时期，整个金华地区一年就只有 10 万条火腿，即便是厂里员工，能正经看到烹饪整条火腿的机会少之又少。小陆道听途说，打听到食堂大厨的招，原来竟弄了一道蒸全腿，用粽叶将腿裹紧，放到水里煨煮一整夜，拿出来，像切酱牛肉一样将最好的部位切片，摆成冷盘招待德国客人。后来想想，火腿浸盐丰足，大约总是需要先泡过水的，表面的绿毛也要处理干净，程序只会更多更复杂。

这盘冷切火腿片得到的评价不得而知，陆师傅只知道，外宾没有将整只火腿尽数消灭，入夜后，剩余部分就分给他们几位年轻学徒，吃了个过瘾。这顿火腿之美味，过了 40 年仍让陆师傅回味无穷，"那叫好吃，正宗的两头乌，嫩，香"。梁实秋晚年"谈吃"，回忆他 1926 年在南京吃过蒸火腿一色也是同样难忘怀，"盛以高边大瓷盘，取火腿最精部分，切成半寸见方、高寸许之小块，二三十块矗立于盘中，纯由醇酿花雕蒸制熟透，味之鲜美无与伦比"。不过，即便是做了一辈子火腿的老技师，陆师傅也就在计划经济年代奢侈过这么一回。平常时分，陆师傅给自己弄不用炒的菜，"火腿切几片到水里滚"（滚是浙江方言，大意是"与沸水同煮"，也说"水滚了"，就是"水开了"之意），滚到香气出来了，番茄和鸡蛋放进去，夏天他就弄这样一个番茄蛋汤，冬天也还是"火腿切几片到水里滚"，一起滚的东西换成了白萝卜。

陆师傅说起当年这道菜时，我们正在上蒋村（以"蒋腿"著称的那个上蒋村）外一个小面馆里吃面。不过面汤与火腿毫无关系，但他说得津津有味，我们听得入了神。火腿价高，小馆子一般用不起，整条火腿的做法也相当奢侈，这么听来，倒真像是在听一个传奇了。

做火腿现在时

　　2003 年，陆师傅被东阳火腿老字号"雪舫蒋"请了回来，担任生产总监。在所有金华火腿的字号中，雪舫蒋是公认最好的，因为它还在循从古法，立冬开始腌制，经过 200 多天的发酵，第二年秋天收成，一年只做得出来一季腿。从清朝立起字号以来，雪舫蒋因为制腿技艺超出同行而成为金华火腿的定价标杆。那个时候，在它的货到达杭州商岸埠口之前，其他字号的火腿因为不知道最高价在什么位置，甚至都没办法开卖。

　　所以，金华火腿最好的火腿不在金华，而在东阳。外行人进入时很容易犯错，我和摄影师老常二人，最初就兴冲冲地将高铁票买到了金华站，实际上东阳市离金华尚有近 80 公里，反而离义乌更近，也许宋朝大破金兵的义乌人宗泽发明火腿的传说有点地理上的可靠性。旧金华府辖下，包含了金华、东阳、义乌、浦江和兰溪等 8 个县，这几处地理位置相近，倒都有腌制火腿的传统，只不过东阳的最佳地位保持了几百年都未曾改变。"金华火腿出东阳，东阳火腿出上蒋"这句宣传语，最终将我们的目的地迅速缩小到了上蒋村。

　　2004 年，上蒋村的蒋雪舫故居被东阳市文物管理委员会立碑保护起来。整个上蒋村留下的老房子也没有几间，多半荒废了，不过这间四合院偏厅仍有人居住。我们进去时，一位 80 多岁的老太太正在庭院晾衣服，另一个角依旧立着一口二人合抱的大水缸，整间四合院依然满目疮痍。老太太的儿子金师傅是雪舫蒋老厂的厂长，他告诉我们，左手边这间十平方米左右敞开着的屋子，就是当年腌制火腿之处，如今已看不出痕迹，除了梁上的钉子——抬头看整个回廊的梁柱，都钉满这样的钉子，它们就是蒋家原先挂火腿的地方。

　　蒋雪舫后人中最后一位做腿师傅蒋时珍几年前去世后，蒋家后代或从政或经商，不再传承腌制火腿的古老手艺，上蒋村整个村子家家户户腌制火腿也是 100 多年前的盛况了。上世纪末开始，"雪舫蒋"这个老字号的打理者就已不是蒋姓人。金师傅出生在上蒋村，父辈因 50 年代金华横锦水库修建而移民至此，他因而是村里为数不多的非蒋姓居民。

金师傅告诉我，如今真正的火腿工厂，并不在上蒋村。需要我们再度启程，前往几公里外的歌山县工业区，那儿才是雪舫蒋今天真正的生产地。今年入冬早，11 月初第一批鲜腿就开始进厂，我们到达的 12 月上旬，第一批鲜腿刚结束腌制和晒腿，开始发酵，这个阶段，它们需要悬挂在通风阴凉之处，接下来能做的不多，唯有交给时间。历经冬春夏三季，一入秋，火腿才终于能称之为火腿，可以收获了。不过，如果再多一点耐心，多等两年，让火腿们堆叠在通风的储藏室中，第三年再去吃它，风味将达到峰值。

"火腿是有生命力的，平放堆叠两年，盐分在火腿内部流动，整条腿的肉质在颜色和硬度上都相对均衡起来。"陆师傅说，"这就像人一样的，25～35 岁是最壮阔的年纪"，此时的火腿，会像熟透了的西瓜一般可口。

陆师傅对火腿的外形非常在意，新鲜火腿拿到手里，首先就要修形，切掉边缘累赘；等它们发酵到 4 月，腿逐渐变干变硬，"肉收缩进去，骨头还突在外面，那多难看"，因此还得再修其边幅。不过这离陆师傅心中理想的琵琶形火腿还差一个 45 度的距离——脚与火爪弯成 45 度角才称得上完美。1988 年，有心人陆永进在自行车轮胎上发现新大陆，他找了便宜的自行车内胎皮圈来试，发现它的弹性恰到好处，把它做成皮圈套在脚上，"别人做 1 个脚的时间，我做了 8 个"。直到今天，各个火腿厂还在沿用这项小技巧。

在火腿厂的一间 20 多平方米的存储室里，我们看到，上一年的火腿堆叠到半人高，它们互相之间用棒子隔开以确保受力均匀，每个月，它们又都会被好好地上一遍菜籽油保护起来。另一间厂房里，几位工人正在包装上一年的火腿制品。他们把整条火腿切成片状，真空包装出厂。

"金华火腿从上往下分成火爪、火踵、上方、中方和滴油 5 个部分，其中上方最珍贵，它所在的位置腿骨最细，能取到一小块方正的漂亮火腿，而

火腿"打签"

且肌肉紧、肉质细，售价1000多元的这条火腿只能取出这一块，国宴上那道著名的'蜜汁火方'，用的就是它；火爪和滴油两部分最适合用来炖汤，鲜咸味足；中方呢，你就理解成略次一等的上方；普通人在家挂一条腿吃着，等吃到火踵，就已经接近尾声了，最好就带着皮切块，炖它一大锅汤。"

　　火腿厂经理在我耳旁絮叨这些没有情感的说明文的时候，陆师傅手里多了一条竹签，扎进火腿，拔出来递到我眼前。我的鼻子一凑近它，经理的声音迅速退潮，取而代之的是火腿的馥郁浓香——是，它只是属于嗅觉的气味，却攫取了我全部的感官，并且力量大得惊人。想象一间喧闹的小酒馆，你坐在吧台，背后的门开了，你转身，看到的是一位身形出众气质非凡的姑娘，你全部的注意力不由得被她吸引，周遭音乐的节奏与人声喧闹不再与你有关。或者更干脆直接，我此时就是西西里岛上那个小男孩，初识人事，正看到莫妮卡·贝鲁奇扮演的寡妇从街上款款走过。

　　这种让你一口气深吸到底犹嫌不够的嗅觉体验，过去也有。去年在法国卢瓦尔河谷，我曾埋头钻进一小篮松露里；有一年在厦门，一位厨师拿出一缸从村民手里淘来的经年菜脯。只不过，眼前这根竹签上的魔力并不像上述两样，只要你肯吸它就一直有，我想再吸第二口，陆师傅已经摆摆手，将竹签插入火腿的另一个部位。此时我从西西里式魔力中清醒过来，再凑近竹签，发现插签位置不过是往下移了几寸，盐的味道就明显重了许多——我自己也很意外，原来我这鼻子倒也还过得去。

陆师傅告诉我，火腿检验一般就是这样上中下三签，经验老到的做腿师傅用这三签，就能判断一只腿的熟成与评级。因为发酵期间悬挂的缘故，盐分会往下流，也因此一只火腿越远离脚，就越咸。到了滴油这个部位，基本只适合用来煲汤。真正懂火腿的食客，见火腿在锯轮下切宰，不免感到心疼，光是这一切一割，就要流失掉多少风味。他们最乐意之事，就是将一条完整的琵琶形的漂亮的腿带回家，挂在阳台上，用自己的食欲使它一天天变小。

切一片生吃试试

就在陆师傅传授我"三插签"法品鉴火腿时，杭州花房餐厅的主理人响马在旁边默默对另一条火腿用劲。他将火腿表面的霉菌用刀细细刮掉，刮干净，原本长了毛面目可疑的火腿，立时显露出它的真面目，堪称明艳的红色，足以令人口舌生津。响马削出一薄片递到我手里，我捏在手指间，看它在太阳光下透亮如翼，又忍不住嗅上几嗅，这才塞进嘴里。

人人都说金华火腿不宜生吃，因为它的咸度是 10%，将它放到大的火腿谱系里去比较，云南宣威火腿是 8%，西班牙伊比利亚火腿则是 6%，横向来看，金华火腿的确是其中最咸的。可我吃起来却不尽然，我心中暗想，现下要是有瓶酒，我一个人完全可以就酒吃下一整盘。

"再给我来一片吧。"我发出申请，陆师傅、响马甚至摄影师，大家用很宽容的笑声应对了我这句请求。不过，生吃金华火腿的梦想立刻就被陆师傅击灭，"表面一层，因为有过 18~25 个小时的浸泡，盐分都跑走了，别说不咸，有时候还可能是甜的，但你再往深了吃进去，咸味就出来了"。

过去金华火腿经常被用作过年送礼，那种打开发现全长毛了就一扔了之的笑谈，仍然流行在与火腿有关的饭局上。不过有意思的是，当我闻到了令人迷醉的火腿后，打电话给我妈，问她："要不然我买一条火腿回去？正好过年。"她一迭声说，不要不要不要，现在的火腿吃伐落吃。"吃伐落"意思就是吃不消。陆师傅在旁听了笑，"现在很多火腿是四季腿"，即工厂机械化生产，发酵并不交给时间，而是在恒温室里发酵，"这种火腿打签是很平稳的，不会臭，但也不会香"，"与其说是火腿，不如说是咸肉"。现在，大部分猪的生长速度当然也比从前快，"水分多了，盐就要用多一点"。再加上这两年猪的疫情，原料与价格的变化都对火腿产生了深远影响。

"中间白、两头黑"的意思就是，"两头乌"（浙江本地最有名的猪品种）屁股上是黑的，所以凑近看两头乌火腿，半扇上能看得见黑毛的踪影。金华地区处在盆地，三面环山，两头乌就在这块土地上成长起来，它肌肉中的肌苷酸和不饱和脂肪酸都高于普通白猪，后者4个月就能长到200斤，而两头乌的生长周期是它的3倍。据说日本人还给两头乌起了个名字叫"幻之豚"，说它"有不输和牛的丝般细致的雪花肉质"。

雪舫蒋近几年产出火腿不到10万条，其中使用两头乌的数量在1万左右，与高峰期比减产三分之二。一些使用量非常大的浙江菜餐厅连锁店这几年因此都拿不到雪舫蒋的火腿。

两头乌如此珍贵，做腿师傅必定花费工夫额外关照。10%的盐度是金华人找到的平衡点，以最低盐度保证最优的发酵，照料得当，盐度当然还可以往下降。退了休的陆师傅，仍自己在家折腾做腿，去年"小搞一下"，做了8条腿，他把盐度降到了8%，能买到八分之一倒真得看缘分。这8条腿他送了4条卖了3条，最后1条他打算存储起来。没想到前一阵，家里来了一位远道而来的陌生人，说要买火腿。一位东北客人，称自己儿时在金华生活过，他上的那所小学就在陆师傅家附近，所以从小脑子里就留有这样一个印象，这个人家里有火腿。多年以后，他寻了回来，没想到陆师傅还在这里，火腿也还在这里。东北人用这样一个动情的故事，硬是把最后1

条火腿买走了。

今年，陆师傅打算"搞几十条"，"两头乌都跟人家讲好了"。

火腿厂里第二批已经开始腌制，这边陆师傅却还在等待，他在等待农历腊月二十五，山村里养的猪就开放了，可以自由屠宰了。他从源头上就盯得很严，除了得是两头乌品种，他还要求是人工屠宰。屠宰场机器屠宰，在他眼里有很大的问题。"人工屠宰的是活猪，有时候弄完有些部位还会动，这样弄，猪血放得干净；屠宰场里你知道是怎么杀猪的，猪先电死，猪腿里就容易留下没放干净的血。再有就是煺毛，挂起来让猪转圈，猪的腿骨可能会断，肉质也可能会松掉。"这样出来的猪腿显然不合陆师傅心意。

他这种讲究的心思当然都是当年传自他自己的师傅。当年在火腿厂当学徒，技术学得一丝不苟。撒盐时不能戴手套，多费手的事儿，可这步骤至关紧要，第一年当学徒，连盐都没碰到，晒腿的时候搬上搬下，打扫卫生这些体力活倒能轮得上。但学徒嘛，都得靠自己偷师。同陆师傅一起的还有两个小伙子，他到现在还记得他们的名字和来历，"一个兰溪的，一个义乌的"。三个没讨老婆的年轻人住在一间屋，跟火腿培养感情。再比方说撒盐，一个月里要撒上五六道，两道之间间隔几天，手法如何，重点部位在哪里，这些都是暗中观察，等师傅下班后自己偷偷练习而来。

腌完之后是洗，洗过后是晒，晒足 6 个太阳天。"6 个大太阳差不多了，太阳越好，晒得越干，发酵越好。晒得不干，留有水分，会在第二年春天的时候返潮"——这些技术陆师傅原本打算好好传给儿子，儿子学了几年，觉得辛苦又没前途，转行当了驾校教练。陆师傅的名片上印着一大串头衔，其中一项就是"金华市非物质文化遗产'金华火腿腌制技艺'传承人"，名号太长，硬是分了两行才写完。自己儿子都不肯接受传承，这两行大字倒显得有点落寞了。

吃火腿也吃不着火腿

响马给我削那片火腿的时候说，当年他吃的第一片生火腿，就是陆师傅削给他的。碰到这样对火腿情有独钟的男人，陆师傅心中挺乐意。

八九年前，响马开了这家花房餐厅，打定主意将火腿的配角特性发挥到极致。蒸火腿吃火腿，在一道菜里扮演主角，这在金华火腿，算是陈年历史了，如今最适合它的位置是配角——黄金配角。

蒸清水鱼时，火腿切丝撒在上面，鱼鲜味倍增；繁复一点，还可取火腿上方切片，塞入鱼腹和鱼身的每条刀口，淋上黄酒，这样蒸出来的鱼自然更具风味，火腿本身入口也极好。芙蓉，也就是鸡蛋，无论是炒还是做汤，火腿切丁撒入，对色、香、味都有提升。煮娃娃菜，煮冬瓜，都不妨加点火腿进去，这两样都是乐得软烂的蔬菜，加入火腿，它们的身份又不一样了。有些菜肴里，火腿隐匿其间，见不着真身却无处不在，比方说粤菜馆的厨房里，金华火腿必不可少。像云南这样的低纬度高原地区，腌制出来的火腿可以单独做菜，不光是因为咸度更低，杭州美食家陈立教授告诉我说，也是菌群不同，造成了风味差异。

杭帮菜中的火腿老鸭煲，就是妙用火腿的典型代表。在杭帮菜餐厅张生记，老鸭煲是每桌都会点的招牌菜，几年前，花房餐厅也依靠这道菜打响了招牌。讲究的老杭州人管这个菜叫"火踵神仙鸭"，火踵指的当然就是火腿从上往下数的第二个主体，不过后来逐渐地，火腿的任何部位都可以用来入汤，甚至还有用咸肉做替代品的，简直令人痛恨。花房餐厅用三年陈的火踵入汤，又在汤中补充新鲜猪蹄的香味进去——抽出老鸭，几乎就是一道"金银蹄"了。

火腿老鸭煲一切讲究本味，不另外再加盐和味精了，鲜味依靠火腿释放出来的十几种氨基酸，除此之外它还提供盐味，当然，你要是担心咸味不足，还有笋干在旁做补充。这样煲出来的汤滋与味是浑然一体的，不关任何调料的任何事。

火腿老鸭煲好是好，浓墨重彩，炖足 4 个小时，叫人不喝一碗汤似乎都过意不去，其实这碗汤喝下去，再吃其他菜鲜味很容易显得寡淡了。其实我偏爱花房餐厅里的另一道火腿菜，叫作滴油豆腐。刚进店的时候，我就被明档里两口热气腾腾的大锅吸引，探头瞅了瞅，一锅炖着萝卜，一锅炖着豆腐。后来这道豆腐上了桌，是盛在一只小砂锅里，雪菜和冬笋片浮在表面依稀可见，"滴油"埋在汤底不见踪影。

豆腐最平实也最厚道，煮透之后，就会把自己全身心地打开，不管周遭是什么汤汁都来者不拒，统统吸收进去。一条火腿悬挂起来，滴油就在最末端，承接着地心引力影响过来的油脂和盐分，在汤水里碰到豆腐，又尽数送给了它。卤水豆腐少有的一点豆腥味也被滴油化解于无形。再添上雪菜的清爽和冬笋的鲜味，热腾腾一道家常菜，可是很有风味，老人和小孩都吃得心满意足。主妇们对它也十分中意，因为几乎不用费神去在意火候和烹煮时间，只消将它放在炉子上炖着，家人什么时候到齐什么时候开饭。

豆腐不怕煮，早上煮一锅，下午再煮一锅，午间和晚餐的两拨客人都有份儿。

在杭州餐饮界立了足，到今天，花房餐厅可做数十道火腿打底的菜，为了显示这种特性，响马在餐厅进门处挂了整整两排火腿，有时还会来一些风干的鸭子和鱼，挂钩不够用了，就让两条火腿挤作一团，煞是好看。这种丰饶的景象，会让他想起他爷爷在窗前悬挂之物，酱鸭、腌鸡、腌鱼、火腿、腊肉，还有干带鱼，一到过年，更是挂得屋子里光线都要少许多。

响马出生在杭州，往上数两代也都是杭州人，不过他的少年时期在江苏度过，跟着下乡当知青的父母生活在异乡。学校一放假，他就回到杭州，跟爷爷住在一块。爷爷心疼孩子，总给他做好吃的。老人家当年是工厂食堂的

花房餐厅的一桌火腿菜

大师傅，退休后仍热爱烹饪，像《饮食男女》里郎雄扮演的父亲，总乐意多费心思，在家整治一桌菜，响马的姑姑一家索性自己就不开伙了，交点伙食费，每日都一大家子聚在一起。

小时候响马最爱吃的菜是蹄髈。那是在龙翔，杭州老城区的筒子楼，响马最喜欢的事就是早上起来，闻到爷爷已经给他炖上了蹄髈。他在马路牙子上跟小伙伴下军棋，那锅蹄髈就在煤炉上炖着，离他们的军棋小战局很近，伸手就能够得到。嘴馋的人应该知道，把床都搭在灶边是什么意思。就着雾气氤氲，一边吃蹄髈，一边下军棋。响马现在是挺胖的，并且对这种胖感到安心，他觉得这是家族基因，但或许也跟他从小爱吃能吃分不开。下军棋的小伙伴也会跟着吃一点儿，不过从不像响马那么能吃，他一顿就能把5斤重的蹄髈吃完！

爷爷做蹄髈很简单，焯过的蹄髈放入清水，放点生姜和料酒，剩下的就交给时间。直到现在，响马有时候还会在家给自己熬一锅猪脚汤，当然比他爷爷的时候讲究了一些。关键是要新鲜，看它皮肤紧致，爪子也拽得紧紧的，再闻上一闻，没有猪骚味，那就是一只好猪蹄，蹄筋也要关照到，炖到最后，嚼劲就全靠它们了。

响马说自己做菜是野路子出身，年轻的时候干过很多事，广告公司、茶餐厅、书店和茶馆，兜了一大圈，发现自己原来最擅长的是做菜。现在回头看，一切有征兆，他那年开桌游吧，很多人下班以后到店里，就是为了吃他做的一锅红烧肉，那是老杭州最传统的做法，先焖再收汁，糖用的是冰糖，收完汁会在肉的表皮增添一层亮晶晶的膜，最是下饭。

年少时只是吃，未曾留心，没跟爷爷学点手艺，到现在有道鱼圆他耿耿于怀，怎么都做不出来。鱼圆是要剖鱼为二，将它钉在案板上再徐徐刮出鱼肉做的，过程很是复杂。技术可以学，难的是复刻当年的鲜味，做不出来。保留下来的是对好的食物的感觉和做事的道理，"就像火腿一样，猪要长足月份，日头要晒足；做狮子头，多切少剁，更不可能图省事交给绞肉机，肉质纤维被绞碎，口舌渴求的弹性和颗粒感就会荡然无存。永远都需要时间累积"。

第三章

牛羊

牛羊的烹饪准则可以总结为『食材中心主义』，一切围绕着食材来，也就是好肉

在内蒙古吃牛羊肉，不含蓄、不矜持，是
对食物最大的尊重。

"食材中心主义"

飞机到达呼和浩特落地时，天已经黑了。
机场到酒店的路上，出租车的广播里，正慷慨
激昂地回顾着这艰难的一年，仿若马上就要听
到敲钟的声音。从这一天开始的美食采访，看
起来是个不错的兆头。天气预报说，呼市的气
温将达到零下 23 摄氏度，十年来最低。天气这
么冷，是该来一场牛羊肉的盛宴了，不是吗？

司机听说我们要来找牛羊美食，兴奋了起
来："这还用找吗？满大街都是。"

聊了几句之后，我才反应过来，师傅说的
是山西口音。"牛羊肉可是我们最骄傲的东西，

烹牛宰羊，原始的肉食美学

薛芃／文　蔡小川／摄影

尤其是羊肉。"师傅接着说道，可没几句话，他就把内蒙古的牛羊夸完了。没那么多复杂的弯弯绕和玄虚的历史掌故，就是单纯的"好吃""我们的肉好"，简单的词句里是十足的底气。

"我们吃牛羊肉可简单，清炖、做馅儿、烧烤、红焖，再加个涮肉，也就这些了。"即便就这么几种做法，翻来覆去地吃，内蒙古人还是吃不腻。他们的生活离不开牛羊肉，世世代代的，都离不开。

内蒙古饭店是第一站。按理说，找餐厅不该一上来就从五星级酒店下手，我们总在期待街头巷尾的小店、老字号，或隐匿山间的创新做法，再一点一点摸索出当地饮食的奥妙。而五星级酒店看似太高调，也太标准化了。但经过几番询问得知，内蒙古饭店之于整个内蒙古而言，相当于一个全面精美的美食手册，涵盖了内蒙古十二盟几乎所有品类的特色美食，只要能想到的牛羊做法，这里都有，虽然未必是做法最独到的，但却是上乘的水平，代表着内蒙古美食的门面。

这让我想起了两年前在印度采访美食。刚开始有点抓瞎，摸不到门，熟悉了几天之后，还是找到了几家五星级酒店的餐厅突破，之后便顺畅不少。它们能提供一个特别好的样本，告诉你标准在哪里，面对一个并不熟悉的异域餐饮体系，该吃些什么、怎么吃，它们像是一个本地美食的主题公园，把所有最好的、最有趣的东西聚合在一起，摆在你面前："喏，都在这里了，Enjoy！"

第一餐饭，都是些内蒙古牛羊的基础款做法，也是看家的绝学——手把肉、羊肉串、烤羊腿、风干牛肉、葱爆羊肉，还有奶茶、奶皮、奶酪和炒米。而这几样菜，就涵盖了内蒙古牛羊烹饪的经典方法。吃了一会儿，我们见到了内蒙古草原文化保护发展基金会理事长葛健，他也是一位致力于推广内蒙古味道的老内蒙古人。

与葛健的交谈印证了司机师傅的那一番话，葛健也说道："羊肉的吃法不算多，烹饪方法也不算高级，工序不烦琐，几句话就说得清。羊肉的营

内蒙古人对牛羊肉的热爱是骨子里的。图中菜式自上而下分别是：烤羊肉串、火山石烤羊肉、风干牛肉、酱牛肉、手把肉（部位是扇板肉）

养价值不低，但与猪肉、鸡鸭相比，被开发得还远远不够。"这其中很大一个原因是，羊肉在中国的接受度远不如猪肉。葛健记得，六七十年代生活困难的时候，猪肉还是凭票供应，那时若是有了半截五花，就可以好好地改善一下生活。家里会变着法地利用好这块肉，炼一些猪油出来存着，肥瘦相间的部分炖了，瘦一点的部分炒菜，再剩一点还能做一碗炸酱出来，做个打卤面。总之，这么一小块肉可远远不够幻化出猪肉千变万化的做法。

可到了羊这里就不一样了，无论怎么烹煮烤制，只有大块大块的、目之所及只有硬实的肉本身，才能称之为羊肉，才配得上游牧文化中的粗野之道。当然，这其中也有一个现实因素，就是与猪相比，在内蒙古，羊几乎从未紧缺过，人们既然爱食羊，也不曾经历过吃不上羊肉的苦难岁月，那么对羊的热爱，就可以始终保持着粗犷的、浓烈的表达方式。

在蒙古族的历史上有两类人：一类是草原中心主义者，他们觉得无论怎样扩张，即使征服了农耕地区，也要守住草原文化这个蒙古族的核心；另一类则更兼容并包，愿意吸纳农耕地区的经验。这两种类型，套用在饮食习惯上似乎也是可行的。前者是饮食上的传统者，后者则是口味上的杂食者和改良者。无论是哪种，在内蒙古这块土地上，决定好吃与否最重要的东西大约只有两个：食材与时间。内蒙古自有上乘的好牛羊肉，再加上烹煮时间与火候的把握，端上桌来必差不了。至于烹饪技术、刀工或是作料的考究程度，都是退而求其次的。

姑且将内蒙古这一套烹饪的准则称作"食材中心主义"，一切围绕着食材来，也就是好肉。那么接下来，就是一趟寻找好肉之旅。

一块上好的手把肉

手把肉最讲究食材，肉质的新鲜程度决定了上桌后的口味。切一块新鲜的肉，丢到锅里用旺火煮，加点姜或盐，时间不长，半小时到 40 分钟，取出来蘸点盐或其他佐料，一手把着肉，一手拿着刀剔肉吃，说起来是很简单的处理方式。

葛健向我们解释，面前的这块手把肉不是普通的部位，而是羊身上最好的位置，肩胛骨处，也叫铲板肉。肉被从骨上剔了下来，切成条状码放好。那块骨头，是一块锋利的薄片，最薄的地方薄到透着光看是半透明的。因为这块骨头下宽上窄、下薄上厚，又有一定的弧度，形似一把铲子，所以当地人都叫它"铲板肉"。

说到给动物不同部位起名，中国人还是更喜欢象形，看这块像什么就叫什么。西方人吃肉也喜欢起些奇怪的名字，让人完全猜不透它的由来，但极有趣。比如法国人吃羊肉，有一个部位叫"加农炮"（Le Canon），是将外肋去骨，取下整块的里脊肉烘烤着吃，好吃到像被炮轰了一样，所以称为"加农炮"。按照这个思路，只要是好吃的部位，都能叫"加农炮"，都会好吃到像被炮轰，面对好吃的羊，可以直接叫它"加农炮羊"。

葛健拿起这块"铲板"，迎着灯光让我们看，用手指轻轻弹了弹最薄的地方，"你仔细看这个位置，羊的每一块肩胛骨这最薄的地方形状都不一样，有的大一些，有的小一些，这很正常。有经验的蒙古族人能根据这一点差别看出很多学问，比如羊的产地、年龄大小"。更有意思的是，在古老的蒙古族社会，这块铲板会用来做占卜，就像甲骨和甲骨文的作用一样，因为它平整、光滑、均匀且薄，对于祭祀文化深厚的少数民族来说，是一块宝物。部族德高望重的长者会将这块铲板骨放到火上炙烤，直到它碎裂开来，根据碎裂的纹路预测未来。

回到餐桌上，铲板肉是精华，并不是因为形状特殊或有预知未来的功能，而是一只羊身上只有两小块肩胛骨及附着在表层的肉。因此，只有款待贵客时，内蒙古人才会用铲板肉，也叫"一羊两客"。肩胛骨活动最多，肉

内蒙古的涮羊肉重要的是锡盟的好羔羊
和用草原上的野生韭菜做成的韭菜花

上好的烤羊肉串，每一块肉都会选取羊身上
的不同部位，肥瘦相宜

质也就最鲜嫩，都是很瘦的肉，没有什么多余的油脂，但吃起来却不显得干
柴，反而有软糯的口感。

　　欧洲人吃羊，比中国人更讲究部位，分得很细。因为做法不同，对肉的
理解和运用也不一样。不过，羊肩肉总是厨师们的心头好。虽然人们吃羊腿
肉多，但羊肩肉比腿肉更嫩，且油脂更多，除了烤制和煎，欧洲人也喜欢用
这一块炒着吃，而别的部位则很少有"炒"这种待遇。

　　如今在城市吃到的手把肉，虽然仍是结结实实的一大块肉，但已是改良
的精致版，没有草原牧区上粗犷的风格。后来见到呼市老字号"德顺源"的
老板张志强，又聊起手把肉。时至今日，吃过那么多手把肉，他还是对年轻
时的初次接触记忆深刻。20世纪八九十年代时，张志强还是个毛头壮小伙，

那是他第一次去锡林郭勒盟，在蒙古族牧民家里吃到了地道的手把肉，结结实实的大块肉让他见识到了草原人吃肉的气魄。

羊的各个部位都可做"手把"，没现在那么多讲究，每人分到一大块，足有一斤的分量。传统的蒙古包里，主宾有明确的座位区分，一屋子人齐齐整整地围坐一圈，各自切着大块肉，斟着酒。主人给他分了一把小尺寸的蒙古刀，下面垫着铜碟，一只手把着肉，像是扶着大提琴的姿态，另一只手，一边割肉一边拿刀插着送到嘴里。一刀下去，里面的肉泛着红血，越是贴着骨头的地方血色越重。

明代有一本《夷俗记》，讲的是蒙古族的衣食住行、婚丧嫁娶、习尚禁忌之类的风俗，主要以土默特和鄂尔多斯一带为样本写成。其中《食用》一篇就写道："其肉类皆半熟，以半熟者耐饥且养人也。"半生不熟的手把肉才深得草原人的心意，既扛饿又好吃。肉一旦熟透了，便没了草甸草原原始的气味，有人能在生肉中吃出草腥味，有人能吃出内蒙古草原特有的沙葱和韭菜的滋味，这些东西都是羊吃的，它的肉质自然就带着草原特有的味道。但吃不惯的外地人就有些怵，把所有羊肉的特殊气味都归结为"膻味"。而这，只是舌头的偏见。事实上，膻味来自羊肉中所含的短链脂肪和硬脂酸。"我们觉得猪肉还有膻味呢！"每当我问到内蒙古人"到底什么是羊肉的膻味"时，几乎都能收到这样的回答。

要说这种清水煮羊肉的原始吃法，西北各省区都有，宁夏、新疆的尤好，他们叫"手抓肉"。因为父亲是兰州人，在新疆长大，所以我这个南方人也算是半个西北人，从小常去西北串亲戚。有记忆以来第一次去新疆是小学的时候，那个暑假，让我对羊肉从无法接受到有点喜欢，但远不及当地人依赖的程度。

姑夫给我端上来一盘手抓肉，刚出锅的，热腾腾。我凑近一闻，本能地吸溜了一下鼻子，有点嫌弃那味儿。小时候老听人说羊肉有膻味，但吃得少，不懂到底什么是膻，那一次满盘的羊肉味蹿到鼻尖，突然一下上了头，立刻躲开。原来这就是膻味，一种贴上了羊肉标签的独特气味。小时候挑食，一点肥肉都不爱吃，在姑夫的指引下，挑了点瘦的慢慢试着尝尝，肉嚼起来没有看着那么硬实，挺绵的，可还是没兴趣多吃，只爱吃更有滋味的烤羊肉串。我看大人们都就着蒜瓣吃，心想那不是更味儿？直到长大了才知道，就着蒜瓣蘸着醋吃手抓羊肉，可真是绝美，再就点酒，缩在朋友和家人堆里，多开心。

内蒙古人吃手把肉，不用就着蒜，甚至一切更从简，能省去的都省，只留羊肉味。正是因为去除了一切繁杂多余的味道，羊肉本身的质感才是绝对的中心，肉好不好，一口就吃得出来。嘴刁的老内蒙古人吃几口肉，也能大概判断出羊的产地和品种，这样的经验外地人只能听着，望尘莫及。

2400 公里之间的味道

从地图上看，内蒙古自东北向西南延伸，最东段到最西段的直线距离有2400 公里，分别与 8 个省区接壤。因此，内蒙古从东到西的生活习惯和饮食文化也差别很大，靠近东北就像东北，挨着山西、陕西的就像晋中、陕北，再往西就跟宁夏、甘肃、新疆的口味越来越接近。再加上蒙古族本身以肉食为主的原始饮食风格，内蒙古的饮食文化很复杂，每到一处都有差别，很难用一种风格概括。

这个状况放在羊身上也一样。因为地域跨度极大，从最东北的呼伦贝尔市到最西南的阿拉善盟，内蒙古的地貌和自然环境变化很大。东部倚着大兴安岭，气候虽然严寒但相对湿润，有广阔的草原和平原，越往西去，季风的影响力逐渐减弱，沙漠与沙地增多，绕过黄河流过的河套平原，就是漫无边际的沙漠与戈壁。因此，从东到西，从草原到戈壁，羊的品种、肉质和适合的做法都各有不同。

我们后来吃了一次内蒙古的涮羊肉，与北京的无差。涮羊肉，最是锡林郭勒盟的羔羊肉好，这在内蒙古各地几乎都能达成共识，到了北京也一样，大家都认锡盟的羊。锡盟的面积很大，即使是盟内，羊的品质也存在差别。西北部的苏尼特羊是上品中的上品，西苏的地貌更荒漠化一些，羊的品质却更胜于东苏。所以，未必是草场丰美的地域出产的羊就一定最好，它与气候、品种、饲养方法、饲料都有关系，这既是一门复杂的畜牧科学，也是一门因各地口味不同而形成的饮食玄学。

原本这一次，我们计划冲着最好的羊肉去一趟锡盟，但因为严寒，联系后得知锡盟牧场已经被暴雪封了路，完全进不去牧区，只能作罢。对锡盟羊肉的认识，只能停留在"听说"中，无法亲口尝一尝现宰的羔羊肉了。

"涮肉吃，要用一岁左右的羔羊，再大一些，肉质便没那么鲜嫩。"可锡盟本地人偏偏没那么爱吃羔羊肉，老一辈的草原人是吃着手把肉长大的，在他们的饮食习惯里，只有大块大块的肉才吃得过瘾，涮羊肉，切成这么薄的一片，怎么能吃得爽快呢？地道的蒙古族人更偏爱中羊或成羊，肉质紧实，有嚼劲，那种入口即化的口感反而没那么经得起回味。越往西边走，越爱吃肉质更扎实的成羊，有的会到四五年才宰了下炉。

有句话说"做羊都要做呼伦贝尔的羊"，因为草质足够好，草场也够大，当地人开玩笑说，呼伦贝尔的羊早上八九点就可以吃饱了卧在草原上睡觉，它们总有吃不完的草，可到了阿拉善盟，羊得不停地走，不停地找草吃。而阿盟的人则说，正是因为这样，阿盟的羊才更好吃，而且阿盟的草是碱草，更适于本地羊的体质。

鄂尔多斯的羊又不一样，鄂尔多斯是高原地形，山多岩石多，所以鄂尔多斯出山羊，而不是绵羊，最好的羊当属阿尔巴斯山羊。山羊肉与绵羊肉的质感完全不同，肉质密实得多，如果涮着吃就太老了。阿尔巴斯的山羊适合焖煮，当地人喜欢黄焖的做法，或是做成风干羊肉储存起来，备着随时吃。

在内蒙古最西边的阿拉善盟，我们吃到了牧民家里自制的风干羊肉。冬至前，几乎家家户户都会宰羊，象征着一场迎接冬天和新年的仪式。阿拉善盟最值得称道的是烤全羊，通常用50斤的羊，牧民张远大姐告诉我，自家做风干羊，通常会选小一点的，30斤到40斤为佳。去了羊头、羊蹄和羊皮，保留下胴体，他们管这叫"羊背子"。烤羊背子也是很高规格的做法，但普通家庭不会一口气全烤了，做成风干肉才是日常的吃法。

"风干羊讲究阴干，不是晒干，所以一点太阳都不能见。"张远说。他们家今年的风干羊刚刚挂起来，挂了3只，等待来年3、4月时才能吃，而现在吃的是去年风干的。在内蒙古，冬天是不宰羊的，更准确点说，"阴历五月十三之前都不宰羊，这是我们这儿的传统"。因为春天新草长出来，腥味很重，羊吃了以后也会影响到肉质的口感，自然也会带着草腥味。"这时吃新鲜草的羊千万不能宰，羊换肚子呢！"而这段时间现宰的活羊，若想保证口味，通常都是饲料喂养的，而非纯种草原羊。

从冬至到阴历五月，张远家都会吃风干肉，平均每3斤羊肉最终会风干出1斤风干肉，蒙古族出征打仗时，带的就是这种干肉和奶酪，所谓"干粮"，可以相对轻装。肉干吃的时候做法和新鲜羊肉一样，"用水煮一煮就特别香，比新鲜的香多了"。

话说着，张远递给我们一小块风干肉尝尝。这是我第一次生吃羊肉，肉色仍是粉嫩的生肉红，干瘪得能看清每一丝纤维，白色的油脂已经完全脱水，变得像化石一样。我撕了一小绺塞到嘴里，肉的香气完全浓缩聚集了起来，浓郁得很，又很有肉干的嚼劲。我止不住多吃了几块，心想真是上好的下酒菜呀，而这不过是内蒙古人最家常的羊肉味道。

盛宴里的一头牛

在内蒙古跟人聊起吃，总会提到诈马宴，曾经蒙古宫廷最高规格的食飨。就像是一部电影总得有个高潮的顶点，得屏着呼吸期待那样，一场盛大的宴席也得有那么个扣人心弦的环节，让人记住的不仅是吃了什么，更是仪式感来临时食客们充满期待的内心情绪，否则这场宴席便太过平淡了，枉为"宴"。诈马宴上，将盛典推向高潮的则是烤全羊或者烤全牛。所谓"诈马"，指的就是煺了毛的整畜。

烤全羊，或多或少都知道些，可烤全牛，想想都觉得不可思议。这得多大的炉子？多少人烤？烤完了得多少人吃？仪式感虽重要，但这么大费周章完整地烤出一整头牛真的有必要吗？听到"烤全牛"这个词时，满脑子都是疑惑。

内蒙古饭店的行政总厨王东亮跟我说，烤全牛的确不是件容易事，工序很烦琐，至少要提前三天以上预订。但这样的订单，一年到头也不会接到太多，这是个大工程。烤全牛，用的是内蒙古东部科尔沁草原的黄牛，一头约500多斤，相当于10只烤全羊所用的阿拉善绵羯羊的重量。

处理好牛肉以后，这么一个庞然大物，怎么能让肉入味是个学问。王主厨会将葱姜、芹菜、胡萝卜、西红柿这些配料榨成汁，用注射器打到牛肉里，让汁水渗透到每一个部位。腌制完成后，把整只牛倒挂到冷藏库里，排酸。

经过一整个晚上，大约排酸12小时后，这只牛的肉质已基本处理完毕。接下来就是烤了。从早上8点烤到晚上6点，整只牛在烤炉里焖烤整整10个小时，肉质由外而内逐渐形成自己的风味。烤完的牛，瘦瘪了一大圈，便可上桌了。

更久远以前，人们是用土炉烤，用的是炭火。"把握火候是最难的技术活。先烧大火，让整个烤炉里温度升高，然后熄灭明火，在明火快灭的时候，把整只牛放到巨大的土炉里焖，焖12个小时。所以，所谓烤全牛，其中最重要的环节是焖熟、焖香的。如果一直是明火，肉很容易就烤得焦煳。"王东亮说道。

这么大一头烤全牛，少说得二三百人分食，通常还吃不完，主人会包装成伴手礼，再让宾客们带些回去。每人分到一小块，部位自然是不同的。因为牛太大了，很少有人能把一头牛的每个主要部位都尝到，将它们一一做比较，再得出一个"烤全牛究竟哪个部位最好吃"的结论，只能说个大概。王主厨的经验是，即便是牛，依然是铲板肉最好吃，肩胛骨的位置活动最多，肉质肥瘦相宜，瘦的地方不至于太柴，又不缺油脂，大约相当于所谓"上脑"的部位。我们说牛的上脑，是脊骨两侧的肉，肉质细嫩多汁，脂肪杂交均匀，无论是西餐、中餐还是日餐，都是厨师的心头好。

焖烧牛头，用的是科尔沁的黄牛，得焖烧 6 个小时才能让肉质软糯

烤全牛这次我们是没见到，但见到了烧牛头，一道非常硬的硬菜。看到它的时候，刚刚烧好没多久。厨师从保温柜里端出来一个硕大的牛头，酱色。因为焖烧了很长时间，牛眼已经凹陷下去看不到了，像是紧闭着。焖烧牛头，用的是科尔沁的黄牛。通常不会整只头烧，而是劈一半，因此只有一半是牛脸的样子，另一半是牛头的剖面。牛角还在，也只有一只，支棱在脑袋顶上。

这样半个牛头，得放在酱料汤里焖烧 6 个小时，才能保证肉质软糯。不过面对这样一个硕大的动物的头，我实在难以想象，要从哪里开始动筷子、该怎么吃。如果它是一个鸭头、一个兔头、一个鱼头，或是切片的牛脸肉，吃起来更轻车熟路些。但看着这个完整的牛脸，眼前突然浮现出在印度的场景，牛在那里是圣物，除了穆斯林，没有人会吃牛肉，倘若他们看到一只牛头红焖了半天，被端上桌分食，想必会引发一场伦理和宗教上的激战。而在内蒙古，一份牛头是至高礼遇的佳肴，若是不吃，反而会被看作不敬。食物就这么把不同地域和文化背景的人连接在一起，又将他们之间的界线划得清清楚楚。

同样不知道该如何下口的，还有羊血肠，即将羊血灌入羊的小肠中，蒸熟了再吃。有一天早晨，我们去了卫拉特蒙餐餐厅，体验一把真正的蒙古族早餐，血肠是其中的一种，但并不是早餐固定会吃的东西。

刘晓东是阿拉善一位退休的中学蒙古语老师，退休后，他就来这家餐厅帮忙，餐厅的老板曾是他的学生。刘老师告诉我们，在蒙餐里，饮食习惯是"先白后红"，白色是奶制品，红色是肉制品。无论大小宴席，都是先用白食。

而早餐的规矩没那么复杂。刘老师给我们端来了一锅羊肉汤，还有各种各样的奶制品和小食，奶酪、奶皮、奶油、果条、糌粑、炒米、其旦子，都是配着羊肉汤吃的。一早上让这么多奶制品下肚，作为一个汉族人，确实有

蒙式早餐里，不同奶制品竞相登场，"白食"与"红食"搭配着吃

点难为。与刘老师交谈，说实话，饮食方面的内容没记住太多，但意识到一点，如今蒙古族年轻人汉化速度之快，这种原始的蒙式早餐在未来还能有多大的生存空间，没人能说得清。

来一笼羊肉烧麦

说到早餐，还得是羊肉烧麦与羊杂汤令人回味。第一次吃羊肉烧麦，是在大同。记忆里是到山西的第一顿饭，刚下火车直奔餐厅，就点了羊肉烧麦来尝。一笼端上来，个个包得像朵花，褶子多，皮特薄。说来有些丢人，可能是因为那是第一回去山西，孤陋寡闻到脑子里只有醋，只记得用羊肉烧麦蘸着山西的醋吃，那浓郁的香醋能化解掉羊肉的油和膻，一口气吃了好多，却只记得醋的好了。

我从小就爱吃烧麦，家乡合肥烧麦是糯米的，里面会包一点香菇丁和零星的小肉丁提香。酱油放得足，一蒸出来，烧麦泛着酱油色。小时候吃早餐，要么是烧麦，要么是小笼包，就着一碗豆腐脑或"撒汤"，能舒畅一个早上。

后来去了杭州，第一次吃到肉馅的烧麦，觉得奇怪，怎么会有地方的烧麦不是米馅的呢？不过江南人包猪肉馅烧麦着实好吃。没什么特殊的作料，蒸出锅时猪肉粉粉嫩嫩的，那皮子更薄，跟一把抓出来的小馄饨的皮一样薄，半透明地包裹着鲜肉，一口塞一个，真是香。有时会放点笋丁，在江南做菜，笋是万能的，放在哪里都不为过，总能加一味其他食材无法取代的鲜出来。

到了呼市，如果只挑一家羊肉烧麦吃，那还得是德顺源。呼和浩特还叫归化城的时候，烧麦就远近闻名。本地的文化学者曹建成给我们讲了德顺源的历史。清末年间，德顺源就有了，但它的前身晋三元不是卖烧麦的，而是

上图：羊肉烧麦
下图：早餐除了羊肉烧麦，羊杂汤也是一绝

个糕点铺子。"刀切"最出名，还有很多旧时甜点、芙蓉饼、玫瑰饼、槽子糕之类的。

老呼市人管吃烧麦叫"喝烧麦"，烧麦和这些糕点一样，都是喝茶的茶点。"烧麦"这两个字究竟该怎么写，在烧麦的进化史里也一直存有争议。现在在呼市街头，有写"烧麦"的，也有写"烧卖"的，还有"捎卖"。1937年的《绥远通志稿》里写道，原本烧麦是"茶肆附带卖之"，也就是捎带着卖卖，没有什么具体的名字，所以叫"捎卖"。后来约定俗成了"烧麦"。

民国的时候，晋三元搬了家，从大南街迁到大西街，改成以卖烧麦为主，名字也改为"德顺源"。1949年后一度改为"德兴源"，80年代之后德兴源也销声匿迹了，这个品牌就此中断。2003年，现在的老板张志强又把"德顺源"的品牌注册回来，便又有了现在的德顺源。

一走进店里，这场景似曾相识。在扬州吃早茶时，富春、冶春茶社里，常能看到一大家子围坐一圈吃早餐，他们把早餐当作正餐一样吃，吃的花样多，还很有排面。在呼市，早餐也叫早茶，喝的是黑砖茶，配的是羊肉烧麦和羊杂汤。张志强很自豪地把早茶看作呼市饮食的一张名片，"中国从南到北，广州、扬州、呼市，这三个吃早茶的城市最把早餐看重，看重早餐，意味着把生活看得很重"。

蒿师傅在德顺源包了六七年烧麦，她的手速是店里最快的，一分钟能包两笼，16只。展皮、打馅、捏合，几个简单的动作，说话间的工夫，蒿师傅已经摞好了几个笼屉。上架蒸10分钟，出炉。这些天在内蒙古吃下来，恐怕烧麦是羊肉最精致的做法，肉馅与面的结合让羊肉来得不那么猛烈，似乎在与汉族人达成一种口味上的和解。

曹建成告诉我，羊肉烧麦的确是从山西传到呼市的。事实上，因为挨得近，呼市的文化传统和饮食传统埋藏着很深的山西基因，口音也基本一样。呼市是个移民城市，尤其是1949年以后，支边的外来人口再一次改变了呼市的人口结构。我们吃早餐时，同桌的一对老夫妇就是 50 年代随着父母支边而来的，"当时建了很多卷烟厂、齿轮厂、机械厂这些大工厂，我们的父母都是工厂里的。刚来时，呼市有 5 万人，只有一条街，可德顺源的烧麦那会儿就有了"。

从前吃烧麦比现在讲究。曹建成说，那会儿蒸烧麦的老师傅有个绝活，叫"挑烧麦"。蒸笼很大，直径有一米，挑烧麦即趁热把蒸笼里的烧麦用手一个个取出来，放到食客的小碟子里。皮子很有韧性，会轻轻地弹两弹。这个动作听起来简单，却是非常考验技术的，主要是为了检验烧麦皮子的薄厚，如果皮子擀得太薄，一挑，底就塌了；太厚的话也挑不起来，就厚成了包子。所以挑烧麦是个硬功夫，但现在大多是机器轧的皮，也就用不着挑起来展现绝活了。

临离开呼市的前一天，我们去曹建成家中拜访。我们坐在客厅聊天，厨房里，曹建成的爱人正在炸丸子，牛肉馅的。日常生活中，两人很爱自己琢磨着做好吃的，都是些北方人的家常做法。那一天，我们被留下来吃晚餐，打卤面、炸丸子和酱牛肉。在吃了几日宴席级别的高级蒙餐后，突然而来的一顿家常饭，吃得简单又放松，让我想起奶奶做的一碗臊子面。我一下反思起来：写美食，究竟是带着猎奇心写那些日常吃不到的大餐、奇餐重要，还是食材的日常吃法更重要？我们写吃的各个面向、各种姿态，而到头来，真正吃得最舒爽的，不过是在普通人家里的一顿日常晚餐。

熟成牛肉要做的，就是通过时间的作用，将牛肉身上的复合气味发挥到极致。

时间作用

牛肉熟成主义

薛芃／文 蔡小川／摄影

见到林震谷（Ling）的两周前，他刚刚做好这个熟成柜。说是"柜"，其实是一个专门做熟成牛肉的玻璃库房。站在橱窗外，就可以看到里面大大小小的牛肉挂成一排，后面的架子上也放满了，好像一场牛肉的选美比赛。每一块肉挂上的时间不同，颜色也各不相同，或深或浅，有的看起来更干一些，像一块大石，有的则还是新鲜的肉红色。每块肉各自附着标签，写着开始熟成的时间和部位名称。

Ling 带我走到熟成柜的门口，说："你先做一个长长的深呼吸，进去之后会有种醉生梦死的感觉。"

库门打开时，我还屏着呼吸。嗅觉慢慢打开，一种复杂的香气钻进鼻腔。牛肉原始的本味，夹杂着因熟成发酵而形成的奶酪味、焦糖味，甚至酒味、果香味，各种各样复杂的香气很难分辨清楚，都密集地封存在这一个两三平方米的小空间里，浓度极高。真的醉了，有一种颅内高潮的快感。

Ling 是土生土长的上海人，但一直以来，都游走在世界各地做烹饪料理，曾经是蓝蛙集团行政总厨。2017 年 12 月，这家 Stone Sal 言盐西餐厅开始营业，Ling 将他对牛排的全新理解带了进来。"其实牛肉的熟成，并不是一个多新鲜的概念。很多年来，西方人一直用熟成的方式处理牛肉，让肉质的口感更好。"

一般而言，牛进入屠宰之后，屠体开始进入"僵直期"，牛肉的嫩度骤减，在屠宰之后的 6 至 12 小时，牛肉的僵硬程度将达到顶点。而后，酵素开始发生作用，逐渐崩解牛肉的胶原组织和肌肉组织，牛肉便会自然软化，嫩度也会逐渐增强。这个过程就是牛肉的熟成，和很多发酵食物一样，其实熟成也是一种由时间带来的牛肉发酵过程，与通常所说的牛肉排酸是一个意思，降低肉质的酸度，提升碱度。从熟成的第 11 天开始，肉质渐入佳境。

熟成柜里的牛肉是干式熟成（dry age）的做法，Ling 将他的熟成柜湿度控制在 60% 左右，他希望更增加牛肉的香气，减少一些奶酪的香气，达到他理想中的熟成气味。通常熟成的时间会控制在 20 天至 40 天，水分不断降低，体积不断收缩，直至熟成 6 天，肉的重量几乎会减轻一半，形成更丰富的各种香气的综合体。

牛肉可以经得住长时间熟成，但不是牛身上的每个部位都适合做熟成。在 Ling 的厨房里，带骨眼肉和 T 骨牛排是最受欢迎的，小块带骨眼肉约 1 至 1.2 公斤，大的 T 骨则有 1.7 公斤左右，通常是一桌四五人共同享用。

Ling 拿出一块已经经过简单烤制的熟成眼肉，又继续用高温打火枪加

经过干式熟成的眼肉，高温炙烤至
四五分熟，最是美味

热。打火枪的温度最大能达到 1700 至 1800 摄氏度，给牛排迅速上色，油脂也会随着高温的炙烤迅速溢出。加热几十秒，牛肉的颜色就更深了一层，边缘处带着火烧的焦煳感，到这时，这块眼肉烤得恰到好处。

Ling 觉得牛排烤制 "medium rare" 的程度最佳，大约是三分熟，也就是半生不熟的状态。切开一刀，鲜红色的嫩肉爆裂出来。"好的熟成牛肉烤出来，里面的肉质一定得是鲜红色才好，若是粉嫩的粉红色就不对了。"待这块肉放置三四分钟，慢慢会有油脂渗出，肉也会渐渐塌下去，颜色也会发生细微的变化。因此，一块牛排得趁着切出来就吃，放不得。

与美国牛肉相比，来自日本的和牛油脂更多，图为生牛肉寿司

牛肉的自我修养

　　从肉质上来说，和牛的油脂更丰富，口感更嫩，而美国牛肉是香甜多汁型的，肉质的纤维感更强，也就是所谓"肉的味道更浓一些"。因为是谷饲，与草饲的口感也不同，草饲牛肉的脂肪含量更低，肉质更精瘦，由于油脂少，所需的烹调时间也相对更长一些，对烹饪的要求也会不同。

　　"美国牛肉最大的特点就是玉米喂饲。还是小牛的时候，喝牛妈妈的奶，吃草场的草，一旦进入育肥阶段，玉米就成了主要饲料，很少用大麦、小麦

第三章　牛羊

等其他谷类。美国是一个玉米生产大国，中部是重要的玉米生产带。与玉米的产地基本一致，美国的肉牛饲养场、屠宰场也多集中在中部。"美国肉类出口协会的厨师顾问 Sanji 解释道。

美国给牛肉分级，是由农业部派驻专门的官员，去到每一个屠宰场，分别给每一头牛做分级，而不是笼统地确定这一批是什么级别，或者你这个农场只出什么级别。牛的年龄、牛骨骼的情况都是决定等级的因素，还有一个很主要的是眼肉，他们会根据横截面看一下它油脂的分布情况来判断。中国现在对美国牛肉的进口把控比较严格，其标准是在美国牛肉特选级之上的，因此，能进口到中国的美国牛肉，已是美国的上乘品质。

Sanji 向我介绍了牛从屠宰到分割的一系列过程，对于牛肉，我有了一个从源头上的重新认知。

几十年前，屠宰活牛还会用到一些残忍的方式，比如直接用棒槌槌杀，或是用气枪直接对着牛的脑门击毙，但后来这种形式遭到禁止。因为当气弹打到牛的脑子，会把脑子打散，脑部组织就会被破坏，甚至流散到身体里，导致肉质不健康。

屠宰方式一直在迭代，现在常用的方法是电击或用二氧化碳，使牛只迅速昏迷。为什么要一直改进屠宰的技术？一则对动物本身是一种福利，让它们更安全快速地死亡，这样既比较人道，肉质也会更好吃；二来也是因为人类对牛肉的需求量越来越大，原始的屠宰方式相对较慢，不断更迭技术也是在提高屠宰的效率。

以前我们买一块牛肉回到家，往往会发现解冻后化出一大摊血水，其实这意味着肉的品质并不好。有时候是因为这头牛在被屠宰的时候太过紧张，一旦死亡，它身体里的体液、血液都无法迅速大量地排出，反而堆积在肉里。直到化冻后，就会有过多血水溢出，这种肉称为 PSE 肉，即肉色灰白（pale）、肉质松软（soft）、有渗出物（exudative）。相反地，如果在屠宰

山东超牛养牛场中饲养的牛，是和牛与鲁西黄牛的杂交品种，供应国内高端餐厅，
其肉质又与美国牛肉非常不同

前由于饥饿、能量消耗过大和长时间低强度的应激源刺激又会导致牛肉变成
DFD 肉，即肌肉干燥（dry）、质地粗硬（firm）、色泽暗沉（dark）。只有介
于这两者之间的，才是一块标准的正常肉的状态。

因此，屠宰方式是影响肉的品质的一个重要因素。美国不少屠宰场在屠
宰牛的时候，会有很多巧思的机关。屠宰前，先是把牛都圈在一个大场地，
再慢慢将待宰的牛赶到一个小通道，小到只有一头牛可以通过，这样前面的
牛进去遇到什么状况，后面的牛都看不到，不会影响心情。

有的屠宰场还会安排一个坡度，牛上坡的时候，就有工作人员观察，如
果发现牛上坡时走路有点跛，不太顺畅，那么这头牛可能也不能顺利进入接
下来的屠宰流程。

接下来就是分割。分割在一定的标准之上，会根据订单来调整。通常都是二分体破开，再四分体，肩胛肉、前腿、后腿、肋条、腰脊、胸腹肉……不同部分先按大块分割，再精细化到肋眼、肉眼、西冷、牛里脊、牛肋条、肥牛这些小部位。

打包包装也颇有讲究。如果没有很好的工艺去保护肉，在冷冻和运输的过程中，肉质可能就会受到影响，冻伤或是水分流失，最终的肉质就不会太好。比较好的包装是先将肉密封好，或是真空包装好后，都堆到一个冷冻箱内，所谓"板冻"；一层肉上放一层保鲜膜，所谓"层冻"；再好一点就是"单体独冻"。从屠宰到分割再到包装运输，每一个环节的升级，都意味着这个肉等级的变化，也意味着价格的变化，好肉与普通肉的差别也就体现出来了。

为什么人们一直如此迷恋肉食？即使在素食主义盛行的今天，肉依旧令人垂涎欲滴。1912 年，一位叫美拉德的医生在做实验，当他把试管中的糖和氨基酸加热时，惊讶地发现，混合物变成褐色的温度比预期的要低。波兰作者玛尔塔·萨拉斯卡在他的《食肉简史》中指出，美拉德所描述的这种反应，正是我们偏爱某些食物背后的原因，不同食物在加热后会发生千变万化，形成各种风味。

根据后来的实验研究，有超过 1000 种物质可以引起肉的香味，其中的很多种就是在美拉德反应中产生的。有些闻起来像水果，有些闻起来像发霉的味道，还有一些可能是坚果、烟、芝士、棉花糖甚至被碾碎的虫子的味道，这些单一的味道复合在一起，就会构成肉食中复杂的味道。因此，肉，尤其是牛、羊、猪，在以不同方式烹饪之后都会形成层次极其丰富的复合型味道，肉食便能吸引到各种各样口味的人。在肉食的复合气味中，总有一款吸引着你。而熟成牛肉要做的，就是将牛肉身上的复合气味发挥到极致。

在阿拉善盟短暂停留的几天，我们就像看
《本杰明巴顿奇事》那样，从餐桌上到大草原，
看完了一只羊倒叙的一生。

掀开它的盖头

宴席间，酒过半巡。我们本是宴席的局外
人，约好见面的一位阿拉善长辈，难得从外地
回来，要跟几位老友相聚，便把我们喊上了。
老友们好久不见，越喝越到兴头上，感慨着过
往的几十年。菜吃了大半，一只烤羊新鲜出炉，
将微醺的宴席推向高潮。

羊伏在推车上，屈着腿，一如一只活羊卧
在草地上那样，可它的蹄子不在了，只是被技
术高超的烤羊师傅摆成伏卧的姿态，愣愣地待
在那里，龇咧着牙，面色焦黄。挺大的一只羊，

烤个全羊

薛芃／文　蔡小川／摄影

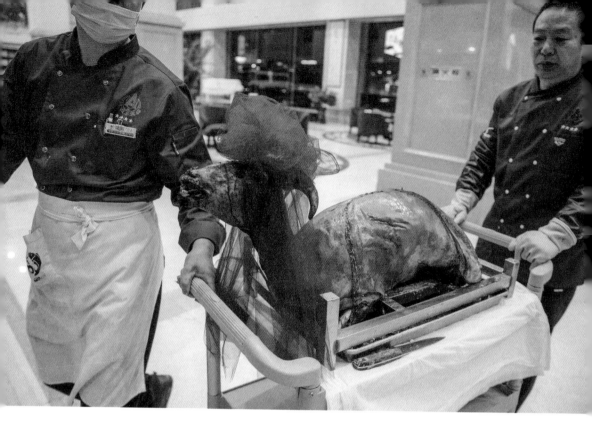

烤全羊是阿拉善盟的招牌美食，历史可以追溯到 300 多年前

得有 50 来斤，是本土的绵羯羊。身上泛着刚烤出来的油亮色泽，昂着头，头上顶一块大红色的纱绸，像个待出阁的姑娘，正在忐忑地等待被掀开纱巾的那一刻。

两个烤羊师傅推着推车，走到宴席间，向客人展示他们耗费了一天精力刚刚烤制出来的这一件杰作——一只地地道道的、申报了自治区"非遗"的阿拉善烤全羊。这是内蒙古阿拉善盟款待客人最尊贵的礼遇，我们冲着这独一份的烤全羊来到阿拉善——这个内蒙古最西边的盟区。再往西走，就是新疆了。

来阿拉善之前，听人说这是内蒙古最荒凉的区域，草甸没有锡林郭勒那么丰美，取而代之的是戈壁与荒漠。到了地方，我才知道这里有多大。无论是戈壁、荒漠，还是草原，放到这里都是"长河落日圆"的景象。整个阿拉善盟下属三个旗，我们住在阿拉善左旗，是阿盟的行政中心所在地，另外还有右旗和额济纳旗。"旗"的行政区划相当于市辖区和县级市，阿盟的这三个旗都有机场，彼此之间每天有航班往来，反而火车只能通到额济纳旗，目前还到不了左旗和右旗。在全国地级市的行政区划中，大概只有这里拥有多达三个机场。再说具体一点，阿拉善盟有 27 万平方公里，相当于两个安徽省那么大。

这么大的地盘，先是让我一震。后来在与当地人的交谈中得知，大名鼎鼎的黑水城就在额济纳旗，这更让我兴奋。黑水城是西夏王朝时期的边防要塞，也代表着阿拉善在中国历史上的"高光时刻"。20 世纪初，俄国军人科兹洛夫和英国人斯坦因在黑水城发现了大量西夏文献，如今这些文物大多被保存在圣彼得堡，当年发现文献的城址现在还剩下一些残垣，佛塔已是后来重修的。但正是因为这些文献和黑水城的发现，才有了西夏学，和后来对那个混乱时代的深入研究。

绕了一大圈，说回羊吧，没准儿能吃出更多复杂的滋味和故事。

由于地理环境的特殊性，阿拉善羊的品种与肉质也与锡盟、呼盟这些羊肉的知名产地有不小的差异。阿盟人只爱吃本地的绵羯羊，他们就称之为"本地土羊"，听起来不比苏尼特羊、阿尔巴斯羊或是乌珠穆沁羊有名，但这里，是烤全羊的发源地，烤的就是"本地土羊"。

在内蒙古所有吃羊的方式中，烤全羊最具仪式感，也只有最重要的客人来才会宰一只羊，从头到尾一点不落地端上桌来。在中国的古代食礼里，越是长者，越是有权势的人到场，就应当提供越多的肉食。到了今天，这种规矩还在，但更泛化成对来客的尊重——如果饭桌上没有个肉菜，大概是对宾客最大的不敬。在内蒙古更是如此，一桌郑重的宴席上，怎么能没有羊肉呢？在这个隐形的规矩中，烤全羊是至高标准。

宴席间土生土长的阿拉善人向我介绍，在内蒙古，春夏时节人们相互之间走动得多，到了冬天太冷，交往便没那么频繁。但以前没有冰箱，羊肉无法保鲜，宰了一只羊做成烤全羊，人们更是格外珍惜，必须要用一系列仪式

中
国
味
道
：
刻
在
胃
里
的
思
念

吃烤全羊之前，要由宴席中尊贵
的客人在羊背上开个口子，俗称
"开羊"

封存住对这只羊的记忆，另一方面，也为了敬拜先祖。先是开羊，相当于是
剪彩，在伏卧的烤羊后背正中间，用蒙古族的刀具开个口子，意味着未来一
切的好兆头。

　　还得配合着喝酒。喝酒这事大有讲究，按照蒙古族人的传统，有仪式感
地喝酒得用手指蘸一下酒，向上弹三下，以示敬天敬地。但这只是场面上的
说法，葛健讲了个典故：也速该是成吉思汗的父亲，原先是蒙古族一个部落
的首领。在一次征战的归途中，也速该遇到了仇人塔塔尔族。这个族群的首
领曾经被也速该俘虏过，怀恨于心。塔塔尔族正在举办宴会，便邀请也速该

加入，但在酒里下了毒，也速该当场中毒身亡。由于资源非常匮乏，各个部落弱肉强食，草原上粗暴而简单的生产生活方式和思维方式就这样在各部落的较量中逐渐形成。后来，他的儿子铁木真成了可汗，在与中原文化的不断交往中，他开始佩戴银饰戒指，喝酒时，随着手指弹出的酒慢慢滑落到戒指上，便可根据是否变色判断出酒中是否有毒。虽然这只是一个传说，但蒙古族人的这个传统一直延续至今。

简单的开羊仪式结束。这只烤羊还不能上桌，它是这晚整个阿拉善盟宾馆最耀眼的明星。那就得有个明星的样子，像走红毯般照顾好每一个镜头，它要被推到每个餐桌前巡礼展示一番，才能再被推回后厨，装盘上桌。

刀起刀落的切羊技术

在见到阿拉善的烤全羊之后，我才意识到，以前所理解的烤全羊都是小巫见大巫。印象中的烤全羊，是将羊像个小鹌鹑一样，去掉头，只保留身板的部分，穿在烤架上，下面生着火，翻滚着烤熟撒点孜然什么的，再切块上桌。但在阿拉善的体系里，这是非常不正宗的做法。

陈涛是资深的烤全羊师傅，做了30多年烤羊。他带着徒弟把推车推回后厨，开始接下来的工序。刚才那只"巡礼"归来的烤全羊被放在案台上，陈涛磨了下刀，一把锋利的窄刃刀，瞄准羊颈部往后一点的后背中间，猛力扎下去，顺着脊梁一刀刺开，没有一点迟疑。力道要掌握好，不深不浅，刚好够把皮划开，又能让皮肉自动分离。

阿拉善烤全羊，口感最特殊的地方在于皮。在经过几小时的烤制后，皮上的水分已经被烘干，皮变得薄而脆，泛着金黄的色泽，宛如上好瓷器上涂抹的一层釉，油脂都渗透在下面，被皮封存在细嫩的肉质里。

陈涛破开烤羊皮的手法已是肌肉记忆。随着刀起刀落，一整块皮破裂，发出"吱吱"的声响，一分为二，整张羊皮在 10 秒左右的时间内被迅速剥离开，从陈涛的刀下转移到了徒弟的刀下。徒弟接过两张烤羊皮，再将它们逐一切块装盘。"切皮要快，才能保证皮的香脆口感，否则就会像皮条一样嚼不动，辣条那种。"陈涛说。但刚出炉的烤全羊也不能直接破开，得稍微冷却一下，因此，"巡礼"的时间都掌握在陈涛的手里。

劈下羊皮之后，便是一只完整的裸羊，按照卖羊肉铺子的叫法，这是羊酮体。切酮体，第一步是羊尾。本地土羊第二个精华的位置就是尾部，肥厚多汁，"吱吱"冒着油。这便是选用绵羊而不是山羊的原因，绵羯羊的羊尾厚实粗大，而山羊的羊尾短小，皮下油脂没有绵羊丰富，口感便差些，没有足够的油脂渗透到肉质里，吃起来就有些柴。可吃羊尾的时候，不能单独吃，否则会太油，得裹着其他部位一起吃，才能让尾油的香气发挥出最大的能量。

接下来，从铲板肉开始，到肋条、腿肉，陈涛和徒弟几乎是按照内蒙古羊最好的部位排序，一一将这只羊拆卸出来。"吃惯了羊的人能吃出来，每个部位的口感会有些细微差别，肩胛处更嫩，肋条那里肥瘦相宜，把骨剃了吃，口感更好。"

精华的部位切起来三下五除二，无论怎么切都好吃。切羊的工序越到后面进展得越是艰难些，不是羊身上的每一块位置都是完美的，总有过于油或过于柴的位置，这时又是考验切羊师傅的时候了。如何将各个部位搭配组合，尽量平衡每一份的出品，让每位食客吃到的烤全羊都是好吃的，这就是老师傅的经验了。

一小碟一小碟的羊肉和羊皮组合好后，陈涛拿出早已备好的配料——切成丝的大葱、黄瓜、胡萝卜，甜面酱和薄卷饼——一套标准的烤鸭装备。直到这时，我们才知道在发源地阿拉善这里烤全羊的源头正是北京的烤鸭。从做法到吃法，无一不是复刻烤鸭的做法。

拆羊与切羊颇考验师傅的技术，既
要把握时间，又要将精华的部位处
理好，还不能浪费羊身上的边角料

在阿拉善，正宗的烤全羊源头是北京烤鸭，
因此吃法也是烤鸭的吃法，蘸着甜面酱、裹
着大葱卷饼一口塞进嘴里

　　阿拉善的烤全羊自成一体，得追溯到 300 年前的历史。要想弄清楚由来，得去一趟定远营，在左旗的市区里。1723 年，阿拉善和硕特旗的旗王平定了青海等地的叛乱，因功晋爵郡王。随后的多年里，一直为清王朝镇守着这个西北要镇。雍正年间，清政府特许阿拉善王爷在这里兴建王府，依着颐和园造景，又仿照北京四合院建造住宅，便是现在的定远营，当地人称为"小北京"。不仅兴建宅邸和寺庙，清帝还将公主远嫁到阿拉善和亲，公主想吃家乡的烤鸭，可当时的阿拉善只有羊，哪儿来的鸭？于是厨子们就按照烤鸭的方法，如法炮制出烤羊，再经过几番改良，将烤鸭与蒙古族旧有的烤羊方式相结合，才有了现在烤全羊的流传。

三百年古法

为了弄清古法，陈涛带着我们去参观了一处更老旧的烤羊作坊。链条锁已经有些生锈，"这里大概有五年没用过了，以前我们都是在这里烤羊，后来才换去现在比较现代化的厨房"。打开门锁，黑洞洞的，屋里有两个大的"土楼"，用土夯制而成，两三米高，全成堆状，中间是空的。

说起烤肉用的坑架，各地都有类似的形制，通常是将肉密封在一个坑炉中烤制，像新疆的馕坑肉、印度的 Tandoori 烤肉都是那样。有意思的是，身为素食主义者的达·芬奇也设计过这么一个烤肉坑架。在他的《大西洋手抄本》里，有一幅设计图，画的是一个坑炉里的烤架，而且是个机械传动装置，坑炉顶部排风口有个风扇，转动时产生的动能带动烤肉架，风扇转动得越快，烤肉架就转得越快。虽然达·芬奇早在 500 年前就设计出了机械烧烤设备，不过不知道实现了没。

阿拉善的烤羊也是放在一个类似馕坑的容器里。只是这个容器太大，大到不应该称之为容器，而是"空间"，就像它一直以来的名字"土楼"那样，这是个"楼"，可以同时放下 4 只羊一起烤。

北京的烤鸭用果木，到了阿拉善，厨子们则用梭梭木替代。梭梭木是一种生长在沙漠中的植物，曲折而干枯，越是干旱、粗糙、日照充足的环境，越是梭梭木赖以生存的地方。梭梭木还有一个特点，就是烧完之后的火芯可以保留很久才成为灰烬。旧时代里，牧区戈壁上的人常用梭梭木取暖，火熄了之后，第二天扒开戈壁上覆盖梭梭木的碎石，火芯还能重新燃起。

"同时烤 4 只羊的话，大约需要 300 斤梭梭木。把羊倒挂在'土楼'里，盖上铁皮盖，生火，烤就是了。"内蒙古做任何烹饪，说起来都是很简单的方法，几句话就概括完了，就像问"把大象装冰箱总共分几步"的答案那样简单明了，没有什么细节似的。但干的年头长的老师傅，仍能在简单的过程中找到自己的经验。在"土楼"的下方有一个瞭望口，可以看到"楼"里的羊烤到了什么程度，根据羊的颜色，陈涛可以精准地判断出是否需要加点柴火，还是要调整一下预期的时间。

通常来说，用这种古法烤羊，时间要控制在 3 至 3 个半小时，一旦时间过长，羊很有可能就会"脱链"掉下来，挂不住了。梭梭木烤出的羊有戈壁滩上独特的味道，焦而不煳，还有木香，但仍有弊端，这种木头燃烧起来烟很大，把"土楼"、烤房都熏得乌漆嘛黑，顺着烟道出去的烟也是乌黑。现如今，几乎没有人再用这种古老的办法烤羊了。

取而代之的是电加热的大烤炉。"烤羊时，要把内脏都清空，肚子里塞上葱姜和调味料，表面刷一层油。更重要的一点是把羊蹄砍掉，因为羊蹄上的油脂很少，经不住三四个小时的长时间烘烤，若是烤了，只会变得干瘪，又很硬，完全没法吃。"陈涛说道，所以那只"巡礼"的烤全羊没有羊蹄。

羊被拉到烤炉前时，四肢是捆住的，它似乎知道自己的命运，没有半点挣扎。一只具体的"待宰的羔羊"摆在面前，它大约一岁多，介于羔羊与成羊之间。

陈涛的手法依旧娴熟，一刀切入喉管，放血，这时绵羊本能地意识到了死亡，猛烈地抽搐几下，便逐渐缓慢下来。羊血要备着，炒着吃或是做血肠，内蒙古人有不少处理羊血的做法。迅速地，陈涛和徒弟两人把放了血的羊抬到沸水池里，脱毛。经沸水一滚，羊毛很快就自动剥落下来，露出光溜溜的酮体。整个过程不过几分钟的时间，紧接着，处理干净表皮，掏出内脏，一只原本鼓囊囊的羊瞬间就瘪了下去，等待它的将是大火炙烤。

烧烤算得上是人类第一种熟食烹饪方法。如果从人类最早使用火的时间算起，那么烤肉的历史也得有上百万年了。人类究竟是从什么时候开始自觉地控制和使用火的，虽然至今研究史前历史的学者仍对这个问题有很大争议，但可以知道的是，用火烤制熟肉并食用，意味着人类主动性的释放，因此有一种说法是，"烤肉让人之所以为人"。从原始社会到文明社会，烤肉是全人类味蕾上的共识，也是延续最久的一种肉类烹饪方式。在这个历史长河中，阿拉善烤全羊300年的历史还是很短的。

牧羊人的快乐

"吃阿拉善的羊肉，最大的特点就是不膻。"在阿拉善的几天里，总能听到这句话。不对，是在哪儿吃羊肉都能听到这句话。膻与不膻，是个见仁见智的问题。但都是羊肉，那一口膻味，总是有些差别的，或重或轻，或是掺杂着其他气味，比如奶香、草木香，就像是香水的中调、后调，咖啡因产地而产生的不同风味一样，羊肉的风味也因不同的膻才更迷人。

阿拉善羊肉的质感，也得益于这份草质和环境。在阿拉善的第二天，我们去见了牧民陶大叔一家。他们的牧场离左旗巴彦浩特镇不远，祖上几代一直拥有这块牧区，在这里放牧。几年前，退牧还草的政策下来后，放羊不再那么自由，只能在自家的圈地里活动。

张远是陶大叔的爱人，是阿拉善隔壁的宁夏人，16岁时来内蒙古打工，认识了蒙古族牧民陶大叔，后来就嫁给了他。如今，他们的牧场里养了300来只本地绵羯羊，除了一部分供本地人食用，其他的都卖到外地。

张远告诉我，阿拉善的草跟内蒙古其他地方的不一样，这边的草被称为"硬草"。"硬草就是那种生长期特别长，长得又特别慢的草；软草则是夏天长出来冬天一冻就都没了。现在冬天了，阿拉善长时间都是零下十几摄氏度，你看现在门口的草原，看起来光秃秃的，你以为没有草了？其实不是，羊就能在这里扒出草吃。宁夏那边就是软草，跟这边不一样。"因为常年吃着这片水土的草，本地的羊就长成了适合本地人口味的样子。陈涛也说，阿拉善人不爱吃外地羊，哪怕是内蒙古其他地方的羊，烤全羊只能用本地的羊做才对。

艾登别立格（汉语名陶永龙）在巴彦浩特附近的牧场放了一辈子羊

赶羊是个技术活，我这个新手第一次赶羊就遭受了打击。原本只是想把羊群招呼近一点，没想到一靠近，它们就跑，于是越赶越远，悄摸儿地从旁边赶也没用，最终还是绕着他们家的房子和羊圈兜了一大圈，被羊群牵着走。陶大叔说，羊群很通感情，它们认得主人，知道哪些人是亲近的人，陌生人来了通常都会"犯脾气"。

张远特别爱放羊，一放就是30年。想起李娟写的《冬牧场》有两句对话：

> 我问牧民："放羊的时候你都在干些什么？"
> 他说："放羊。"

我也问了张远同样的问题。张远说："看小说。"她说自己没什么文化，但特别爱看小说，年轻时把羊赶到山上，就看着这些羊吃草，自己掏出琼瑶的小说，一本接一本地看，看完琼瑶看金庸，"弄得自己总觉得自己是江湖人"。

有时候我们作为局外人，看着草原上的羊群，最后被屠宰、分割、烹煮、端上饭桌，总有种悲悯之心，伦理道德感徘徊在生命与食物之间，左右摇摆。可牧羊人没这种烦恼，他们早把这个问题想得通透。在他们看来，一只羊被做成羊肉，是最好的归宿，但他们的任务并不是烹饪，而是放牧，他们让羊吃最好的草，喝最好的水，整日陪着羊，寂寞时还给羊讲讲琼瑶金庸，便能养出最好的羊供到市场上。

临走时，我们想给两人拍张照。张远是个很热情的女人，可看到镜头，又腼腆了起来，她总说自己不好看，害羞地捂上脸，但她其实很美，圆脸大眼睛。张远的身上没有年纪感，不是刻意装出来的，40多岁扎着马尾辫，她从不认为，马尾辫是年轻女孩的标志，她只是觉得这样方便。她笑起来很有亲和力，说起话来直来直往，跟我聊天时，总习惯性地加一句口头禅"知道

张远和陶永龙享受着草原上宁静、简单的牧民生活

吧", 她觉得在我面前, 自己是过来人, 不过短短几小时的见面, 她总希望能把自己生活幸福的经验告诉我一二。我却听得不烦, 觉得在理。

她说她天生就该放牧, 因为草原上的生活极其简单、安静、干净。吃得也简单, 她受不了现在流行的各类工业食品, 都没有原始的肉与奶来得直接。最让人动容的是, 拍照的时候, 开始时两人都紧张地站着, 后来放松下来, 张远看着爱人的眼神里满是关切与崇拜。夕阳的一束光正好打到两人脸上, 原本站得僵直的陶大叔意识到光线的刺眼, 下意识伸手给张远遮光, 侧过脸望向她, 两人美极了。

大概就是这种状态, 让两人一直在这片草原上放牧, 与羊群草原做伴。

第四章

家禽

所有美食中，禽类与人类关系或许最为密切，它们既是餐桌上的美食，也是节日的供品，更带有文化的意象

并非每个来广州生活的外地人，都会爱上白切鸡，但对"鸡有鸡味"这句话的理解和对白切鸡的接受过程，本身便是融入这座城市的过程。

靓鸡就做白切鸡

白切鸡之于广州，正如羊肉串之于乌鲁木齐，火锅之于重庆。这一城市标签之下气象万千，它被广府白切鸡、海南文昌鸡、湛江白切鸡三分天下。

"广州人有一个执念，一看到好鸡，敢做别的就会骂，只能做白切鸡。"到广州第一天，美食家闫涛带我到小梅大街踩了下点。这条长度不足 200 米的街道，是一个神奇的存在，不但会聚了烧鹅、烤乳鸽、白切鸡等广式烧腊档的各种美食，随便走进一家小卖店，还能买到来

三分天下的广州白切鸡

艾江涛／文　黄宇／摄影

自世界各地的白酒、精酿啤酒。年末最冷那天，我们正坐在小梅大街的一家小店门口，一边吃着白切鸡，一边喝着威士忌，路旁芭蕉树上一片巨大的叶子突然被风吹落，落在地上发出巨大的响声时，闫涛说出了那句话。

说实话，以前仅在深圳生活过一年的我，只是耳闻广州人爱煲汤，爱吃奇奇怪怪的野物，并不知道原来他们最爱吃鸡。鸡在珠三角腹地的广府，具有覆盖性的影响。对老广来说，吃鸡绝非简单地吃鸡，首先吃的是文化。中国传统文化中，鸡乃"德禽"，汉代人所著的《韩诗外传》中便记载："鸡有五德：头戴冠者，文也；足搏距者，武也；敌在前，敢斗者，勇也；见食相呼者，仁也；守夜不失时者，信也。"屈大均在《广东新语》中写道，"鸡为积阳""岭南阳明之地，乃鸡之宅"，更认为岭南简直就是阳气积聚的鸡理想的栖息之地了。当古越人以鸡骨占卜的巫术淡化后，鸡遂成为岭南人喜爱的佳肴。"无鸡不成宴""鸡有百味"，是广州人经常挂在嘴边的两句话。据统计，传统粤菜中，以鸡为原料者，占五分之一。

鸡的诸多吃法中，白切鸡是无可置疑的首选。这又要回到那句老话："鸡有鸡味，鱼有鱼味。"一起喝酒的潮汕美食达人老尔，起初对这句话并不感冒："鸡不是鸡味，难道还能吃出什么别的味道？"然而对所有从外地来广州生活的人来说，对这句话的理解，或者对白切鸡的接受过程，本身便是融入广州生活的过程。当然并非每个外地人最后都会爱上白切鸡，来自新疆的美食导演威叔便告诉我，他至今仍不爱吃白切鸡。

闫涛来自另外一个美食大省云南，刚到广州时，也不喜欢吃白切鸡："真的没有什么味道！"可工作中，不免会碰到广州人兴致勃勃地向他推荐白切鸡，慢慢吃多了，尤其是交了广东女友后，闫涛的看法转变了。"刚到广州的时候，我到处买辣椒酱，不然吃不下饭。慢慢学这边的人，喝点茶，喝点汤，当你的舌头没有接受那种累加的刺激后，慢慢会有一种重新回到本真的惊喜。"融入广州人的生活，闫涛发现，白切鸡就是这座城市的标签。

广式白切鸡的标准蘸料是一碟用花生油加盐、糖调制好的蒜蓉葱花

　　一天后，我在和一个本地出租车司机聊天时，对闫涛的说法才有了更真切的感受。一听说我们专程为白切鸡而来，师傅马上滔滔不绝："连毛3斤多、斩后2斤左右的鸡做白切鸡最好吃。太大的鸡都会用来打锅。文昌鸡、清远麻鸡、湛江鸡、龙门的胡须鸡，五花八门的鸡，就看你怎么做。第一是控制火候，第二是泡的时间，很讲究功夫。很多地方都有白切鸡，最重要的是鸡种，我吃过一次，3斤多鸡卖150元，真的是走地鸡，自己出去找食，晚上给它喂养米糠，那个鸡真是好吃啊！"果然像闫涛说的，每一个老广都是高深莫测的品鸡达人。说完这段话，司机师傅又咂了咂嘴，连说："真是好吃，现在再不容易吃到了！"

　　随着采访深入，我渐渐明白，白切鸡并非就是简单泡熟而已，正如闻见中国海南菜主厨薛松所说："白切鸡不是简单的一道菜，而是一整套固定流程。"从这套流程的起点鸡种说起，广州白切鸡大致可分为三大流派：广府白切鸡、海南文昌鸡、湛江白切鸡。传统的广府白切鸡多选用清远麻鸡，与文昌鸡相似，主要选用母鸡，湛江白切鸡则选用骟公鸡，也叫阉鸡、线鸡。

不同的鸡种背后，意味着不同的饲养方式、生长周期、不同的浸泡时间，乃至不同的食用搭配。共同的美味指向，则是那句需要"食千鸡方可知味"的"鸡有鸡味"。

酒楼里的广式传统

我们在第十甫路的酒店入住后，才发现原来自己就住在曾被誉为"食在广州第一家"的广州酒家文昌总店旁边。这家启业于 1935 年的老店，历史上曾走出"南国厨王"钟权、"翅王"吴銮、"世界厨王"梁贤等数位省港名厨。要吃到最正宗的广式白切鸡，这里自然是不二之选。

9 点左右，当我们踏入这座三层酒楼时，还是被它浓厚的生活气息所感染。这个时间正是广州人喝早茶的时间，楼梯上来来往往都是跑堂的伙计，楼上楼下的厅堂几乎座无虚席，酒楼中间还保留有园林风格的亭台，烧腊部主管阮应东师傅告诉我们，二楼两棵形如伞盖的细叶榕树下的座位，一直是酒楼最受欢迎的雅座，往往为熟客占据。眼前的景象，让我想到美食家沈宏非写到广州酒家时的一段话："看了周围那些点了灯的两三层高的西关酒楼，想一想《三家巷》里的那个名叫区桃的美人儿，老派广州人饮食男女的世俗甜蜜生活，几乎全部都挤在了这个路口。"

阮应东师傅是地道的广州人，1991 年进入广州酒家，从楼里跑上跑下卖菜的靓仔，到熟食房里切熟食的插班（别人休息时顶替），再到前期调制的小师傅、烧腊部的师傅、烧腊部主管，入行已近 30 年。

传统的广式白切鸡，也叫清香鸡。阮师傅告诉我，他们选用的是清远麻鸡中最好的"凤中凰"。饲养周期 150 天左右的母鸡，用广东话讲叫"鸡下"，刚刚开始下蛋，不老也不嫩，鸡肉劲道爽滑，最适合用来白切。

当我抛出"走地鸡"这个所有吃鸡爱好者都关注的话题时，阮师傅很坦率地告诉我，在目前普遍的大型化养殖环境下，走地鸡已很难找到，"我们刚入行那会儿，20年前走地鸡还很容易找"。不过，抛开动物保护主义者的温情和味觉上的乡愁，就对风味的影响而言，似乎也不必将走地鸡过于神化。对白切鸡而言，走地鸡肉质紧实的优点，往往可以通过调整饲养周期、喂养食物以及后期制作细节，达到相似的效果。

"广式白切鸡的风味，一般来说是皮爽肉滑、骨头有味。"要做到这一标准，并非如想象中那么容易。"易学难精"，阮应东记得自己当初跟师傅学了半年左右，才感觉可以上桌了。对多数人来说，做到80分不难，做到90分甚至更高分则很难，难度正在于对细节的极致把控。

广式白切鸡，选用上汤浸鸡。上汤要用猪骨头、瘦猪肉熬制两个多小时而成。熬制的上汤，也叫白卤。每天浸鸡前，还要放入包含八角、香叶、甘草、沙姜等香料的料包浸煮入味，然后再将其取出。写到这里，我不由想起顺德名厨谭永强的观点，对于用上汤浸鸡，他并不认同："现在白切鸡都改了，放什么上汤来泡，你觉得是好味道，但是影响那个鸡本身养出来的味道。人家用了多少心思才把鸡养出那个味道，用上汤不就可惜了吗？所以正宗的白切鸡什么都不要，就用清水浸。"不过，阮师傅告诉我，他当年跟师傅便是这样学的，上汤主要起到去腥提鲜的作用，并不会掩盖鸡的本味。换个角度，我们或许可以从来自顺德勒流的谭永强师傅对纯粹鸡味的理想追求，明白为什么会有"味在勒流"的说法。

白卤煮沸后，将鸡用水草绑起来浸入。选用水草而非铁钩，也是出于保护品相的需要。同一般制作白切鸡的过程一样，阮师傅在浸煮过程中，把鸡提起来三次，不过在时间间隔上颇为讲究："刚浸泡进去会把鸡提一次，让热水灌满鸡的胸腔再流出来，保证内外受热均匀；浸泡10分钟后，会再提一次；第三次，是在觉得快熟前 5 分钟左右。这时用手摁下鸡的大腿，根据鸡肉的收缩程度，判断鸡的成熟度，如果有些小的熟了，就先取出来，大的不够熟，就再浸一会儿。"

整个浸泡过程大约 25 分钟。浸泡过程中开小火，让水温保持在似开未开的 95 摄氏度左右。如何判断具体的水温？阮师傅指着水面时而泛起的小水泡对我说："我们这里叫'虾眼水'，冒的小泡和普通虾的眼睛那样大小。"

以前师傅教阮应东的时候，还会让他们出锅前提鸡的时候，感受一下重量的变化，一般来说，杀好后 2.5～2.8 斤的鸡，浸好会有一成左右的损耗。传统白切鸡要求浸出来后，大腿骨头里带有血丝，代表对刚刚成熟的火候的极致把握。不过出于卫生安全的考虑，现在都做到全熟，偶尔碰到一些老食客，还会挑剔："骨头没血，柴了！"

鸡浸好后，先要用净化过的常温水清洗一遍，去除油腻，然后放入味水浸泡半小时左右。这一步也叫"过冷"，味水通常要加入与白卤所放香料相似但味道更重的料包，用专门的机器将水温打凉到 15 摄氏度左右。"过冷"对广式白切鸡的入味和鸡皮的爽脆程度，至为重要。

对白切鸡来说，选用什么样的蘸料搭配，关乎不同的流派吃法。广式白切鸡的标准蘸料是一碟用花生油加盐、糖调制好的蒜蓉葱花。当我拿起筷子吃下一块白切鸡时，虽然尚未领略何为鸡味，但那种爽滑柔嫩的口感体验，却相当明显。另外要强调的是，对于一个尚未融入本地生活的北方人来说，蘸料真的很重要，可以进一步化解鸡可能带有的腥味。

几十年来，厨房的燃料在变，从煤炭到天然气；鸡的喂养方式在变；白切鸡的一些制作细节也在变化，除了比以前要求更熟外，当年师傅们讲求的老汤和味水，现在也要一星期换一次。阮师傅告诉我，他们还延长清远麻鸡的饲养期到 168 天以上，推出一种肉皮更为爽滑的"脆皮鸡"。然而，要做好这只鸡，不变的始终是对每个细节的精确把控。

在酒楼吃鸡，并不意味着在其他地方便吃不到传统的广式白切鸡。很有可能，在广州的某条街巷小店里，同样会有新的发现。

漂洋过海的文昌鸡

文昌鸡，因其优良的品种，在广州一直深受欢迎。不过，在新派海南菜创始人、闻见中国海南菜老板黄闻健所编的《中国海南菜》一书中，这个

白切文昌鸡的蘸料最为丰富，同时搭配四种：传统的姜蓉蘸料，解腻开胃的蒜蓉青橘汁，提鲜增香的沙姜酱油，清爽的微辣青橘汁

"一直"要推到 1936 年之后。据说，时任中华民国财政部长的宋子文，1936 年回海南文昌老家探亲时，惊讶于文昌鸡的美味，便将其带回广州，给一众官员品尝。宋氏姐妹同样对文昌鸡情有独钟，经过宋氏家族的宣扬，此后文昌鸡走出海南，一路火到广州乃至新加坡等东南亚地区。

闻见海南菜，在海南建有自己的养鸡场。据薛松介绍，鸡场规模控制在五六万只左右，分批供给集团下属的系列餐饮品牌。用作白切鸡的文昌鸡，饲养周期一般在 240 天，不过饲养过程却很讲究。"小鸡先放养 200 天左右，除了自己寻找食物，主要以糠和椰蓉为食。接着再笼养三四十天，让鸡肉放松下来，变得更香，因为走地鸡肉质结实，不够肥，不够香，有点像野鸡。"薛松说。

以前，我曾听说海南文昌鸡所以好吃，源于它经常以椰蓉为食，薛松笑着说："椰蓉不能给太多，含油很重，像人一样，要按时按点吃饭。"喂养食物，对白切鸡的最终口感形成非常重要，"喂饲料的鸡，吃起来肉质比较稀松，木笃笃的，没有鸡的香味。有些喂得不好，还会带有一种饲料味道"。

与广式白切鸡做法不同，文昌鸡采用很重的盐水浸煮，一锅盐水一般三四天换一次。薛松的解释是，文昌鸡的鲜味本身便够，所以不需上汤浸煮。水开后，提着鸡的脖子，将其浸入水中再提起，如是连续三次，然后用笊篱压住，不要让鸡浮起来。关火浸煮 25~30 分钟即可，如果一次浸煮的鸡数量很多，有时也会开一点小火，温度基本维持在 72~75 摄氏度。我曾和薛松反复确认，如此低温能否在这么短的时间内把鸡浸熟，他的回答是："浸鸡的水温有一个逐渐降低的过程，到鸡浸好时水温大概 72~75 摄氏度，高了鸡会浸烂，低了鸡不熟。"

浸好后，文昌鸡并没有"过冷"环节，趁热刷上一层鸡油，然后等其自然冷却，刷鸡油的目的，是为了防止鸡皮收缩发干，影响口感。文昌鸡是三种鸡中唯一不用过冷水的鸡种。"在合适饲养周期，文昌鸡的肉不老不嫩，口感香滑，而且鸡皮是脆的，骨头很硬，这点与清远麻鸡不同。"薛松说。过冷的目的本质是为了让鸡皮爽脆，生长期达 240 天的文昌鸡鸡皮本身已经爽脆，自然无须过冷。抛开品种差异，几种鸡中，以文昌鸡饲养周期最长，这也可以部分解释它为何备受追捧。

与另外两派白切鸡相比，海南文昌鸡的配料最为讲究。半小时很快过去了，当一盘切好的白切鸡端上来时，我们发现同时搭配有四种蘸料：传统的姜蓉蘸料，解腻开胃的蒜蓉青橘汁，提鲜增香的沙姜酱油，还有清爽的微辣青橘汁。这些配料中，小青橘简直称得上海南的灵魂调味品。几个月前，我曾和朋友有过一次环骑海南之旅，沿途所遇饭店，桌上总会摆放一盘已经切开口的小青橘，加入饭菜，酸甜清爽，确是解腻开胃的佳品。那次在文昌境内，我们也吃了白切、椰蓉炖煮、红烧等不同做法的文昌鸡，但或许因为我自己的口感偏好，也可能我们去的店并不正宗，总之没有特别惊艳的感觉。然而，面对眼前这盘出锅不久的文昌鸡，我们却很快风卷残云，扫荡一空，那种香滑爽快，伴随辣椒与青橘的双重刺激，我敢说，绝对能勾起多数人的食欲。

湛江阉鸡最相宜

熟悉广东美食的朋友，都知道在广州天河区有个湛江白切鸡一条街。天河区高楼林立，有许多新兴商业区，包括像天河城这样的网红地标。一天晚上，我无意中来到天河城，还是被那里的人山人海所震惊。天河区可谓近 20 年来广州大发展的缩影，有趣的是，就我后来的了解，湛江白切鸡在广州也经历了类似的时间线索。换句话说，湛江白切鸡，像新广州人一样，最先在天河区兴盛起来。

我们最初从朋友那儿了解到的信息是，这条街在瘦狗街，当时脑子里一

粤垦路的瑞记湛江鸡饭，是湛江鸡一条街上开张最早的店

下就记住了这个名字。一步步找过去，才发现瘦狗岭路，距离我们的目标粤垦路，尚有一公里多路程。后来，凭着在粤垦路路口耸立的原国立中山大学西门牌坊，才算找到。后来在阅读资料时，发现美食家沈宏非早在 2001 年出版的《发现广州餐厅》一书中，已注意到这条街："广州东区的天汕路、粤垦路一带，已经变成了阉鸡一条街，专卖阉鸡的饭店，少说也有近 20 家。阉鸡据说是一种传统粤西美食，因此这一带的阉鸡饭店，通通都是湛江人开的。讲究一点的，还会以各种的'安铺土鸡'为招徕。"

然而走进粤垦路，发现湛江鸡一条街早已不复当年盛况，我们间或遇到的湛江鸡店，不过三四家。其中的瑞记湛江鸡饭，里面挂着"粤西第一鸡"的牌子，规模很像样子。走进去一问，钟主管告诉我们，这家店正是 1999 年那批最早开张的湛江鸡店，"以前这条街有 18 家店，大大小小挨在一起，都是从湛江过来的，后来由于经营问题，慢慢就倒闭了"。

为何湛江人会在此聚集开鸡店呢？老钟告诉我，广东省农垦总局原来在湛江，搬到这里后，不少湛江人也跟了过来，以这批人为主要食客，逐渐发展出湛江鸡一条街。我这才恍然大悟，难怪这条路要叫粤垦路。

瑞记老板是湛江人，原来是一家工厂厂长，厂子倒闭后在这里开店。1998 年下岗前，老钟曾是广东省陶瓷建筑公司中层干部。下岗后没有事干，便和之前认识的老板一起开饭店，"考虑到农垦局的人在这儿，以前广州还没有湛江鸡，我们干脆以湛江标准做湛江鸡"。

与其他两种鸡相比，湛江白切鸡的最大特点是采用阉鸡，用老钟的话说，"一个男一个女"，其实严格来说应该算"不男不女"。湛江阉鸡饲养期长达 230 天左右。公鸡阉掉后，原本正常发育的鸡，体形变大，一般毛重都在 6 斤左右，宰杀后也会有 4 斤左右，远大于清远麻鸡与文昌鸡。

阉鸡除了大，风味上究竟有什么差别？袁枚在《随园食单·须知单》第一条"先天须知"中提了一句"鸡宜骟嫩，不可老稚"，却没说如何好吃。沈宏非后来曾对此有过分析："阉鸡究竟有什么好吃？我的看法是：第一，它的肉头较厚，而且密度较大，咬下去极富快感，有嚼劲，兼具公鸡的'韧'与母鸡的'嫩'；第二，它的皮比正常的鸡来得更为爽脆，而且皮下脂肪亦不丰厚，大概是生前绷得较紧之故；第三，有一种非常独特的肉香。不过，由于阉鸡煮好之后，湛江厨师习惯往鸡身上涂抹一层花生油。因此，这阵阵的'鸡香'也可能是花生油带来的。"

老钟说，他们自己在湛江有鸡场。2013 年鸡瘟流行之后，广州全市禁止在市区宰杀活禽，他们便统一在鸡场宰杀，再运往饭店。翻开饭店的菜单，可供选择的白切鸡有普通湛江鸡和鸡皇湛江鸡。老钟解释，二者均属同一品种，普通鸡以饲料玉米为食，鸡皇却主要以谷糠为食，二者每斤相差 20 元，足见喂养成本之高。

与清远麻鸡一样，湛江鸡同样采用以猪骨熬煮两三小时的上汤浸煮。由于鸡比较大，往往需要提四五次鸡，之后在90摄氏度左右的水中浸煮40分钟左右。浸熟后，同样需要过冷，以保证鸡皮爽度。过冷后，又要像文昌鸡一样，在表皮刷一层花生油。望着饭店后厨挂着的一只只湛江鸡，很容易发现，除体形巨大外，金黄色的表皮同样是其显著标志。

湛江鸡的蘸料，由酱油、花生油与沙姜末调配而成。同时往往会配一小盘芫荽。沙姜是湛江鸡的核心蘸料，据说粤西多盐碱地，其上生长的花生和沙姜，品种优越，长势良好。

老钟说，店里一般每天都要卖出六七十只鸡，上下午各浸一拨。时间已近中午，饭店很快坐满了人，几乎每桌都有一盘白切鸡。我们也点了一盘品尝，口感果然特别，鸡皮简直称得上柔韧，而非简单的爽脆，确实称得上"鸡肉结实，皮要爽快"。

离开粤垦路，我们继续在天河区转。在天河区中轴线的花城汇地下美食城，有家名曰"大龙凤鸡煲"的网红餐厅。据负责餐厅管理的伍经理介绍，他们将鸡与打边炉结合，先后研发了50多种吃法，其中最受欢迎的便是榴莲鸡煲和猪肚鸡煲。这里的食客主要是在附近写字楼上班的年轻人，显然在白切鸡外，天河区的新广州人仍在不断拓展着鸡的更多吃法。

鹅行广东：乡土与烟火

广东人喜欢吃鹅，与当地传统的乡风民俗有很大关系。伴随遍布街巷的广式烧腊档与潮汕卤味店、打冷食摊，广式烧鹅和潮汕卤鹅，构成广东人食鹅的重要两极。

食鹅的雅俗之辩

一项未经核实的数据显示，全国年产7亿多只鹅，广东一省便要吃掉1.7亿多只。广东话中的"斩料"，特指到烧腊店选购熟食。而在遍布广州大街小巷的烧腊店中，烧鹅是"斩料"当之无愧的首选。在广州生活20多年的食评家闫涛，便给我讲自己刚到广州，在一家烧腊店排队时，曾遇到一位老食客语带不屑地回怼老板的询问："吃什么烧鸭，肯定是烧鹅好吃喽！"

烤鸭好吃，还是烧鹅好吃，这是北京人和

广州人同桌吃饭常会争论的话题。抛开主观的口味之争，美食家沈宏非发现，与烤鸭的"文化"相比，烧鹅粗鄙得多。北京烤鸭店里颇具仪式感的"切"鸭与广东烧腊店伙计的"斩"鹅，一个是京剧的武打，一个是太平天国揭竿的粤匪。

作为一个北方人，我吃鹅的次数非常有限。而且在我顽固的想象中，与鸡鸭相比，鹅素来就有一种雅致的文化属性。抛开小时候熟诵的"鹅鹅鹅"，王羲之以字换鹅的故事也早已深入人心。翻开袁枚的《随园食单》，其中记录的"云林鹅"的做法，也因为与"元四家"之一的倪云林扯上关系，而变得雅致起来。如此雅致的鹅，为何到饭桌上，却难与烤鸭相比，变得粗鄙起来了呢？

一个被普遍接受的观点是，广式脆皮烧鹅的技法借鉴自金陵烤鸭。此前，不管是袁枚记录的云林鹅，还是顺德流传的彭公鹅，都以焖制为主。在顺德，资深媒体人李炯聪谈到自己的理解："广东地处岭南，气候湿热，当地人观念里觉得鹅有热毒，焖鹅吃多了容易上火。烧鹅改变了那种皮厚脂肥的油腻。"顺德人廖锡祥，中山大学法文系毕业后，"文革"中被分配回当地做中学语文老师，自觉学非所用的他，自上世纪 80 年代利用业余时间，开始研究当地美食。他发现鹅肉入馔，有过曲折的变化。早在明代，鹅便被作为宴席大菜，祝枝山在《野记》中便记载"御膳日用三羊、八鹅"。后来鹅的地位有所下降，缘于其在禽类中体量最大，宴席之上又讲求整只上席，民间厨师不易处理。反而是在食风粗犷的乡村，仍保留着以鹅待客的遗风。

概而言之，在脆皮烧鹅流行之前，珠三角流域的广府虽然河网密布，适合养鹅，却并不流行吃鹅。只是，一项美食技法的历史原本难以追溯，广式烧鹅又源起何时呢？在《中国粤菜故事》一书的记录中，这一历史性的蜕变发生在宋末元初。1279 年，当南宋最后一位皇帝赵昺在广东新会崖门投海而亡后，他身边的御厨就地隐居，并将南京惯用的高邮麻鸭改为广东黑鬃鹅，用钩环取代铁叉，以挂炉取代人工摇动。抹去南京印记，金陵烤鸭摇身变为广东烧鹅。烧鹅走出新会，真正流行，还要等到清乾隆二十二年（1757），清政府关闭沿海城市贸易港口，只保留广州"一口通商"。作为全国唯一合法的进出口贸易区，广州十三行成为财富与美食的集散地。新会的烧鹅技师纷纷前往广州谋生，柴火在外的挂炉，革新为炭火在内的新式挂炉。自此，脆皮烧鹅作为广式烧腊的灵魂，既可做宴席大菜，更成为随处可食的快餐美食。

当脆皮烧鹅在珠三角流域大行其道之时，在潮汕地区，卤鹅则以当地特有的体形巨大的狮头鹅品种，撑起广东人吃鹅的另外一极。如果说在广府，烧鹅是伴随着随时可见的烧腊档口，征服当地人的味蕾的，那么在汕头，卤鹅则是遍布街巷的卤味店与打冷食摊的招牌。"打冷"之于潮汕人，正如"斩料"之于广府人。我曾请教美食家、潮菜研究会会长张新民，"打冷"究竟是什么意思？他告诉我，打冷，在潮汕一般叫夜粥或夜糜，是过去更多出于保鲜需求，事先预制的低温菜肴，主要包括卤鹅在内的肉类与海鲜两大类。打冷，是香港回传汕头的外来词，张新民曾问过蔡澜等香港美食家，发现他们也说不清。有一种说法，这一词与香港黑社会有关，后逐渐演变为到潮州夜宵摊档集合的流行语。

我后来发现，烧鹅和烤鸭相比，所以显得更为乡野，固然有技法上的传承演变，更重要的，可能还在于鹅与当地民间风俗的密切关系。

历史上，岭南的开发和江南相似，得益于中原氏族的数次南迁。李炯聪告诉我，翻开顺德许多村子的村史，都会发现它们建于南宋或明清。祠堂是连接家族血脉的重要空间，在家族祭祀等集体活动中，烧猪、烧鹅、烧鸡，都是不可缺少的供品。据统计，仅顺德一地，便有700多座祠堂。有"岭南周庄"之称的逢简村，至今仍保留着规模宏大的刘氏大宗祠、宋参政李公祠等众多祠堂。漫步在水乡的祠堂与古桥之间，随处找一个小摊坐下，便会有令人惊喜的美食发现。

而在潮汕，卤鹅的流行，与民间斗鹅风气不无关系。明末广东才子屈大均在《广东新语》中便有记录："潮人有斗鹅之戏。鹅，力鹅也，重三四十斤，斗时以咬眼为上，咬舌次之。"张新民解释，重三四十斤的大鹅毫无疑问正是狮头鹅。上世纪 50 年代，汕头澄海区的民间艺人，在潮汕民间曲调基础上，创立了表现乡野之间狮头鹅形态的双咬鹅舞。几天后，在澄海区前美村的著名侨商陈慈黉故居，我们还见到人可以钻进去表演双咬鹅舞的狮头鹅道具，憨头憨脑，十分可爱。

除了重要节日的祭祖活动，在汕头民间信仰中，无论是祭拜各路神仙的"拜老爷"，还是每年中元节祭拜游魂野鬼，都离不开卤鹅。

或许正因如此，对今天的广东人来说，虽然不管烧鹅还是卤鹅都已是随处可见的美食，但吃鹅肉时，总能勾起一种乡土的记忆。还记得来顺德采访前，一位在顺德长大广州工作的朋友便告诉我，在她的记忆中，每年清明节，家人都会以烤乳猪和烧鹅来祭祖。

脆皮烧鹅的秘密

我们是在一个傍晚，慕名来到顺德区勒流街道办事处黄连社区的黄连大头华烧鹅店的。尽管在 2003 年，顺德便撤县改区并入佛山市，当地人依然习惯称勒流镇黄连村。黄连村过去是有名的码头，在此沿顺德水道一路往东，可进入珠江入海。在黄连不算宽敞的街道上，闪烁的店铺灯光中间，"大头华"刘绍华的烧鹅店毫不起眼。晚上 6 点多钟，烧鹅档一天的生意已近尾声，系着围裙的华哥，正在斩最后两只已经有主的烧鹅。

16 岁开始学习烧鹅，华哥在黄连做烧鹅已经 41 年了。2016 年参与纪录片《寻味顺德》拍摄后，大头华烧鹅声名远播，不过早在此前，他的烧鹅便深受当地人喜欢，不少住在城区的人宁可打车十几公里，也要一尝美味。

黄连大头华烧鹅对档口的每个细节都很
讲究，斩鹅的砧板从不沾水。开市前，
会点燃浇在上面的高度曲酒，同时用刀
刮出砧板析出的渣滓，以保持清洁

我们还算幸运，赶上打烊前的烧鹅。不管怎样，先斩半只来吃。等一盘红亮润泽的烧鹅端上来，我迫不及待地夹起一块，发现口感比烤鸭明显更为丰腴香甜，酥脆的表皮与肥厚的鹅肉形成一种奇妙的反差，让我瞬间有了下酒的冲动。隔天才知道，第一次吃到的烧鹅，由于烤出来时间较长，并非品尝的最佳时机。当我在大头华大良凤城食都分店，目睹整个烧制过程，第一时间吃到刚出炉的烧鹅时，才真正有了惊艳的感受：一种带有火香味的酥脆与香甜，让人忘却城市的喧嚣，想到田野和户外。

大头华所能追溯的顺德烧鹅历史，就是师傅"烧鹅英"。不过，在一些当地美食家眼中，顺德烧鹅传承自新会的古井烧鹅。在谭德英于上世纪60年代创制黄连烧鹅的品牌前，顺德更古老的烧鹅品牌是伦教街道办事处羊额村的羊额烧鹅。据考证，始创于明末清初的羊额烧鹅，距今已有360多年历史，如今传至第四代烧鹅桐的"烧鹅沃"，也有120多年历史。黄连烧鹅所以后来居上，缘于"烧鹅英"与他的徒弟几十年来所建立起的口碑。

出名之后，或许已经厌倦了讲述自己的故事，大头华起初并不愿接受采访。晚上9点钟，大头华的儿子刘家勇从大良区分店返回黄连，我们从他那儿听到大头华学艺的经历。那时，黄连当地尚无大型养鹅厂，要做烧鹅，必须骑车到勒流甚至番禺农户家收鹅。一开始，大头华载着谭德英收鹅，跑一来回能挣五毛钱。几个月下来，他提出想跟师傅学烧鹅。为了考验他，师傅让他回家先把院中堆着的几十包水泥搬完，又让他去收拾鹅粪，当他要用铲子清理时，师傅让他直接用手，"他看你怕不怕脏，怕不怕累，烧鹅很辛苦的"。

从那时起，大头华跟着师傅整整学了4年，师傅的儿子谭永强，也是后来创立东海海鲜酒家的顺德厨王，那时在勒流一家酒楼学菜，下工回来也会指点他。1983年，等师傅生病不做烧鹅后，大头华才在黄连开了自己的档口。从最初的流动摊贩到如今的固定档口，大头华在师傅当年所教的20多个徒弟中脱颖而出，成为黄连烧鹅的代表。

在谭永强眼中，父亲"烧鹅英"当年之所以出名，部分在于他卖鹅的奇怪。他从不接受别人预订，每天收多少符合要求的鹅，便做多少只。"那会儿的鹅，养出来都比较瘦，不像现在饲养的鹅，要多肥有多肥。他觉得烧鹅必须肥一点才好吃。有人过喜事为了凑够数量，拿来鹅请他烧，他说你先拿来，能烧就烧，不能烧，自己拿回去焖。"更夸张的是，他看到有人端着碗来切烧鹅，宁愿自己跑到对面瓷器店买个碟子送对方，因为用碟子装烧鹅，不会让鹅皮浸泡到汁水，从而能保证最好的口感。

大头华至今恪守师傅传授的每道工序。过去烧鹅，不像现在有专门供货商杀好送来，从挑鹅到杀鹅，都要亲力亲为。"以前做的时候，他一手拿五个鹅头，宰一个，烫一个"，从小帮父亲烧鹅的家勇，对当年细节记忆犹新。烫鹅毛的水温要控制在60～62摄氏度，全凭手感。烫掉粗毛后，还要用镊子把细毛拔掉。

处理干净鹅毛，把鹅翅、鹅掌切掉，然后在肛门上方开一个三四寸长的口子，掏出内脏洗净，一起留做卤味。下来就是在鹅腹内涂抹香料，所用香料不外乎盐、糖、五香粉、一点酱油，外加52度的顺德二曲。腌料一方面为了入味，一方面也解决了鹅肉变质的问题。腌料的简单，符合顺德人对于食材本味的追求，所谓"鸡有鸡味，鱼有鱼味，鹅有鹅味"。大头华解释："烧鹅的味道主要取决于肚子里面的肉汁，熟了之后，汁水在里面翻滚，带出所有的鲜味。"

接着用钢钎把鹅肚缝好，并用绳子牢牢扎紧。然后给光鹅充气直至膨胀圆鼓。再用开水烫鹅，使鹅皮收紧定型，这一步也叫"过河热"。之后用开水把麦芽糖稀释后，兑入少量红醋和白醋，浇在鹅身上，便完成了上皮水的环节。皮水也叫"脆皮水"，是烧鹅色泽鲜艳、表皮酥脆的关键。大头华的讲究之处，在于要上两遍皮水。第一次上完皮水后，将鹅挂在留有余温的瓦缸中，烘 45 分钟左右，再上第二遍皮水，然后挂在冷库自然风干。至此，一只烧鹅的所有前期准备才算完成。

刘家勇经过试验，发现晾一晚的鹅，第二天烤效果最好。家勇从 10 岁起学习烧鹅，31 岁的他如今已有 20 来年的烧鹅经验。10 年前，当他刚刚接手大良分店，报考高级烧腊师证时，考官不相信他已有如此丰富的烧鹅经验，他不得不从中级证书一路考起。

每天早晨，刘家勇在黄连把前一天处理好的鹅，带回大良，早上 10 点多开始烤制，11 点多开始上午的售卖。当我们下午 2 点多赶到店里时，他已在准备下午的烧鹅。

对经验丰富的师傅来说，一只鹅的成败，在前期处理环节已经决定，烤制反而没有太多技术含量。传统的黄连烧鹅用瓦缸挂炉，中间的燃料经历木柴、煤炭、木炭的变化，刘家勇后来选择压缩的麻黄木炭，麻黄树的木头比较耐火，压缩木炭油烟较少，满足市区的环保要求。几天后，在广州以鹅为主题的餐厅"鹅公村"，我们还见到了餐厅自己开发的专利，一种可在 15 分钟急速烧鹅的机器。据鹅公村荔湾店总厨陈汛东介绍，与传统瓦缸烧鹅相比，机器烧鹅虽然在香脆度上略有逊色，却满足了顾客随时吃到新鲜烧鹅的需求。

家勇告诉我，一只瓦缸一次能烧 8 只鹅，平常他的店里能卖 30 多只，赶上节日，有时候要烧两三百只，炉子一刻也不能歇。

我随手摸了摸瓦缸，虽然还没加炭，残留的炉温依然烫手。挂炉烧鹅主要利用炉壁温度的辐射热，封存鹅腹的汁水受热后沸腾，内外加热把鹅烧熟。家勇记得师叔谭永强的一句话："烧鹅不是烤鹅，是焗鹅。"

家勇告诉我，平时他们一边烧鹅一边睡觉，闻到香味知道快熟了，出炉前再调整一下。烧制过程中，他提醒我注意观察鹅鼻子上冒出的气泡："像煮饭那样，差不多熟了，气泡慢慢跑出来。里面的汁水翻滚最厉害的时候，

上图：食用烧鹅时，讲求蘸烧鹅原汁与卤水混合的汤汁，也会搭配一盘酸甜解腻的酸梅酱
下图：豉油皇鲜鹅肠，将新鲜的马冈鹅鹅肠清洗干净后以特调的豉油皇急火爆炒而成，
　　　口感爽脆，鲜味十足

好像开水沸了一样，喷出来气，就能闻到香味了。那是一种带着水分的肉香，不是烤干的香味。"

出炉前提起鹅再观察一下，成熟的显著标志是滴出的油汁由浑浊转为清澈。终于，烧鹅出炉了，那种红亮的质感，正是黄连烧鹅所追求的红玛瑙色。热胀冷缩，烧鹅的表皮开始迅速收缩，看一只烧鹅是否漂亮，要看是否"起大云"。大云，也就是大块的云彩，意思是说，皱了的表皮纹路不能太多，否则便说明鹅太瘦，皮下脂肪不足。

除了皮脆肉香，黄连烧鹅的特色还在于保留烧鹅的原汁。据大头华所说，每只鹅烧好后能保留三四两原汁。保留原汁的秘诀在于缝鹅肚的特殊针法，"就像缝衣服一样，还要用一条绳把它绑好，一点原汁都不要漏出来"。只有这样，鹅肚在320摄氏度炉温中仍然不会炸裂，从而实现真正的高温烧制。如果留心观察，还会发现大头华烧鹅与众不同的地方，那就是鹅腿在烧制前要全部折断，这样在加热时，鹅腹表皮不会过分收紧，为里面的汤汁保留了足够的膨胀空间。

烧鹅的传统吃法，是蘸着混合卤水的原汁吃，追求原汁原味。不过，为了满足年轻人的喜好，酸梅酱也日渐成为一种标配。对此，沈宏非还曾在一篇文章中调侃："吃烧鹅所用的甜酸梅子酱，并不能打动每个广州人的味蕾，应视之为烧鹅业为了改变烧鹅的粗鄙化，并且使自己变得像烤鸭那样有'文化'而做出的一种努力。"

走出黄连的烧鹅名家

顺德当地流行一句话："吃在广州，厨出凤城，味在勒流。"凤城是顺德的别称，历来便是有名的厨师之乡。除了近现代走出的萧良初、黎和、康辉、麦锡、戴锦棠、潘同这六大名厨，顺德的当代名厨便要算罗福南和谭永强。在《寻味顺德》中，谭永强以一道菊花水蛇羹惊艳四座。不过说到烧鹅，还要从他过世多年的父亲"烧鹅英"说起。

谭永强记忆中，父亲讨厌打工，是个喜欢自由的人，年轻时曾在广州做生意，好吃好琢磨。上世纪 60 年代经济困难时期，一般农村家庭养一两只鹅，往往留着自己过年吃，政府也不允许商品交易。那会，"烧鹅英"还不曾烧鹅，而是靠钓鱼养活家人。不像一般人，他擅长观察水位高低，来判断当天的鱼获，在一个地方下几杆，便知道有无其他人来过。

60 年代末，经济稍微好转，谭德英开了黄连第一个烧鹅档口。多年以来，父亲留给谭永强和徒弟们最深的印象，便是他对食材的那份理解与尊重。要烧好菜，首先要会吃。谭永强记得，那还是烧柴火都要凭票配给的年代，父亲有次炖肘子，炖了两个小时，临出锅时拿筷子一尝，觉得还差一点火。这时柴火已经烧完了，情急之下，他把板凳劈开烧了。"他说有钱可以再买一个凳子，但做得不够标准，吃起来就不是那个味了。"

以烧鹅来说，如果说前期处理基本决定了最终的风味，那么鹅的采购才是首位。"你要对鹅的品种、饲养环境、生长期、饲养习惯，都要充分了解。采购回来留到明天杀的鹅，要提供好的环境，留足水还有吃的东西，经过惊吓的鹅，皮毛收紧，明天脱毛就不顺利。"这些今天的厨师已很少考虑的环节，正是父亲当年教给谭永强他们的第一课。

广东有清远黑鬃鹅、开平马冈鹅、澄海狮头鹅、阳江黄鬃鹅四大鹅种。黄连烧鹅起初选用的品种是黑鬃鹅。黑鬃鹅骨头细脆，肉质香甜，但由于生长周期缓慢，逐渐被生长更快、抗病毒更强的马冈鹅取代。

如何在市场挑选适合烤制的鹅？父亲告诉谭永强，到了市场不要随便问价，轻易上手，首先要学会观察。"一只鹅的脖子比较细，说明进食不是狼吞虎咽，拣东西吃，这种鹅比较好。没有粪便，羽毛油亮的鹅，说明卖鹅的人前一天晚上没有使劲喂它，另外也表示生长周期够，平时已经吃够了。"

黄连烧鹅一般选用 90 天左右的鹅，如何通过外形判断，谭永强用手在腋窝比画了一下，"提起来发现够分量，结实的鹅腋下往往会有一块比较大的脂肪块，鹅、鸭都是如此。对鹅的判断要到什么程度？爸爸培养我们，要判断出买回来的鹅能烧出四成八还是五成。好的鹅，肠子细而结实，里面排泄物少，起码能轻两三两出来"。

听谭永强聊父亲当年教他们识鹅的细节，很容易让我想起汪曾祺在 1947 年写作的《鸡鸭名家》中擅长孵小鸡的余老五和赶鸭的陆长庚。"他也很少真正睡觉。总是躺在屋角一张小床上抽烟，或者闭目假寐，不时就着壶嘴喝一口茶，哑哑地说一句话。一样借以量度的器械都没有，就凭他这个人，一个精细准确而又复杂多方的'表'，不以形求，全以神遇，用他的感觉判断一切。"那种漫长生活中形成的技艺，背后正是对食材最大限度的理解与感受。

只是，这种植根于乡土的民间技艺，伴随现代化的规模养殖宰杀而逐渐隐退江湖。我有时甚至想，美食风味好比风土人情，本来就是农业时代地域性的产物。工业化思维或许可以订立标准，带来商业上的成功，却无法取代人们对独特风味的追求。这也让我想起，在一个大风狂作的晚上，闫涛在广州小梅大街和我聊天时说的一句话："所有的餐饮大佬，最后都有做私房菜的冲动。"

东海酒家以粤菜闻名，烧鹅只是其中一道配菜。谭永强一直想把父亲当年对烧鹅的认知，传承下去。去年他在大良买了一块地，让师弟大头华有机会就替他收购黑鬃鹅，然后由他提供种鹅和养殖方法，与农民合作养殖，重振黑鬃鹅这一传统鹅种。儿子阿杰从国外留学归来，在外资银行工作一段后，也决定回来帮父亲的忙，接手餐厅的经营管理。

卤鹅的味觉记忆

和顺德一样，汕头同样是一座美食名城。潮汕三市汕头、潮州、揭阳，无论在语言还是文化上都相对独立于粤文化，而与闽南文化更为接近，体现在饮食上，便形成了自成体系的潮州菜。虽然按照传统地域划分，广府菜、潮州菜、客家菜同为粤菜的重要分支，可在张新民看来，潮州菜与粤菜向来分得很清："讲潮州话，吃潮州菜；讲粤语，吃粤菜；你是烧鹅，我是卤鹅，烧鹅必须热的时候吃，卤鹅要凉着吃。一清二楚。粤菜中心区距海太远，以河鲜为主，我们这边是海鲜，相差还是蛮大的。"

说来有趣，单是一只鹅的吃法，究竟是烧还是卤，便能窥一知全，看出粤菜与潮菜的差异。更有意思的是，在《中国粤菜故事》一书推荐的地标名菜中，广式烧鹅排名第一，而在当年潮菜烹饪大师朱彪初开列的最地道潮菜食单中，排在首位的就是潮汕卤味。据张新民研究，"潮汕狮头鹅历史悠久，有一套独特的卤制技法，并以此为基础形成著名的潮式卤味"，换句话说，潮汕卤味源自卤鹅技法。由此可见鹅在广东人心目中的地位之高。

2020 年最后一天，当我从广州坐三个多小时高铁到达汕头时，汕头电视台《民生档案》节目主持人陈维斯已在火车站等我了。作为当地的美食达人，她还兼任潮菜研究会秘书长，她要带我去的卤鹅店，正是在澄海区最受欢迎的日日香鹅肉饭店。

作为土生土长的汕头人，卤鹅对陈维斯来说，带着满满的情感印记。"我们对鹅肉的记忆，从有记忆开始。爷爷过生日或过年聚会，大人们都上桌了，小朋友一人发一个卤鹅掌，绕着桌边一边玩一边啃。"陈维斯小时候家旁边的巷口就有一家卤鹅店，每次家里来了客人，她都特别期待他们留下来，因为那就意味着晚餐的饭桌上必定会有一盘卤鹅肉。小升初那年，她以全班第一名的成绩考上重点中学汕头一中，父亲回家时，特意斩了一盘鹅肉拼盘，还有平常不能喝的可乐。可乐配鹅肉，成为童年时代的美好回忆。

和大头华的烧鹅店相似，余壮忠的卤鹅店在鹅肉外，同时提供顾客简单的饭菜和汤，这也是传统鹅肉档口为了适应快餐文化的改变。不过，当

2003 年忠哥在澄海区开这家店之前，市面上还只有鹅肉面，鹅肉饭在当时尚属创举。

卤鹅采用的澄海狮头鹅，体形巨大，额冠肉瘤发达，颊颈下垂，呈狮头形状，因而得名。狮头鹅的成年公鹅大的超过 15 公斤，是当之无愧的世界鹅王。忠哥把鹅分为嫩鹅、中鹅与老鹅三个年龄段，不同生长期的鹅，不同部位具有完全不同的风味体验。"一般来说，95～110 天的鹅叫嫩鹅，好吃在哪儿？肉比较软甜柔和，但掌翅太小；130～150 天的中鹅，掌翅比较大，肉质比较厚，头和脖子也比较大，整只都比较好吃；150 天以上乃至 3 年以上的老鹅，头和脖子还有两只鹅掌最好吃，肉比较老，大部分人不喜欢吃。"忠哥店里的鹅，一般采用中鹅，偶尔也会买到留作种鹅的老鹅，一条老鹅头，便要 800 元。

不一会儿，一份包括鹅肉、鹅翅、鹅掌、鹅肠、鹅胗、鹅肝、鹅头的卤鹅拼盘端了上来，这也是外地食客的必点招牌。与烧鹅相比，卤鹅代表着更为丰富的味觉体验：咸香的鹅肉，充满胶质咀嚼起来韧性十足的鹅头，还有肥美丰腴、香而不腻的鹅肝。尤其是号称"美味之王"的肥鹅肝，在热情的老板娘提醒下，大口吞下，那种丰腴香甜的感觉，再配上忠哥不知从哪儿找出的威士忌，瞬间让我找到了跨年的幸福感。

张新民曾比较潮汕卤鹅肝与号称法国"三大奢侈美食"之一的肥鹅肝的区别，发现一个标准法国肥鹅肝，重量达 700 克以上，而潮汕肥鹅肝略小，重量多在 500 克至 600 克之间，原因在于潮汕卤鹅均为整鹅卤制，如果鹅肝太大，杀鹅时反而难以将其从腹腔小孔完整取出，剖腹或剖背，又会影响整鹅卖相。"正是这种肝肉兼用的饲养方式，让潮汕鹅肝像现代美味童话一样，能够维持较低的成本，让消费者在享受美味的潮式鹅肝时不觉得太过昂贵，也完全不用承受（强制灌喂带来的）道德方面的压力。"

老饕们吃卤鹅，追求极致的味觉与搭配，不过对忠哥来说，卤鹅始终还是小时候，在村里和父亲一起卤制的熟悉味道。

忠哥的老家隆都镇贡余村，距离澄海市区不到半小时车程。小时候，村里百分之七八十的人家都养鹅，多数人也会卤鹅，养的鹅一半卖掉补贴家用，一半则留下来，挑一些漂亮的卤好拜神，神吃完后，自己再吃。上世纪80年代初，忠哥的父亲在村里开了一个食杂店，卖菜卖猪肉卖卤水，村里有人养了鹅，自己不想卤，有时也会拿到店里请父亲帮忙卤制。在当地人心目中，卤鹅的位置无可替代。"逢年过节，叫亲戚朋友聚餐，直到现在，请客一般都要来一盘卤水，卤水排第一就是卤鹅。"

2003年，忠哥已在外打工十载，换了多份工作都没赚到钱，忽然想起小时候父亲开的卤水店，决定在澄海开一个鹅肉饭店。"一盘鹅肉一盘青菜一份汤，端上来就能吃，就跟家里吃饭一样。大家都觉得很好。"

没想到，忠哥的店一下火起来了，两年之后，那条街上最多冒出9家鹅肉饭店，之后便在汕头遍地开花。十几年来，忠哥的生意蒸蒸日上，除了澄海老店，如今已在深圳、香港、广州、昆明、成都等地开设了20多家分店。2016年，日日香在深圳一家200平方米的店面，创下月赚381万元的纪录，成为美食界的热门话题。

对卤鹅来说，一锅老卤水永远是风味的关键。忠哥的卤料采用八角、桂皮、花椒、小茴香、芫荽籽、香叶、丁香、草果、香茅、白糖、南姜等十几种香料。其中最可称述的是被称为"潮州姜"的南姜，由于它除了强烈的姜味，还具有肉桂、丁香和胡椒等复合香味，常被视为潮汕卤味的独门配料。"卤鹅的核心，是卤料的配比，还要有好的酱油。"忠哥说。

张新民曾比较粤、鲁、苏、川四大菜系的卤味："粤式（实际是潮式）卤味以味浓香软著称，既不同于苏式的鲜香回甜、鲁式的咸鲜红亮，也不同于川式的香辣辛烈，是最受美食家们推崇的。"忠哥记忆中的卤味永远是咸香，在那个物资匮乏的年代，咸卤不仅可以久放还可以下饭。

日日香之前，潮汕最负盛名的卤鹅店是澄海苏南的贡咕卤鹅。这家据传由许松发始创于清光绪年间的老店，至今已逾百年。"贡咕"这个奇怪的名字，据说源自卤鹅时锅里发出的响声。为进一步提高卤鹅技艺，忠哥在2016年拜贡咕卤鹅的第四代传人王树伟师傅为师。拜师的过程，用忠哥自己的话说，是三顾茅庐。最终打动师傅的还在于风味的传承，师傅年纪日大，儿子也不爱这一行，眼看传承百年的风味后继无人。

一天傍晚，我们在忠哥的带领下，在澄海莲下镇一条店铺林立的狭窄街道上，找到王树伟师傅的卤鹅店。解放初期，苏南公社下辖50多个生产大队，公社解散后分出莲上、莲下、湾头三个镇，莲下正是苏南的中心。贡咕卤鹅老店的橱窗上还挂着两只卤鹅，旁边一张桌子上放着一瓶乌黑的老卤汁，店里略显冷清。68岁的王师傅告诉我们，自己现在基本不做了，偶尔做几只交给儿媳妇卖。贡咕卤鹅的特色是浓香、软烂，卤制时间达1小时40分钟，比日日香卤鹅要长15分钟。谈到徒弟，老人依然带着一丝倔强："他会宣传。在农村，不是你做得好，就生意很好。大家口味不同，各有各的好。"

忠哥后来告诉我，传统卤鹅浓香偏咸，未必符合现在年轻人的口味。他拜师学艺的真正目的，是希望将来在日日香之外，建立一家卤鹅研究院，保留贡咕卤鹅的传统风味。

不得不承认，属于每个人的味觉记忆如此顽固。陈维斯上大学后便搬家了，但和往日朋友相聚，仍习惯点一份老店的卤鹅拼盘，虽然店主人已变为年轻帅气的儿子。离开汕头那天晚上，我们应邀参加陈维斯与老友的新年聚会。大家在客厅席地而坐，一边吃着卤鹅，一边用我们无法听懂的潮汕话叙旧聊天。那一刻，我忽然觉得卤鹅终究是潮汕人的日常，探寻美食的我们，始终是略显隔膜的外来者。

韩江边的狮头鹅

狮头鹅的原产地是潮州市饶平县浮滨镇溪楼村，将其发扬光大的却是汕头市澄海区。在新著《煮海笔记》中，张新民详述了狮头鹅在潮汕的传播路线图："20世纪初从饶平溪楼村初经潮安古巷一带传入澄海的月浦，然后才在鸥汀、南洋等乡镇传开，最终成为汕头、澄海乃至全潮汕的重要食材。传到月浦的时候，也形成了赛大鹅的习俗，还有'月浦出名狮头鹅'的物产歌词。传到鸥汀的时候，退役的种公鹅摇身变成卤味极品老鹅头，打破了'稚（雏）鸡硕鹅老鸭母'的禽类食俗。传到莲下南洋之后，苏南卤鹅成为潮式卤鹅的代名词，先后涌现出'贡咕'和'日日香'等名店，并将卤鹅从家常菜肴变为社会性的快餐食物。"

随着饭店规模扩大，忠哥在贡余村租了一块地，建起占地近100亩的日日香农场，不但养鹅，还提供饭店所需的蔬菜水果。从澄海区的日日香鹅肉饭店出发，沿着沈海高速行驶，路上便会穿越潮汕的母亲河韩江。韩江上游由梅江和汀江汇合而成，在潮州分为东西两溪，在汕头入海，流域面积在广东仅次于珠江流域。从车窗望去，远山掩映下的韩江湛蓝清澈，与天空融为一色。

不一会儿，农场到了。映入眼帘的首先是一片片菜地，还有香蕉、杨桃、甘蔗、番石榴等岭南水果。一到田野，整个人的身心变得舒展起来，我们一边采摘杨桃，一边往狮头鹅养殖中心走去。一片呱呱的叫声中，成群的狮头鹅出现在眼前。青草地上，几只羽毛光洁的老鹅正不紧不慢地踱着步子，忠哥慢慢走过去，一把将一只鹅抓在手中，双手举起来给我们展示，硕大的鹅身几乎挡住了他的上半身。举了一会儿，便双手酸软，这种饲养三年的老鹅，体重都在30斤上下。

忠哥的鹅厂养殖规模并不大，一般保持着六七百只的数量。虽然附近就有白沙农场这样的国家级狮头鹅育种基地，不过忠哥并不从鹅苗养起，主要从附近散养的村民那里收购生长期达到 120 天的鹅，在农场集中饲养 10 天后，宰杀供给饭店。这样既能规避养殖风险，又能确保鹅的质量。不过，近年来澄海不少地方已禁止养鹅，狮头鹅的养殖地，从潮汕地区迁移到福建等地。

比较而言，韩江边仍是狮头鹅的最佳养殖地。"别的地方也可以养，但由于温度比较低，生长周期比较长。打个比方，我们这里养四个半月，外地一般要半年。福建有山有水，同样适合养鹅，不过鹅喝了那边比较寒的山泉水，内脏长得比较小。"忠哥说。

不同于喜欢杂食的鸭子，鹅主要以素食为主。成长四个月的鹅，到了这里，并无刻意催肥灌食的需求，一日三餐主要以饲料与谷皮为主，偶有青草作为加餐。说话间，饲养员砍了一筐青草过来投喂，鹅群逐渐簇拥过来，它们踱着步叫嚷着，一低头，将整条青草吞咽下去。

忠哥的生意虽然越做越大，可骨子里还是当年贡余村食杂店的那个小伙子，不过以前大伙喊他油条弟、冰棍弟，现在则喊他鹅头弟。他带我们看当年巷子里的老房子，砂石所筑的老房子还留着当年售卖东西的小窗口，门口一段矮墙里曾是猪窝，两扇紧锁的门上贴着已经褪色的春联："东风万里。"冬日迟迟，在老村的街巷里散步，不时碰到熟悉的老人，用口音很重的潮汕话，和忠哥聊起当年景象。碰到好开玩笑的大婶，他还会抓着对方的肩膀："吆，你普通话怎么这么厉害？"

为何搞这样一个农场？本质还在对卤鹅口感的追寻。从小跟着父亲卤鹅，忠哥发现已很难吃到小时候自己养自己宰自己卤的那种味道了。与大规模养殖屠宰的鹅相比，二者的肉感有明显区别。至于区别在哪儿，就像广州人谈到白切鸡时那句挂在嘴边的话"鸡有鸡味"一样，或许只能品尝，却难以言说。

聊着聊着，忠哥突然语带神秘："告诉你一个秘密。在我这里养过几天的鹅，已经适应了这里的环境，很安静很开心。下午 4 点多，我把它们赶到一个打扫干净的地方，让它们安静地喝水，晚上 12 点在这边马上宰杀，收拾干净，第二天一早送到门店。没有受到惊吓，鹅的内脏结构不会变化，在屠宰场宰杀，完全是另外一种感觉。鹅在担惊受怕时，血液流通不畅，肝脏会带有微毒，肉质完全不同。"

早晨 5 点多，收拾干净的鹅被送到门店，下锅卤第一拨，7 点多卤好，8 点开餐。为了将卤鹅控制在 3 小时内的最佳食用时间，忠哥的店一般上午要卤两三次，下午再卤一两次，生意好的时候，一天要卤六七次。

距离贡余村不远的前美村，坐落着著名侨商陈慈黉的故居。乡贤的事迹，无形中也会激发忠哥思考更多。作为目前的汕头市卤鹅制作技艺"非遗"传承人，忠哥还是潮菜研究会会员。继去年申请卤鹅研究院后，他接下来的梦想是买一块地，建一座鹅肉文化博物馆，让更多人了解狮头鹅的历史与生产加工过程。

对南京人来说，两三天不吃鸭子，心里发慌。不管是大街小巷鸭子店的盐水鸭和烤鸭，还是现在逢年过节才会做的咸板鸭，或是一碗可以从早吃到晚的鸭血粉丝汤，对他们来说，都是带着味觉记忆的日常美食。

赶鸭子进京

伴随遍地开花的南京大排档，还有国民美食鸭血粉丝汤的流行，我敢肯定，即使你没来过南京，多少也会了解鸭子与这座城市不寻常的关系。只是最初吸引我来这里写吃鸭文化的，除了六朝的烟水气息，还有美食家唐鲁孙的一段文字："其实南京鸭子供应，十之八九来自安徽芜湖、巢县等地，小鸭子孵出来个把月，就由鸭贩子带着'牧鸭犬'一站一站往南京赶。

鸭都，历史中的美食日常

艾江涛／文　黄宇／摄影

沿路上田边河汊拾谷粒、吃泥鳅，外带随时洗澡。鸭子一路上跑马拉松，又吃的是活食，自然特别肥硕健壮，所以做出来的白油板鸭、琵琶鸭子，尤其中秋前后做的桂花鸭子特别腴润，别有风味。"

想想看，一群羽翼未丰的小鸭子，被赶鸭人一路赶着，穿过秋风吹拂的收割后的稻田，蹚过溪流河汊，渡过大江，只为供给南京人饭桌上的一顿美食。一路上，技艺高超的赶鸭人风餐露宿，伴随鸭子一起成长，最后走向美食的终点，这几乎是我能想象的农业时代关于收成、美食、技艺的最为真切的图景。

到南京后，我向遇到的美食家、酒店大厨、卤菜馆老板，逐一打听这段赶鸭进京的历史。有趣的是，他们每个人都能为我丰富更多的细节。有百年历史的清真馆金宏兴鸭子店传人，70 岁的金长明回忆："赶鸭子，上世纪六七十年代比较多，80 年代以后就没了。我父亲那会儿烤的全是麻鸭，和县乌江镇那边的一条小船上，两个人一前一后赶鸭子下来，鸭子一路吃东西，沿着长江就到南京了。那种鸭子漂亮。"

几天后的一个清晨，我和摄影记者黄宇，在和县乌江镇做卤菜 20 多年的师傅窦方亮家吃了一碗羊肉面后，赶往本地禽类宰杀龙头企业德隆禽业，试图寻找南京鸭子的产地来源。在和县人窦方亮口中，与南京浦口区一桥之隔的乌江镇，这个项羽兵败自杀的地方，历来为南京源源不断地输出人力还有鸭子。

我们到达德隆的屠宰车间时，工人们正在取下流水线上一条条宰杀清理好的麻鸭，装入层层叠叠的筐中。8000 只麻鸭，从活着进来，到干干净净进入冷链运输车，需要 4 个小时。据介绍，德隆禽业拥有日屠宰 6 万只樱桃谷鸭生产线，6 万只湖水老鸭、水鸭生产线，2 万只白番鸭、麻鸭生产线，2 万只肉鹅生产线，6 万只肉鸡生产线，1 万只肉鸽生产线，六条大型生产线。

老窦告诉我，和县以前养鸭规模很大，但十几年前，这种家庭养殖模式受外来大型养殖场冲击，亏损较大，加上小型养殖面临的环保压力，规模已大不如前。近10年来，南京市区禁止宰杀活禽后，鸭子的集中宰杀，便交给和县大大小小的禽类屠宰场。一些养殖散户会将鸭子卖给小型屠宰场，而像德隆这样的大型禽类屠宰企业，宰杀的鸭子主要来自山东、河南、苏北、东北等地。

我没有想到，在和县的一家禽类屠宰场，我才开始了解南京鸭子的鸭种变迁与食用分类。上世纪80年代末，引入美国樱桃谷鸭（也叫白条鸭、北京鸭）前，南京人不管做盐水鸭还是烤鸭，采用的都是传统麻鸭。美食家金存海告诉我，与麻鸭相比，"樱桃谷鸭长得快，经济效益好，也肥也香，但是缺少风味，老一代人不爱吃这种鸭子"。

金陵饭店冷菜间主管陈恒斌，将这种风味描述为"麻鸭做的盐水鸭，吃起来会有一种板鸭的风味。同样的腌制时间，因为麻鸭的脂肪薄，肉更紧实"。一般来说，用来做盐水鸭的麻鸭，放养需要半年以上，饲养也要4个月。樱桃谷鸭一般饲养3个月就可上市，有些地方甚至养一个多月就会出售。陈恒斌告诉我，虽然麻鸭风味更好，可由于品相不好，出肉率低，金陵饭店后来还是以白条鸭取代了麻鸭。

在屠宰场，烤鸭和盐水鸭所用的鸭子宰杀后，取出内脏的开口位置不同，前者在翅膀下面，后者则在屁股下面。宰杀完毕的鸭子进入冷链运输车，一小时内便可抵达南京。樱桃谷鸭主要供给南京做烤鸭和盐水鸭，麻鸭则主要供给浙江做酱板鸭。

到南京不久，我的一个固有认识便被打破了，原来南京人不仅爱吃盐水鸭，同样爱吃烤鸭。在大街小巷人头攒动的卤菜店，烤鸭与盐水鸭几乎平分秋色。一个在南京居住十几年的朋友告诉我，南京人挂在嘴边的一句话便是"斩只鸭子吃吃"。对他们来说，两三天不吃鸭子，心里发慌。

南京人为何如此爱吃鸭子，以至南京成为远近闻名的"鸭都"？刚到南京那天，美食达人蒋鹤鸣带我们到以烧传统南京菜出名的春满园餐厅吃饭。在他看来，南京人吃鸭子多，除了周边河汊遍布、适于养鸭外，与当地人口构成也有很大关系。"有句老话叫'天下回回半金陵'，这里回民特别多，回民不吃猪肉，这里又不是山区，养不出多少牛羊，鸭子又比鸡好养，吃鸭子便成了一种自然选择。"

唐鲁孙也曾写道，当南京人詹吉第问他"为什么南京城里城外大小清真教的饭馆都多"，他的回答是："我第一次到南京，发现城西一带穆斯林人数众多、清真寺多、教门馆子多，世交江士新兄告诉我说，因为明太祖的马皇后是一位穆斯林，所以回教在明朝极为盛行。后来到几座大的清真寺巡礼，发现那些寺院都是洪武年间兴建的，才知所言不假。"足见明代以来，南京回民便多。

金存海便出生在一个回民家庭。他发现早在元代，信仰伊斯兰教的阿拉伯人，便从泉州和杭州两个方向进入南京定居。金存海打开手机地图，特意标出两个地名："这是长江，这个地方是浦口区的星甸，这里是江宁区的湖熟，两个地方一个江北一个江南夹住南京城。这两个地方都有大量回民居住，还在养殖传统麻鸭。"如果说回民带动了南京人的吃鸭风潮，那么在金陵大厨与卤菜师傅的共同努力下，鸭子则成为南京人共同的美食标签。

水西门鸭子往事

说到鸭子，上点年纪的南京人，都会提到一个地名：水西门。水西门是南京明城墙13座城门之一，原名三山门，是连通内外秦淮河，过去由水路进出南京的重要通道。这里也成为一个禽类、木材、农产品等各种货物贸易的码头货栈。以前，那些外地的赶鸭人，正是一路把鸭子赶到这里交易。

水西门城墙在上世纪50年代的拆城运动中便被拆除，金存海告诉我，如今水西门隧道下压着的正是当年的城墙。水西门虽然消失了，但它作为一个与鸭子密切相关的地标，则顽固地存在着。

由于毗邻鸭子交易市场，水西门周围也开了不少鸭子店。用金长明的话说："老早做鸭子的根据地就在水西门二道埂子，就在水西门桥下。"也正因此，过去只要谁提到水西门的鸭子店，便意味着老店、老卤与老的风味。

解放前，金存海的外祖父在水西门开有一家茶馆。那会儿的茶馆并非现在意义上的茶馆，早上起来卖牛肉面，下午2点便关门。解放后，老爷子的茶馆被废弃。直到改革开放后，老人又重操旧业，卖起了牛肉面和烤鸭烧鹅。

从小在水西门一带长大的金存海，还记得他们传统的下午茶，就是鸭油酥饼蘸胡椒吃。直到今天，水西门一带仍有不少鸭油烧饼店。一天晚上，一位出租车司机还兴致勃勃地向我推荐了一家他认为最好吃的烧饼店。

长期以来，水西门保留着一个庞大的禽类交易市场。"过去都是沿着河滩散开的露天集市。解放后，旁边专门搞了一个鸡鸭加工厂，还搞了一个南京羽绒厂，都是这种附带产业。你不是鸡鸭交易嘛，交易不了的国营加工厂收走，剩下的鸭毛怎么办？再搞个羽绒厂。"金存海说。

73岁的盐水鸭制作传人彭庆福师傅，做盐水鸭已近60年。他的记忆中，2012年禽流感暴发后，水西门的鸭子市场慢慢萎缩，后来便彻底消失了。

一天上午，我按地图上的水西门二道埂子找了过去。这个南京人记忆中的地名，在莫愁湖和外秦淮河之间，正是现在的莫愁湖东路。沿着这条街往前走，不远处便是波光潋滟的秦淮河。伴随飞速发展的南京城市建设，路上除了偶尔碰到的鸭油烧饼店，当年与鸭子有关的旧迹都已消失。

对金存海来说，两个画面则永久定格在记忆深处："我们水西门的孩子最怕什么？夏天的时候，在鸡鸭加工厂附近的路上骑自行车。从这头到那头，两公里长的路上全铺着鸭毛。鸭毛身上还带着血，晒出来的味道太刺激了。还有一个场景。那会儿做烤鸭的人，都不在加工厂宰杀，一定是拿回来

上图：春满园"非遗"主题餐厅制作的花色冷拼，由菊花鸭脯、蓑衣萝卜、佛手黄瓜、茭白玉兰等时令蔬菜拼成一盆花的造型，这道传统南京名菜，以金陵菜的刀工和摆盘见长

下图：春满园餐厅的瓢儿鸭舌也是一道传统南京名菜，民国时期宋美龄曾邀请美国将军马歇尔品尝此菜

自己宰杀。没有自来水，全用井水。双脚拴着的鸭子整整齐齐放在井沿边上，做鸭子的人，一边杀鸭，一边用井水冲洗。"

卤菜店的金陵烤鸭

蒋鹤鸣发现，早期文献中，南京烤鸭一直被叫作"金陵片皮鸭"。南京人有理由为自己的烤鸭技术而自豪。美食界两个被广为接受的事实是，不但广式脆皮烧鹅的烧制技术借鉴自金陵片皮鸭，北京便宜坊的焖炉烤鸭，同样伴随明成祖朱棣的迁都，从南京传入北京。清末，焖炉烤鸭经全聚德变革为挂炉烤鸭后，从此金陵烤鸭与北京烤鸭，一南一北，双峰并峙。

提起南京烤鸭的传统做法，人们往往会提到京苏大菜中的一道名菜——金陵三叉，也就是叉烤酥方、叉烤鱼和叉烤鸭。70 岁的春满园老板、总厨曹瑞华，当年曾在培训班跟随淮扬菜大师胡长龄学习，1984 年又在他的推荐下，被派往中国驻澳大利亚大使馆烧菜。曹师傅在 1990 年下海后，曾创建三家餐馆，以烧传统南京菜出名。

在他的讲述中，南京烤鸭的叉烤法，包含一整套从宰杀到吃法的流程。鸭子宰杀后，要从腋窝下面右边开口。"为什么右边？鸭的嗉囊都在右边，手伸进去把嗉囊和内脏拉出来。开什么口？月牙形的，这样手在掏内脏时，是往前后而不是往下，不会把口子撕大。"

鸭子处理干净后，用芹菜叶、大葱叶、白菜叶等蔬菜叶，把鸭腹填充饱满。然后用叉子从两条大腿穿入，经鸭身到脖颈穿出。与北京烤鸭不同，南京烤鸭脖子部分的皮被叉子撑开，不但使皮酥脆，还增加了食用部分。鸭子上叉后，用开水烫皮，使其收紧定型，然后在表皮均匀涂抹开水兑好的麦芽糖，晾半天，就可以放在明炉上转着烧烤了。

曹师傅告诉我，不同于北京烤鸭连皮带肉片着吃，南京烤鸭的传统吃法，讲求"一鸭三吃"：第一吃皮，求其爽脆；第二吃鸭脯肉，即用芹菜头炒鸭肉的料烧鸭；第三吃鸭骨汤，将骨头剁碎后配以萝卜或白菜炖汤。

一天上午，曹师傅专门为我们炒了料烧鸭，南京土芹菜头和烤鸭肉一起夹着吃，带着小糖醋口的鸭肉吃起来格外清爽。

不过，就我几天来的了解，由于费工费力，现在南京已找不到传统的叉烤法，更常见的还是挂炉烧烤。据说，这是金陵片皮鸭的叉烧法传到广东，改良之后回传的结果。

南京烤鸭与北京烤鸭更大的区别，还在于食用场景的不同。如果说在首都，吃烤鸭必须跑到全聚德这样的大馆子，那么在南京，随便在一家大街小巷的卤菜店，都能买到热气腾腾的烤鸭。斩半只鸭子回家，到附近的面馆来碗面，或者回家再炒个青菜烧个汤，完全是南京人的日常。换句话说，烤鸭在北京还是大餐，在南京则是正餐，从此也能看出，南京人吃鸭的普及。

金陵烤鸭之于淮扬菜，正如脆皮烧鹅之于粤菜，既是上得厅堂的名菜佳肴，又是随处可见的美食。不过，在淮扬菜中占有重要一席的金陵风味，对食鸭的追求显然不止于此。

在南京香格里拉大酒店江南灶厨房，我们全程观摩了淮扬名菜三套鸭中白条鸭、麻鸭、鸽子的整只去骨过程，才理解淮扬菜大师侯新庆所说的"看不见的刀工"。在南京景枫万豪酒店，我们尝到了新生代淮扬菜大厨周松竹制作的三套鸭。周总厨提醒我，三套鸭的精华全在汤里，舀一勺喝下，口腔瞬间会被一种复合的鲜味包裹。一旁的蒋鹤鸣谈起他吃三套鸭的一次惊艳体验。"吃三套鸭，有一个玩法。你先喝第一口汤，了解砂锅里这口汤是什么味道；然后把外面白条鸭剖开，勺子伸进去舀一勺，汤的味道很明显不一样；再把麻鸭剖开，再进去舀一勺，要快速，因为汤水融得很快，又是不一样的味道；然后再把鸽子剖开，最深的那个汤，是给贵宾喝的；最后三汤融合，你再去试，味道又不一样。"

美人肝这道菜，同样体现了南京人对吃鸭的极致追求。所谓美人肝，就是鸭的胰脏，南京土话"胰子肝"。据唐鲁孙记述，这道菜最初由南京老馆子马祥兴创立。"马祥兴每天要卖两三百只肥鸭，他家把鸭子的胰脏用武火炊炒，琼瑶香脆，食不留渣。也不知哪位好啖之士，给人取名'美人肝'，久而久之，驰名中外，连不喜欢吃内脏的欧美人士尝过之后，也赞不绝口，诧为异味。"据说汪精卫抗战前在行政院院长任内，有天晚上忽然想吃这道美人肝，却值宵禁，后来还是褚民谊设法将马祥兴的厨师接来，为汪亲自制作，这件事在南京传为趣谈。曹瑞华师傅说，做这道菜时，胰脏不能滑油，要用水烫，因为胰脏过油容易融化。

在南京的最初几天，我遇到了一个棘手的问题，那就是不管在大酒店还是街头的卤菜店，都很难拍摄到烤鸭的场景。进一步的发现是，南京的大酒店，盐水鸭卖得好，烤鸭却很少；街头的卤菜店，烤鸭卖得多。陈恒斌告诉我，金陵饭店每天一般要卖掉一两百只盐水鸭，烤鸭则只有十来只。一天傍晚，当我们驻足人头攒动的金宏兴鸭子店门口时，发现烤鸭早已售卖一空，店员正在询问顾客要不要换成盐水鸭。

看来烤鸭在南京更多被当作普遍易食的卤菜。可是，卤菜店也很少烤鸭又是怎么回事？

蒋鹤鸣告诉我，由于烤制费力，加上环保要求，南京许多鸭子店自己并不烤制鸭子，而是由江宁湖熟大大小小的加工厂直接供货售卖。换句话说，像金宏兴这样自己烤制的鸭子店，在南京已经属于少数。

金宏兴的生意很好，我们每次过去，不论早晚，门口总簇拥着买鸭子的客人。老板几乎没空接受我们采访。约了几次，一天下午，我们终于来到了金宏兴鸭子店的后厨。穿过前面的售卖橱窗，一间屋子里挂满了上好皮水正在风干的鸭子，后面两口不锈钢挂炉，发散出烤鸭子的火香味。正在一旁烤鸭的窦方亮，是金长明的师弟，也是老爷子为数不多的外姓徒弟，在店里已

南京景枫万豪酒店总厨周松竹制作的三套鸭，这道菜的精华全在汤里，
喝起来拥有鸽子、板鸭、白条鸭的复合鲜味

帮忙 20 多年。他告诉我，店里每天卖两三百只烤鸭，炉火几乎不熄，自己
每天都要忙十来个小时。

　　当我坐在过道和金长明聊天时，78 岁的大哥金长鑫刚好路过店里。二弟
让他坐下一起谈谈，他连忙摆手："讲一些过去干什么？老爷子在国民党时
期就在这儿开着鸭子店。"

　　金宏兴鸭子店，创立于 1925 年，早在民国时期便打响了招牌。"那边过
去是民国政府的国防部，政要们都来吃的。"在二弟劝说下，踱着步子的金
长鑫，还是忍不住说几句。经历过南京这座城市的战乱变迁，金宏兴始终没
有放下鸭子生意。1978 年改革开放后，金长鑫谢绝六华村、老关东等饭店的
邀请，另起炉灶，带着大儿子重新打出了金宏兴的招牌。后来由于明瓦廊附
近拆迁，鸭子店搬到了中央门。"老爷子 13 岁当学徒，16 岁开店，一直开到

90岁去世。"父亲生病后，金长鑫照顾父亲，没再做鸭子。二弟金长明接过金宏兴的招牌，将店又迁回明瓦廊。

金长明在江宁湖熟租了一个大厂房，进行鸭子前期加工。"一般没有这样的条件。"蘸烤鸭的卤汁，是金宏兴鸭子好吃的另外一个秘诀。我们正聊天时，金长明忽然起身，到另外一个小房间调配卤汁。这让我想起，去屠宰场的路上老窦对我说的话："烤鸭的诀窍在哪儿？就在吃的时候蘸的卤水。每家卤水都不一样，我们用的香料大概十来种，必须用到烤鸭里面的肚汤。"

和顺德烧鹅一样，南京烤鸭追求的仍是原汤原汁，不过烤鸭肚汤似乎还要经过额外的处理。"烤鸭肚子里倒出的热汁，倒入锅中，把血沫打掉，加姜片葱段煸炒出香味，再加入酱油和糖，这就是我们南京吃烤鸭的卤汁。"陈恒斌师傅说。

我们在金宏兴切了盘烤鸭，在附近找了家面馆，想体验一下南京人最为流行的吃法。蘸了卤水的烤鸭滋味很足，配合大碗面条吃，感觉很下面，应该也很下酒。

如果说像金宏兴这样的鸭子店还能自己烤制，那么决定南京多数鸭子店烤鸭味道的加工厂，又如何烤鸭呢？凌晨，我们和芮迎春一起开车来到距和县乌江镇十几公里的梨园山庄，他的鸭子加工厂就坐落在这个山庄。

芮迎春做鸭子已经25年了。他的振兴烤鸭店便开在南京水西门。和许多鸭子店的老板一样，他就近租了个带院子的平房烤鸭。可是五六年前，水西门一带的平房被拆迁一空，加上南京许多街区不允许明火烤鸭，他不得已把自己的加工厂搬回和县。随着环保压力的不断增大，南京江宁区湖熟镇的鸭子加工厂，也不得不迁到安徽。芮大哥告诉我，这里的加工厂，除供应自己的店外，还供应在浦口区、中央门的四五家鸭子店和三四家单位食堂。

芮大哥雇了一对夫妇，帮他做鸭子。晚上12点左右，夫妇俩开始做烤

金陵饭店的烤鸭，蘸料用烤鸭肚子里倒出的热汁，倒入锅中，把血沫打掉，加姜片、葱段煸炒出香味，再加入酱油和糖而成

鸭和盐水鸭，芮大哥则在凌晨 3 点半起床，4 点左右开始上货，沿途一家家发货，早上 8 点多发完货，一天的任务也差不多结束了。

我们到山庄那晚，是南京最冷的一天。由于到早了一些，芮大哥便和我们一起在车上边聊天边等师傅起床。凌晨 1 点，终于传来舀水烧火的声音。巨大的厂房里，底下镂空的铁桶里装着一桶桶木炭，正在煤气炉上加热。不久，它们将被放入挂炉，烤制旁边挂着的一排排已经晾好的鸭子。男人不时翻动着鸭子，检验成色，女人则一边往炉膛添柴火，一边观察着大锅中煮着的盐水鸭，防止水温过高。

夜色中，周围安静极了。正是和县这样大大小小的加工厂，为沉睡中的南京准备着第二天的风味。

最早是板鸭，而非盐水鸭，成为南京这座城市的美食名片。彭庆福师傅回忆，早在解放前，父亲便在南京开了自己的南北货店。那时的南北货店，板鸭、火腿、香卤、肉脯都是南京广受欢迎的特产。下关水陆码头南来北往的客人们，总要带点南京板鸭回去。

"以前不像现在有真空包装，就是咸板鸭咸肉咸鱼，要不没办法带。南京人说'大雪腌菜，小雪腌肉'，这个季节腌好的东西，过年时候当年货。"对中国人来说，每个地域的年货都具有顽强的生命力。无论从和县到南京的路上，还是在南京的某条街巷，我们都能看到咸板鸭的身影。

金存海曾向我谈起自己的民族，"其实回民的生活方式是比较保守刻板的，不太会去接受新的东西。他们聚集在那里，习惯在冬天要腌鸭子，我不想用樱桃谷鸭来做，觉得不香，这是老回民的思路"。金存海告诉我，前段时间，他的父亲和伯父，专门跑到安徽全椒县一个朋友那里，买回一些麻鸭做板鸭。

离开南京前一天，在金存海伯父家中，我们看到了已风干十几天的板鸭，鸭子身体上已经形成一层淡淡的盐霜。金伯伯告诉我们，板鸭的制作过程并不复杂。处理干净的麻鸭，一般要用清水浸泡 24 小时，然后以 4 斤鸭子 1 斤盐的比例，腌制 12 小时。腌完后，再用老卤浸泡 12～24 小时，天暖多泡一会儿，冷便少泡一会儿。然后便挂在外面晾，起码要晾 30 天。

板鸭店的板鸭，对品相要求较高，要把整只鸭子压成平平整整的方块，板鸭的"板"本来就是平平整整的意思。"阴雨天比较潮湿的时候，最适合压鸭子。"说着，金伯伯取下一只板鸭，为我们演示如何压平板鸭。

每年冬天，南京人习惯在年前做好板鸭，晾挂在外面，可以一直吃一个正月。金存海转述父亲的话："南京板鸭所以有特色，是因为江风湿润，冬

金陵饭店的盐水鸭，以煮鸭子的汤加入小葱段和姜片为蘸料，有原汤原汁的鲜味

季的时候可以把它风味收紧，又不至于晒得太干。"每年年三十晚上，家人在一起都要吃很多菜，大年初二初三的早晨，一碗配着咸板鸭的稀饭，往往是金存海的最爱。

真空包装技术出现后，板鸭很快被制作更为精细、咸度更低的盐水鸭取代。陈恒斌刚进入金陵饭店的时候，曾跟彭庆福学过盐水鸭。如今他已经整整做了35年盐水鸭，作为金陵饭店的冷菜间主管，常被朋友戏称为"南京最会做盐水鸭的男人"。

盐水鸭与板鸭的制作流程完全一样，不过在细节上更为优化。首先腌制的盐一般要用加入花椒八角炒好的热盐，腌制时间被缩短至2～3小时。老卤中浸泡的时间也被缩短至两个半小时。之后经过三天的晾干，便可进入煮熟环节。

盐水鸭的制作，讲求"炒盐腌，清卤复，吹得干，焐得透，皮白肉红骨头绿"。要做好一只盐水鸭，每一步都内有乾坤。

陈恒斌解释，"炒盐腌"说的是"你抓一把盐在鸭的肚膛里来回擦多少下，是有说法的。目的是让你抓的盐通过手上的热量，慢慢融化渗透到鸭肉里。按照师傅讲的，一把盐，我们一般要来回擦 16～18 下"。所谓"清卤复"，缘于泡鸭的老卤起初呈淡淡的茶色，反复浸泡后，因鸭子血水滴出而颜色逐渐变成暗红。为防止老卤变质，要求每周提两次老卤。如何提老卤？"把老卤倒入桶中，小火慢慢烧制五六个小时，随着温度升高，撇掉其中的血沫。然后补充清水和盐。弄一个竹筐，上面放盐泡入桶中，慢慢再次烧开，冷却后如果筐底形成白色结晶，说明卤水中的盐已经饱和，然后再放入香料。"

"吹得干"，是指晾干环节。"焐得透"，是指盐水鸭煮熟的过程。将晾吹 72 小时的鸭子，放入清水锅中，大火烧开后，在每个鸭子中放入一片生姜、一个八角、一段葱，放入锅中，再次煮开后，关火焐鸭 50 分钟左右，到 25 分钟时将鸭子翻身一次，使其受热均匀。只要严格按照上述环节操作，煮好的盐水鸭便会达到"皮白肉红骨头绿"的效果。盐水鸭吃起来肉质紧实，对于一个北方人来说，咸度正好。

金存海常年定居澳大利亚，美食之外，他的本职工作是国际教育交流，往国内引入国际各行业先进的技术与理念。他发现在澳大利亚既能买到西班牙伊比利亚 5J 火腿，也能买到意大利帕尔马火腿，却很难看到来自中国的诺邓火腿、金华火腿或者安徽火腿。分析的结论让他自己也有些吃惊：国内火腿太咸了！"原因只有一个，没有用现代化的机械，所以控盐控不住，为了防止产品变质，一定要加大盐的比例。这样就造成两个结果：第一，如果你真的很能吃这个东西，就一定不健康；第二，如果一点点吃，这个东西的消耗量就很小，没办法真正商业化。"

在金存海看来，用风房控制好温度和湿度的前提下，可以让板鸭在不变质的情况下降低盐度。他告诉我们，自己明天要去一家食品加工厂看冷房，希望有一天能研制出方法，将板鸭改良成伊比利亚 5J 火腿那样的标准化低盐风味。也许那时，板鸭不再是带着乡愁的年货，盐水鸭也可以端上更多人的餐桌。

回到一碗鸭血粉丝汤

鸭血粉丝汤在南京，绝对是一个独特的存在，你既可以说它是解馋的特色小吃，也可以说它是耐饱的主食。一句话，南京人可以把一碗鸭血粉丝汤，从早吃到晚。

一天上午，我们在深受当地人喜爱的叶新小吃店，感受到了这一点。时间已近午饭光景，小店早已座无虚席，盛汤的灶台前更是排起长龙。我之前在苏北还有南京，都曾吃过鸭血粉丝汤，似乎并没留下什么印象。可当我从队伍中接过老板娘递过的一碗鸭血粉丝汤，还是很快被汤汁的浓厚、油饼的酥脆所吸引。看到老板娘简直忙不过来，我只好和她约定晚上打烊时候，再来采访老板叶旭东。叶师傅的小店，本来晚上 8 点关门，没想到，一直到晚上 8 点半，店里依然人来人往。老板娘无奈只得把卷闸门拉下来一半，告诉我如果不下门，人还是会不断进来。

比起鸭子的其他吃法，鸭血粉丝汤流行的历史并不算久。据蒋鹤鸣观察，鸭血粉丝汤正是 1990 年前后，伴随出租车司机这一行业而出现的。"在南京开出租的安徽人多，很辛苦，那时候收入也不高，吃别的东西都贵。在鸭血粉丝汤之前，南京人喝的是鸭血鸭杂汤，再配块鸭油烧饼。这东西在我看来就像点心，算一个茶余饭后的补充。90 年代出租车司机来了，还是吃不饱，放把粉丝，点心变主食，就能吃饱了。这个东西就这么火起来了。"

晚上 9 点，返回店里的叶旭东看上去一脸疲惫。"南京鸭血粉丝汤这个吃法，最少有 20 年了。上次要申请文化遗产，他们觉得最少有 30 年了。"在食客嘈杂的聊天声中，叶旭东回忆的鸭血粉丝汤历史，与蒋鹤鸣的观察完全一致。

叶旭东是土生土长的南京人，1998 年，他从工作十几年的南京电容器总厂下岗，成为单位第一批下岗合同工。起初，叶旭东想摆卤菜摊，可在卤菜店学了半年后，决定做那会儿已经火起来的鸭血粉丝汤。"一般男同志吃个全家福，鸭腿、鸭胗还有一个鸡蛋，小方块锅巴，再来一碗鸭血粉丝汤，就吃饱了。上饭店炒个菜要多少钱？"

于是，叶旭东两口子从最初超市门口的地摊，到在小区门口的铁皮房子，再到如今小区里面的店面，做鸭血粉丝汤已经 20 多年了。

叶师傅告诉我，要做好一碗鸭血粉丝汤并不容易。盛粉丝的浓汤，由新鲜的整鸭，从凌晨 3 点熬到 9 点多，炖煮将近 7 小时而成。"汤料一定要把鸭子的汁熬出来，熬完后，骨肉分离，骨头用筷子一夹就碎了。"

鸭血粉丝汤所用材料包括鸭血、鸭肝、鸭肠、粉丝，加上配全家福吃的鸭腿、鸭胗和底汤，叶旭东要准备 6 个锅，分别制作。鸭血是其中最重要的环节，从卤到切，最少花费一个小时。鸭胗、鸭腿、鸭杂买回后，都要先在老卤中浸泡。"鸭的不同部件，不能放在一起卤，否则会串味，各有各的卤法，卤料的比例也不同。"叶师傅说。从市场上买回的鸭血，切成条，加香料，在水中煮成小开，然后捞出过冷水备用。食用时，将鸭血倒入底汤煮开，再下入粉丝，煮好一起盛出，放入事先卤好的鸭胗鸭肠，美味即成。

谈到卤制鸭杂时，叶师傅特别提到过去老南京人做盐水鸭时常会用到的"复卤"。所谓复卤，就是将腌好的鸭子，下第一遍卤水后，捞起晾干，然后再入老卤泡一次，这样入味更香，由于盐水鸭表皮发白，卖相更好。当我就此请教曹瑞华师傅时，他认为盐水鸭只要腌制和在老卤中浸泡的时间足够，并无二次复卤的必要，而且"少量比较精细可以这么做，不可能批量生产"。

可见两位师傅所说并不矛盾，复卤作为一种家庭做法，或许正代表着老南京人对风味的孜孜以求。就像叶师傅，虽然只是做一碗街头小吃，却丝毫不敢大意。

第五章

鱼鲜

有关味道的记忆，总是绵长的，如东海的海岸线一样，绵长且充满回味

有关味道的记忆，总是绵长的，如东海的海岸线一样，绵长且充满回味。

沿东海，一路向南

黑麦／文　于楚众／摄影

这几年，我不断翻看着张新民和朱家麟撰写的和东海有关的文章，他们的文字生动，可我仍旧缺乏感性的认知，无法想象某种海产品的消亡会对某个地区的生活产生多大的影响，也无法真切了解到某地的人对一种鱼类为什么会产生强烈的情感寄托。带着种种疑问，我买了张前往沈家门的机票，向东海进发了。

这是一次无关地理兴衰的探访，我试图将更多的目光移到海上。东海是整个欧亚大陆板块的最东沿——从长江出海口以南，一直到福建东山岛最南端的澳角村，这片70余万平方公里的海域是中国海鲜的主产地。我们常说的"东南沿海地区"指的便是浙江和福建，前者

"七山二水一分田"，后者"八山一水一分田"，靠山吃海，大致说的就是如此一番景象。这条海岸线远比我想象中的绵长，到达沈家门之后，我们从舟山出发沿滨海高速一路向南，原本预计 10 天的路程开了 15 天，每踩一次油门，心中都充满着莫名的兴奋。

　　沿途经过中国四大渔港中的两个：位于舟山本岛东南侧的沈家门渔港，它也是中国最大的天然渔港；位于浙江省宁波市象山的石浦中心渔港，它是东南沿海著名的避风良港，可泊万艘渔船。这里曾经的鱼类资源极其丰富。1975 年时，渔业调查船从石浦渔港出发，开不出几十海里，一网下去就能捕获鲐鱼、金枪鱼、马面鱼、竹荚鱼、蓝圆鲹等十几种鱼类。45 年间，渔民赖以生存的海域发生了巨大的变化。渔民经历了从"东海无鱼"到"东海护鱼"的过程。2021 年是东海伏季休渔的第 27 个年头，渔业在困境之下艰难恢复。即便如此，岸上仍呈现出一片繁荣的景象，从渔港到市场，从餐厅到餐桌，依然有大量的海鲜供给。当你站在东海沿线的时候，餐桌上的海鲜便产生了更丰富的味道。

舟山

　　北京目前每天只有四架飞机飞往沈家门，大多是在晚上，飞过上海的时候，遭遇到强烈的气流，机舱外一片漆黑，下面应该是海，偶尔能看到几个晃动的光点，大概是被海浪托起又扔下的渔船。飞机穿过云层，雨水猛烈地拍打着舷窗，直到飞机平稳地降落在山丘中间的跑道上。

　　出机场，鼻腔果然被湿气包裹住了，那个咸腥味，像是一种对味觉的洗礼。酒店也充满了咸味，被褥潮湿，下水道里反出一股幽幽的腥。入住没一会儿，船员老林打来了电话，"准备出发"。他说话有很重的温岭口音，为了得到准确信息，我问道："是现在吗？""是。"老林说得很清楚，随即他挂上了电话。

凌晨 1 点，我乘车到达岛东南侧的沈家门渔港，登记完各种手续，来到 4 号码头。远处，靠港的渔船纷纷卸货，装上补给，急匆匆地在狭窄的港内掉头，再次冲入大海。我看起来就像是一个闯入者，因为这里极少有游客打扮的人出现，大多数人穿着胶皮制的工作服。不过，我和他们一样清楚，深夜，潮水上涨，正是潜入大海的最好时机，再晚了潮就退了。

要在黑漆漆的海上物色到一条摆渡船并非易事，顺着突突突的声音，依稀看到了这些小船的聚集地，我走上前去，向他们呼喊、招手。不知是手机还是电筒的亮光，向我挥动了一下，突突声越来越大，有船来了。

因为不时有渔船靠港卸货，岸边的浪此起彼伏。我趁船头下沉，一个箭步跳了上去，等我站住再回头时，摆渡小船已经开始离岸。接送上船，10 元一位，水手、工人、船长一律 10 元，我掏出手机扫了付款码，开船的示意我坐稳扶好，在这条三人宽的小船里，我是他唯一的船客。

大船就好上很多，接应我的林奶春师傅伸出一条黝黑的胳膊，拖着我的书包带一把给我拽上渔船。林师傅今年 40 来岁，出海快 30 年了，他之前也是船老大（船长），前年刚卖了自己的渔船，又闲不住，回来当起了水手。这条船的船老大叫毛小三，和老林及另外 7 个船员都是从温岭的同一个村子里出来打拼的，有几位在这条船上干了 18 年，他们自称是与海鲜交手的第一批人。

很快，我就意识到了一个问题——语言不通。船员之间只说温岭话，他们中只有三四个人会说普通话——还不好意思开口，唯一的突破口是那个湖北籍船员老颜。他对我说，现在他们说的话他基本能听懂一半，我问他在船上待多久了，他回答，10 年。没有一种语言叫浙江话，在浙江地区，隔一座山，就是另一种方言，方言之间差别很大，在舟山的海上，漂浮着各种方言，这是只通行于每条船上的秘密语言，也是水手默契协作的基础。

老颜带我在甲板上转了转，所有的木板都刻有编号，且都能掀开，每块木板下的功能大不相同，有普通暗格，还有低温隔断，有专门存放活鱼活蟹的水池，在整个隔断的最下层，是一个巨大的冷冻室。走进船舱就会看到水手们休息的"房间"，其实就是个横向开合的"柜子"，里面有被褥和充电插头。"风浪太大的时候，必须拉上柜门平躺，不然就滚出去了。"老颜指了指自己的那间说，"你累了就在我这里休息，反正有你在我们不会离岸太久的。"

船舱的二楼是驾驶舱，船长、大副也住在这层，他们的卧室——如果这也可以叫卧室的话——大了一些，还配了卫生间，可以洗澡，船长的那间多了张写字台，大概是算账用的。老林一直在开船，很认真的样子，深夜的海上漆黑一片，他不断观瞧着 GPS 定位和雷达。

约莫两三个小时后，大概是停船了，船员们呼啦啦地走出船舱，开始下网。盘在甲板上的渔网像是一个巨大的线团，只要递到水面，就像有人接应一样，被一节节地送进海里。船大概是抛了锚，在小浪上规律地起伏。

毛老大的表情有点凝重，他只说了句"鱼少"，便走开了。我问老林，为什么我们要停在鱼少的地方，老林说："是这几年鱼都不多。"没过多久，海上起风了，浪跟着变大，不时有海水拍打到甲板上，顺着船的夹缝再流出船外。大副看我有点晕船，一个劲儿地笑，他说："这才 7 级风！"我问他，这船能抗多少级，不知道他是在讲笑，还是认真地回答："17 级。"大副说："现在出海早就不像以前那么危险了，有气象预报、巡逻船，还有卫星电话和定位，要是有预警，渔港都不让你出船。"他继续说道："危险都是人为的，有人开船玩手机，撞啦。"

船摇了几个小时后，终于稳定了，等我再睁眼的时候，天色已经大亮，我终于看清了水手们的样子。不知道船是不是还在原地，海风一个劲儿地吹，像是要给我们吹回岸边似的。这是船上最清闲的一段时间，老林吃了些土豆炒年糕，在甲板上踱步，我和船员们打了两把扑克，几个人之中只有我显得焦急，大概是因为我忙于看底牌，确实，我也想看看渔网里的"底牌"。

上午 10 点刚过，毛老大冲着水手们喊了一嗓子，我没听懂，可船员们听懂了，到了收网的时间。马达声轰轰作响，渔网卷着水草和一些垃圾最先浮上海面，随后我感到了船的侧倾，那渔网显得很沉的样子。最先看到的是一些小鱼和螃蟹，随后拉上来的是一坨一坨的，说不清那里有多少种鱼，我猜二三十种是有的。捕鱼的场面是极为壮观的，网一散开，甲板上满是鱼虾蟹，船员们不知什么时候都换好了胶鞋，在海鲜中走来走去，被清空的渔网再次被送回海里，周而复始。

清点货物，需要眼疾手快，渔民们靠多年的经验练就这种本领，他们在甲板上支起桌子，每个水手身边都有四五个塑料网筐，被拾起的海鲜，就此分类。我依稀辨认着这些海货的名字，鱿鱼、墨鱼、剥皮鱼、泽鱼、鳒鱼、马鲛、马鲛虎、梭子蟹、石斑鱼、带鱼……还有很多不知道名字的鱼。毛老大低头看了看这些海货，像是在视察，又冲水手们喊了几句，于是大家加快速度，有人从冷库里推出十几箱碎冰。

鱼躺在冰上，立刻停止了挣扎，虾也一样，不再扭动，沉沉地睡去，一箱箱的海鲜被送回冷冻室或是冷藏室，活蟹被塞进圆形的塑料筐内，扔到有海水的格子里，和几条活石斑鱼成了邻居……老颜拿起一条黄花鱼和一条东海金枪鱼笑得合不拢嘴，他说好久没见过这么大的黄鱼了，"这鱼有两斤"。我问他，咱们中午能吃这鱼吗？他并没意识到我在开玩笑，收起了笑容，继续分拣。

做饭的任务还是结结实实地落在老颜身上，他从没法分类的杂鱼箱里找出两条马鲛和几斤红虾，一头钻进船舱的厨房。没见过比老颜做饭还快的人，我觉得他在糊弄，才 20 来分钟，白灼红虾、炒青菜、马鲛鱼年糕汤就做好了。这菜吃起来挺可口，大概是太饿了，我觉得那个没有收拾干净的马鲛鱼竟然特别地鲜甜。"海上吃饭就是简单。"老颜说着，给自己扛了两大勺辣酱，"我一开始吃不习惯，后来就着辣椒吃，就好多了。"

天色渐暗，又收了一网，船收了锚，开始缓慢返航，我拿着手机放了一首名叫《到中国的慢船》（*On a Slow Boat to China*）的歌。老颜又炖了两条鱼，鱼有点腥，没什么人吃，大家消灭了一大锅菜炒年糕，大概是因为青菜少的缘故，所以每个人都专挑菜多的吃。毛老大一直拿着手机，船上的通信费价格不菲，看起来在谈一件很重要的事，等所有人都分好了货，毛老大才把手机放下，说了句："和买家谈好了。"回港多是深夜，夜晚暗流涌动，船比出海时还要颠簸，老林仍旧手把方向舵，他想让船开得快一点，好早点卸完货，睡个踏实觉。

临近夜里 1 点钟，天空好像被什么东西照得亮起来了，船头方向隐约出现了一条亮光斑点，像是越聚越多的萤火虫，二副对这个场景没有任何想象，他沉着地说："快到岸了，给接货的打电话。"

交易的地方还是沈家门港，就是我出发的那个码头，它隐藏在一片住宅区的后巷里，鲁家峙高架桥从两个小区中间穿过，顺着它走到海边，便能找到这里。白天的时候，它看起来像一个空旷的，甚至有点现代主义的厂房，到了晚上，这里会呈现出另一番景象。渔船纷纷靠港，上货的三轮车、卡车、火车像游行的队伍一样，绵延几百米，靠近码头的滨港路，站满了买鲜海货的人。小卖店里熙熙攘攘，卖得最好的是奶茶和香烟，"利群阳光"是水手们的口粮烟，船老大们揣着整条的"中华"和"玉溪"，端着泡面胡乱吃上几口，露出一种惬意的表情。

56 厘米 ×73 厘米的 K03 型白色物流货箱，足有数千个之多，每个箱子里都装满了鱼虾蟹，批发价格从 8 元到几百元不等。在探照灯的照明下，所有的海产品被一一归类，标上价码，急匆匆地送往远方的批发市场、菜市场或餐厅。东海的鱼都运送到哪里了？在渔港扫货的第一手买家李栎说，大多会被送往浙江、江苏、上海以及福建，少量会发往北京、山东。

我们的渔船靠港时已经是凌晨 3 点，4 号码头空出了位置，渔民们戴上橡胶手套把这一天的收成一箱箱地抬上甲板，送上接驳的电动三轮车。马鲛鱼已经冻成了冰柱，带鱼看起来仍保持着刚出海时的光泽，一个装螃蟹的筐被随机剪开，梭子蟹满地乱爬，只为供买家验货，他捏了捏蟹腿和尾鳍，说了声"装上吧"，鱿鱼和活鱼、冰鲜的白虾依次被运下船。两条船的老大穿着睡衣，过来打招呼，他们都挺着肚子，嘴里讲着我听不懂的生意。

船老大说，这一船货卖了8万块钱，不算差，但也算不上好，和前几年是没得比了。"我们一般都在海上待个两三天，"他说，"这样出一次海才比较划算，现在油贵、材料贵，人工成本涨得飞快，人又不好招……"卸完货，我们就此暂别，我下船往酒店走，水手回到船舱。老林仍旧开着船，他试图在最近的地方找到一处可以停船的角落，好睡上一觉。

中午，我接上从摆渡船下来的船员，老林和老颜提着螃蟹和鱼，蹲在地上展开给我看，是六只膏蟹和两条石斑。"膏蟹一只能卖50多块钱。"老林说，"这些都是拿给你吃的。"说着，一行人开始往市区的方向走。船员们都换上了日常的着装，夹克、牛仔裤，看起来十分精神，大概是因为很享受在陆地上行走的时间。我们徒步走了两公里，随后拐了几个弯，来到一家名叫"董小姐"的海鲜餐厅。

这些船员是这里的常客，和经理聊起了家常，声音很大，像是在吵架。等我们10个人在包房里坐下，他们全部显出一副睡眠严重不足的样子。桌子上的转盘转了多少圈，小劲酒开了多少瓶，都不记得了，这些水手很像一群威尼斯商人，不停地聊着各种营生：新水手给8000还是1万；谁在搞囤柴油的生意；一条新渔船要卖800多万元。当我问到孩子们时，他们大都摇着头说，年轻人都不想上船，也不想搞水产，天天玩网游。船老大突然笑起来，说自己也没少玩。

这桌菜里最好吃的就是那几只螃蟹，蟹膏足，肉紧，和餐厅里卖的那些海货很不一样。我问这螃蟹为什么好吃，老林说，因为是咱们一起捕的。服务员端上一条鱼，包厢里突然没了声音，所有人都安静地吃起鱼来。他们吃得很细致，我也夹起一筷子，吃了一口只觉得满嘴是刺。颜叔说，这是鳓鱼，最麻烦的鱼。大副吐出一根鱼骨，说，这是最好吃的鱼。

陆地上的时光是快乐且短暂的，老林说，去年因为有疫情，在老家多住了两个月，很开心。临别前，老林问我下午要不要和他们"去 OK"，我说我唱得不好，你替我唱首《水手》送给大家吧，老林拍着我呵呵地笑。我问："唱完歌晚上还要继续出海吗？"老林说："只要没有风浪，渔船是不能休息的。"

一天后，正当我准备离开舟山时，突然被北安公园里的越剧声吸引，那里有三个老琴师和几个票友在接二连三地唱嵊县方言戏，有个人点了一首《海兰花》，唱的时候里面掺杂着大量的普通话。琴师老谢告诉我，这段折子戏取材于一个海岛小学老师的事迹。这个故事里有淳朴的渔民，大概和我这些天见到的渔民一样淳朴。

宁波

从舟山到宁波，乘车不过一小时，两个地区之间没有明显的分界线，不知不觉就到了市区。这是我第二次来宁波，有一种熟悉的感觉。很多人来宁波会观光月湖，或是朝圣一下解放南路。于我而言，早餐店里的面结、拌面，小吃店里的油墩和烚饼，"鸡毛兑糖"的抱盐带鱼，"宁海食府"的虾蛄、蟹酱，菜市场里的干货铺子、海鲜摊位……才能体现真正的甬城生活。

宁波是一个可以为海鲜打卡无数次的地方。在宁波人眼中，宁海食府毫无疑问是当地的最佳请客场所。记得 10 月来的时候，门口等位的足有100 人之多。为了不让客人闲着，服务员几乎每隔十几分钟就会往外端出水果、发糕、炸小鱼，也不怕等的人吃饱了。就像大多数的浙江餐厅一样，这家餐厅也不提供菜单，门口铺着碎冰、铺满海鲜的台子就是菜单。"没有菜

在浙江，海鲜自选台就是"菜单"。图为台州新荣记餐厅，厨师正拿起一条舟山带鱼

单，就不会为备多少货发愁，凡是有的，都是新鲜的，卖完就完了，我们上货也是这样。"

说这话的人名叫张志忠，他是这家餐厅的创始人。1992 年，张志忠从部队回来，问朋友借了 6000 块钱，在孝闻街开了第一家"宁海食府"。那时候，他隐约觉得餐饮行业还不错，国家又鼓励搞个体经济，为什么不试一下。在老张的记忆中，90 年代初街上没什么馆子，一到晚上，人们就拥进了大排档，七八点钟，街上就没什么人了。街上的饭馆大多是国营的，卖的是川、鲁、粤、淮扬这些有了谱系的菜，能吃得起的老百姓也不多，总之那会儿很多人都觉得老张这个人疯了。

老张盘下来的餐厅最初是做粤菜的，他觉得粤菜虽然名贵，但是和浙江人的日常饮食关联不大，于是他就和厨师一起尝试着做宁海的海鲜。90 年代，食客喜欢大鱼，讲究的是排面，鱼越大越能卖上价钱，越大越有人吃。老张觉得这有悖初衷，于是开始夹带"私货"，用家乡的咸菜烧海鱼。起初宁波人吃不惯这口儿，在老张的几次调味之后，这道宁海菜有了改观。

"小时候哪有这么多海鲜啊，吃带鱼就是最好的，家里几个孩子一人一小块。"张志忠说，"剩下的就拿油炸了，放很多盐，能放很久，一小块带鱼能吃一大碗饭。"他继续说道："以前倒不是没有海鲜，是不懂吃海鲜，等后来有了卖海鲜的，一般老百姓又吃不起，也就是1995年以后，餐厅和大排档多了，会吃海鲜的人多了，才成了日常。"

蛏子这道菜很早就有，具体早到什么时候，老张也不记得了，他最近很得意盐焗蛏子，海水养肥的蛏子再被海盐焗熟，留下精华。宁海一带有很多滩涂，据清朝《宁海县志》记载："蛏，蚌属，以田种之谓蛏田，形狭而长如指，一名西施舌，言其美也。"长街镇濒临三门湾，常年有大量淡水注入，海水咸淡适宜，饵料丰富，据说陈晓卿吃过那里的蛏子后也赞不绝口。老张喜欢二年蛏，他觉得一年蛏太嫩，没有嚼劲，三年蛏太老，纤维重，二年蛏最为适中。

"生活像一桌宁海菜，什么味道都有，海鲜的味道永远都是那个样子，好不好吃都是人心情的反映。"老张说的话挺有哲理，看得出来，他对宁海的感情颇深。大概400年前，徐霞客从家乡江阴出发到了宁海。这一天的行程结束后，他在歇脚地落笔写下了这句话："癸丑之三月晦，自宁海出西门。云散日朗，人意山光，俱有喜态。"《徐霞客游记》由此开篇。

老张细数了一遍他偏爱的食材，泽鱼、黄鱼、马鲛鱼、青蟹、长矛虾……随后又请我吃了一道他最爱的海刀鱼，这鱼很宽，身体很瘦，鳞片发着银光，像一把磨得晶亮的厨师刀。我夹了一筷子，口腔中马上充满鱼刺，我很好奇，为什么浙江人如此喜欢吃多刺的鱼，老张的回答是，所有的鲜味都在刺里，烧得好也要归功于这鱼腴而不腻。

家烧黄金螺是宁海食府的另一道招牌菜。我走进厨房时，副厨王月军正在烧制这道菜，蒜、姜粒和螺肉，都在恰好的时间下锅，融入到烧得黏稠

上图：盐焗螺
下图：烧海刀鱼和梅童鱼

的酱油汁中。我尝了一口，不咸不淡，调料的味道刚好附着在这螺肉之中。"我们这边儿做过的菜，没有上千道，也有几百道了，光海鲜的种类就有上百种。这几年，新口味、新做法越来越多，我觉得年轻人的口味变化太快，炸的吃腻了，又换烧烤，烧烤吃腻了，又要换辣。海鲜这东西，做辣的你什么都吃不出来呀，吃久了也不行，舌头木了。"老张说。

张志忠说他的儿子如今也在学烹饪，这就要毕业了，准备去市里的酒店实习，他不指望儿子成为闪耀的名厨，只希望他能在烹饪时找到乐趣。30年间，老张在宁波开了10家店，很多人请他去上海、江苏和山东开店，每次有人问，他都会反问道："那里能进到这么新鲜的海鲜吗？"

年轻人的口味的确总在变化，我也从未想到过在宁波会遇到一家年轻人聚集的"传统馆子"。这家店的老板名叫韩不韩，在北京做过摄影，在杭州做了多年媒体，跑过突发事件，做过时政，写过文化报道，也做美食，最后还是被美食吸引，开了家名叫"三佰杯"的餐厅。"烹羊宰牛且为乐，会须一饮三百杯。这不就是几千年前，下了班，对职场无力吐槽，郁郁不得志，继而借酒浇愁的打工人吗？"韩不韩说。

远看三佰杯像是个居酒屋，装潢招牌都有一点日式风格，走进门，看了一会儿，觉得还是像个日式居酒屋，直到看到菜牌，上面写着江蟹生、油淋虾、浇汁血蚶、臭冬瓜、爆炒腰花、红烧鲳鱼，才确定这是一家中餐馆子。这家店缘起2019年，那时，韩不韩想和朋友开一家"特别一点"的餐厅。他说，外来文化冲击下许多老店迅速消退，人们下了班，想要找个地方放松喝点酒，能去哪儿？传统的大排档已经不见了，要么去日料店开清酒，要么去酒吧喝洋酒。可咱们明明有自己的酒馆文化啊，《新龙门客栈》里的金镶玉、三碗不过冈的武松、孔乙己的茴香豆，中国人喝了几千年的酒，哪个不是人声鼎沸的场子。

在三佰杯里吃饭，终于能见到菜单了。这菜单其实就是一块写字板，店员会把当天可售的菜品写在板子上，卖光一道就擦掉一道，客人进来，需要对着"菜单"拍个照，点菜还要烦劳客人自己动笔。"有江浙的下酒菜，也有地道的宁波菜，比如江蟹生、油淋虾、浇汁血蚶……东海边的城市，天然就有各种本土刺身的食材，或者，满满街头风的经典排档菜，来个拉丝、螺蛳、臭豆腐炒毛豆……再或者，稍稍搞点新意思的虾油泡饭、黄金虾潺饼、黄金炸带鱼……"韩不韩给餐厅做了个总结，"可以撬宁海的牡蛎，也可以撬法国的生蚝，可以片一只象拔蚌，也可以整一盘冰镇望潮（小章鱼）。"

韩不韩说："三佰杯是个新事物，但骨子里是个旧事物。"为了给店里"增加气氛"，韩不韩和朋友做了几十张鱼拓，从金枪鱼、多宝鱼到浙江常见的川乌、鲷鱼，连望潮、红虾都没放过，他把这些拓画贴在屋顶，让这些

宁海食府的江蟹生

海鲜活灵活现地"游"在餐厅。三佰杯的光线,恰好适合喝酒,所有的小海鲜,在这里都算是酒肴,精酿配盐腌小虾,一壶清酒就醉蟹……如果喝到深夜,必有忘情之人,韩不韩还会仿古人一样,端来笔墨,供客人挥笔泼墨。写的人多了,就挑出好看的挂在墙上,其中最有趣,也最能反映年轻人心境的一幅是这样题的:"闻香下车,美得冒泡儿。"

在呼童街的中心菜市场里,我遇到一位卖咸货的大姐,她说她叫"宁波快乐",因为她微信的名字就叫"宁波快乐"。大姐的性格如其名,她为我一一介绍起摊位上的咸货:泥螺、呛蟹、酱蟹不必多说,发酵得像酱豆腐一样的虾脑,由虾潺风干制成的龙头烤,带着粗粒海盐的咸爆虾,还有名叫"淡菜"的腌卤青口贝,这几种咸菜,咸度不分先后,直冲脑仁。墨鱼蛋带着整副内脏像极了鸡提灯,煮熟后蘸点米醋,宁波人叫"凝";像手把件大小的螃蟹,几乎没有肉,从尾部吸出盐汤儿,这是宁波人喝粥的佐料,我觉得这简直就是在喝盐水一样,大姐说对嘛,就是喝咸胶水,说完她哈哈大笑,看着我这个外地人对着一众咸货发晕,似乎达到了"宁波快乐"的目的。

不得不说,这辣螺风味别致,属于咸菜中的极咸品,尾调的回味甚是有趣,竟然腌出了辣的滋味。韩不韩有个笔名叫"不粘锅"的朋友,他要给"宁波人口味重"这句话平反,他说,总有人说宁波菜很咸,但实际上宁波料理怎么比都属清心寡欲、嘴里能淡出鸟来的存在。清蒸、快炒、慢笃、盐水煮、红烧、攒浆……端上桌来的菜,有哪碗不是淡呵呵的,咸在哪儿?于是有人提出:"你们还有很咸很咸的虾蟹螺、很咸很咸的鱼啊!"他作答:"是的是的,可你要知道,那些只是宁波人的咸菜而已,与别处的咸菜疙瘩是一样的。咸菜搁哪儿都是咸的,对吧?"嗯,原来我在"宁波快乐"那里尝过的海货,竟然只是些咸菜,不过这种类也太丰富了吧,这样对待海鲜也太奢侈了吧……

白云的老阿叔股票蚀了七万

像人家菜场里向拣了半日拣来只死蟹

但是爽快的老阿叔勿会觉得外伤

他讲譬如勿得该七万交代拨老绒

开着车，听着韩不韩推荐的宁波歌手还潮唱的《阿拉永远 OK》，能感到宁波的另一种生动，"还潮"在吴语中有寒流来袭、衣物受潮的意思，听着听着，宁波就刮起了一阵风。

听了一天还潮的歌，第二天果然就还潮了，一场大雨，几乎覆盖了整个宁波地区，空气里透出几公里外海水的味道。驾车驶进象山的时候，已是下午时分，因为风大，所有的渔船都开始往港湾里开，海面上难得的寂静。约莫四五点钟，太阳开始落山，整个海港瞬间被金黄色笼罩，看起来就像聂鲁达笔下夕阳之中的浪漫海港。

从古城往里走，是一片废弃的老房子，老房子的石屋檐十分别致，石径、陡坡都显露出被海潮风化的迹象，水泥池里还种着春菜，不知道是钉子户还是迁居者遗留的一抹绿色，透过这些，不难想象这个渔村昔日的模样。人口扩张和现代旅游业挤走了老房子里的人，这些地方或许要建新的楼宇或是海产基地，总之，所有和旧时渔民生活有关的记忆，终将与这片老旧的房子一同消逝。

象山地处宁海、奉化之间，早先有考古学家发现，6000 年前的象山先民就在这块土地上耕海牧渔，繁衍生息，孕育了灿烂的"塔山文化"。到了冬天，家家户户晾晒鱼鲞、虾干、紫菜、苔条，那些搭竿，如今已经成为象山的标志。是鱼皆可鲞。从渔村走去码头的路上，总能闻到一种淡淡的幽香，顺着气味袭来的方向，便在夕阳的余晖中瞥见成片正在发干的带鱼鲞，一盘盘的紫菜，散落在大街小巷之间，散发着绵长的海韵。有个老妪，怕是用光了所有的晾晒竹竿，正拿着衣架晾鱼，透出一股人情味。福建和浙江的鱼干，有不少产自这里，15 块钱一斤的低价鱼鲞，是象山人的乡愁，是寒风料峭的冬日里最温暖的存在，喝上一口鱼鲞做的浓汤，恰好可以抵消冬天的寒意。

走到渔港时，天色已晚，石浦海滨公园内耸立着聂耳的雕塑，他身着长西装，正在拉小提琴。象山人最知道他在演奏什么曲子，那是《渔光曲》。1933 年，蔡楚生率主演和工作人员抵达象山，嵊州人任光为电影《渔光曲》谱写了主题曲，聂耳作为电影的配乐人员也一起来到了石浦。插曲中的歌词有些凄苦，不过这也是象山渔民曾经最真实的写照：

> 云儿飘在海空，鱼儿藏在水中。
> 早晨太阳里晒渔网，迎面吹过来大海风。
> 潮水升，浪花涌，渔船儿飘飘各西东。
> 轻撒网，紧拉绳，烟雾里辛苦等鱼踪。

台州

松门也有个不小的渔港，渔港外是个废旧的造船厂，数以百计的新渔船曾在这里下水、试航。林奶春的弟弟林恩彬早早就到了，他坐上车，把我带到了松门国际水产批发市场，这天有不少渔船靠港，市场内格外拥挤。林恩彬在温岭经营海鲜多年，他也曾做过水手，后来倦了，就上了岸，搞起海鲜批发。

松门离象山不远，水产种类繁多，看到门口有个卖冻蟹的，甚是便宜，180 块 10 斤，正犹豫着要不要掏钱，林恩彬制止了我，说了句"没人吃冻货"，就把我拉走了。林恩彬挑海鲜有一绝，凡新鲜的小眼带鱼都逃不过他

新荣记的家烧石头鱼

的眼睛，哪块肥，哪块适合红烧，他也很有门道。"现在的带鱼40多块一斤，等到过年的时候，就能翻几倍，温岭人最怕过年买不到好带鱼。"林恩彬说，"不吃带鱼拿什么替？我跟你说，没有。"

松门港的鱼从批发到海鲜市场，价格就翻了一番，到了几十公里外的温岭和台州，价格又贵了不少。我问老林，如果过年买不到黄鱼怎么办？他答："那就从福建买，再不行就买条黄鱼鲞放汤里。"批发市场内有干货专区，林恩彬拿了几颗干蛏子给我尝了尝，他说这蛏子很多卖到了福建、广东，那边的人喜欢做汤，这蛏子煮熟会散发出糯米一样的甜味。我尝了一口，觉得那个硬度和生糯米确实很像。

这几年，台州的"新荣记"在北京、上海拿了不少米其林的星星，据吃货们说，只有在灵湖的老店，才能吃到台州菜的精髓。我很好奇为什么台州菜突然之间成了高级菜，一个松门的渔老大说，90年代广东人有钱，就流行粤菜，因为结账的都是说粤语的老板，后来浙江人有钱了，就把台州菜推起来了。好像也有点道理，话糙理不糙。

从松门到台州临海不过一个多小时的车程，城市的风貌突变，街道整洁了不少，到处看着像新城区。走进餐厅时，突然觉得这里更像是一个私密的博物馆，很难想象，这家曾经开在地下室的海鲜大排档，是如何在20多年中成为一个菜系代表作的。

"新荣记"点菜也没有菜单，鱼、虾、螃蟹被安放在碎冰上，随意自选，点菜的时候，一位穿着厨师服的大姐站在一旁，耐心讲解各种鱼鲜的做法。我指着一只黑褐色像石头的鱼好奇地问："这也是东海的鱼吗？""没错，这是老虎鱼，也有人叫它石头鱼，因为壳子很硬，上面的刺有毒，所以以前没有人吃它，但是你别看它长成这样，鱼肉是非常香甜的。"当我问这鱼怎么烧时，大姐脱口而出：家烧。

这里的主厨名叫毕继业，是个30多岁的小伙子，他带我在厨房转了一圈，在处理生鱼的地方，刚才那条老虎鱼已被运到这里，有厨师戴着手套用鱼刀去除了它坚硬的外壳，"咔咔"几下，斩成小件。毕继业说，这种不常见的海鲜点一两道就可以了，留点肚子尝尝我们的家常菜，他推荐了椒盐多春和蒸长矛虾。

"这里的很多厨师就是本地的阿姨，台州人说的家烧，其实就是海鲜最家常的做法，比红烧清淡很多，最大程度地保留海鲜的鲜味。"毕继业说。当我问到都什么鱼可以家烧时，毕继业回答："我们比较推荐肉白的鱼，这些鱼肉比较嫩，本身的味道不是很重，如果你要家烧带鱼，那味道肯定没有黄鱼和石斑好。"

坐在餐桌前品尝老虎鱼时，我突然觉得这所谓的家烧滋味从某种程度上拉近了食材和食客的距离，无论海鲜多么昂贵，它的味道都被包裹在中国人最熟悉的酱味之中，就像《美食总动员》中那个挑剔的食评家，在面对一道乡村炖菜时的百感交集。这种可口的家常味道，是台州菜的烹饪密码，家烧的"模糊定义"，也犹如我们的烹饪哲学——"适量"，在家烧海鲜里，似乎还可以尝到台州人对海的认知。

新荣记的糟虾

泉州

　　浙江人说温州菜"很不宁波",大概和闽南人说福州菜"很不福建"是一样的。佛跳墙是福建的名菜,用料精细、工序烦琐,从涨发、煨制到火候皆有讲究,各种食材在坛中相互交融。制作佛跳墙是一个漫长的过程,可以被拆分成几十道工序。早先我在福州吃佛跳墙的时候,遇到一位年轻的闽菜厨师,他说自己做的佛跳墙属于江湖菜,是因为发明这菜的人,并非清道光年间福州聚春园的菜馆老板郑春发,而是乞丐。

　　这个说法和费孝通的观点不谋而合,而我对这个说法却不置可否。"福州的佛跳墙最好"的说法,现在有了争议,厦门、泉州、石狮、漳州,都有人声称击败了福州佛跳墙。其实,佛跳墙好不好吃,关键是干货的选择,老渔民说,干货要在海边风吹日晒,空气里有盐,干货的海味不会流失。

　　在泉州,我还遇见了一茶书房的"泉州老李",聊起福建渔民的生活时,他觉得渔女才最伟大。"惠东女、湄洲女与蟳埔女，并称为福建三大渔女，她们的服装极具个性，每个村落都有不同的传统印花，还有露脐装。以前男人们出海，这些渔女就补网、晒鱼、做饭、带孩子，闽南地区的很多食物，都出自渔女之手。"老李说。

老李向我推荐了糯米红蟳饭，我在一家名为"蟳埔"的小店，尝到了这种饭最接地气的版本。先前吃到的红蟳饭都像大菜，一个笼屉里垫着炒熟的糯米，硕大的红蟳被斩成精致小块，轻盈地盖在米上一并蒸熟。蟳埔的红蟳饭不过是25块钱的蟹肉蒸饭，蟹被切得很细，吃起来有些粗糙，配上一碗墨鱼汤，十分美味。

面线糊和石花膏，似乎更合我的胃口。面线糊的汤，由虾、蚝、蛏、淡菜等味美质鲜的海产品熬制，面线在汤中煮熟，糊而不烂，味道和莆田卤面有一些相似。如果懂吃，还会加入猪血糕和鹅肠，多种油脂相互融合，香味叠加，配上炸葱花、短油条、白胡椒粉，真的一时忘了海鲜的存在。石花膏是由海鲜制成的甜品，原料石花菜是生长在台湾海峡中潮或低潮带礁石上的一种食用海藻，看上去有点像珊瑚，石花菜被熬制过筛后，会凝结成果冻一样的胶，调入糖水、蜂蜜或椰奶，软糯清甜，冰镇一下，清凉爽口。

老李说，福建人对海的情感深，从随处可见的大大小小的妈祖庙就能看出来——她是渔民的守护者。在金井的小渔村里，我看到最华丽的建筑就是妈祖庙堂，这个庙修建在海滨的一个缓坡上，妈祖正对着东方，守望着一片海峡。

"我们这边的蟳埔村和惠安都信奉妈祖。蟳埔村的妈祖庙是除天后宫之外，香火最旺的妈祖庙了，每年正月都会有妈祖大巡境活动，大家把神像抬出来，在其管辖的区域每一家每一户过一遍，如此便能把好运气带到各处。"老李说，晋江有23座妈祖庙，泉州的不计其数。"以前的时候只要有疫情，人们就巡境，把泉州的神明全部请出来。南边靠海的妈祖，北边的相公爷、田都元帅，天下梨园的总管雷海清，西边的财神爷赵公明，通淮的关帝爷，还有一位是……"老李有点想不起来了，到了晚上他发来微信："今天忘了个保生大帝。"

厦门

不记得是第几次来厦门的第八菜市场了，透过这个充满烟火气息的市井街道，似乎可以寻到厦门岛上真切的生活场景。之前每次来"八市"都是以猎奇的心态观赏海鱼，因为这里是海产的集散地，这里的海鲜可以用琳琅满目来形容，不必说本地的花盖蟹、钢铁外壳的青蟹，也不必说厦门人深爱的巴浪、马鲛鱼、斑节虾，更不必说名贵的石斑鱼、光滑的虾潺，单是周围专卖鱿鱼的摊位，就有无限趣味。小管晶莹透明，大管乌贼红彤彤的，如果细致观察，还会发现它的身体在微弱地变化着颜色。还有白色的墨鱼，被黑墨包裹，散发出阵阵海潮的味道。

1月初的某个早晨，我与酱油哥和厨师黑明约在"八市"见面。酱油哥名叫颜靖，他是《舌尖上的中国》的线人，我和他在福州结识，到了年关，酱油哥忙活着他的"好嘴到"，手机信息发个不停。在厦门初见那天，他说要按闽南童谣《围炉歌》做一桌年夜饭给我尝尝。

二九暝，
全家坐圆圆。
年底好日子，
围炉过新年。
桌顶酒菜满满是，
鸡鸭烘肉红瓜鱼。

一碗长年菜，

一碗金针煮木耳。

红膏蟹，乌鳗鱼，

吃蚶才会赚大钱。

大人孩子笑眯眯。

祝阿公阿嬷岁寿吃百二，

祝全家平安无代志。

"无代志就是没有坏事情发生的意思。"酱油哥解释道。为了这顿饭，酱油哥邀来了当地的厨师黑明，黑明是社交媒体上 13 年坚持无歇，给女儿连续做了近 5000 次早餐的"早餐爸爸"。当然，他的本职是黑明餐厅的主厨。酱油哥先是在菜市场包圆了湄公河罗氏虾，随即带着我们走到"八市"的一个小巷子里，买了一些神秘的小鱼。他对海鲜很熟悉，总能买到稀缺货，黑明买了几只红膏蟹和几斤小血蛤。黑明选蟹不摸腿，只托在手上掂掂分量，感到压手的，就放进袋子里，常年买菜，让他对一只蟹的重量有了标准。随即，两个人因为长年菜到底是刈菜（芥菜）还是韭菜起了争执，酱油哥本想打电话给上青本港的吴杰给自己投票，结果问出了第三个答案——小菠菜。无奈之下，黑明把三种菜都买了。

酱油哥拎来了一只 3 斤重的大黄鱼，问我，你知道厦门红烧是什么吗？我支支吾吾地回答："浓汁酱油水？"这个答案显然是错误的。在黑明餐厅的厨房，主厨还原了一下令人咋舌的"厦门红烧"。黑明系上围裙，一下提起大黄鱼，放在案板上开始刮鳞，随后用刀尾尖划开鱼肚，掏出内脏，但留下了鱼籽，冲水、擦净后，他开始给鱼切起了花刀，吩咐小厨师烧起一锅热油。我看得一头雾水，问道："这是要做松鼠鱼吗？"黑明看着我神秘地笑了笑，开始给鱼上粉。他的动作很是娴熟，粉上得十分匀称，这让我一度怀

上图：红鲟米糕
下图：清蒸海鳗

疑他是个鲁菜厨师。"刺啦"一声，黄鱼入锅，冒起了气泡，他拿着热油在鱼身上反复地浇淋，试图让鱼尾保持着翘立的姿态。热油渗透鱼肉，鱼身变脆，黑明用夹子小心翼翼地把鱼放在盘子中的吸油纸上。随后，他开了一罐番茄酱，这让我更加怀疑起来。

黑明烧了点底油，油煸蒜末加醋、糖、盐、水和番茄酱，做出一份荔枝口的汤汁，又加上黄瓜丁和花菜丁，烧到软嫩，最后一转身，把滚烫的红汁往鱼身上一浇，又是"刺啦"一声，鱼尾随着汤汁的流淌，渐渐软了下来，不一会儿，就贴到了盘底。好嘛，这简直是一道松鼠黄鱼。

不一会儿，菜上桌了，六片红发龟粿是装饰，鸡鸭切块、同安封肉、清蒸红膏蟹、红烧黄鱼……依次上桌。黑明偷偷地把芥菜和小菠菜换成了烫韭菜，气得酱油哥和前来吃饭的吴杰直瞪眼。酒过三巡，菜过五味，黑明又端上一盘厦门薄饼，据说这是蔡澜最喜欢吃的一道厦门菜。拿起一张饼，吹弹可破，可这里面内容并不单薄，木盒上分别放着贡糖、浒苔、肉松、蛋丝、炸米粉，黑明卷好一张，最后加入鱼松，他说："这个薄饼就靠这一点鱼松提鲜。"

"围炉"守岁，寓意团圆吉祥，吃完这桌菜，我开始反复查询厦门红烧的由来，却得不到答案，最后，把目光停留在一道传统老菜——荔枝鱼块上，那种甜味极其相似。

当晚，我来到了上青本港吃饭，和吴杰再次相见。这是我第二次来到他的餐厅，一同吃饭的还有酱油哥和海鲜大叔。海鲜大叔名叫陈葆谦，那天他穿着一件印着鲣鱼的T恤，他父辈是出海的渔民，因为好吃，最终修炼成研究厦门渔业史的专家。几个老朋友坐在一起，不自觉地就打开了时光胶囊。

"70年代，买得起大鱼的，那也是有钱的人。小时候我们家吃油条，一根油条还要掰成两半的，家里小孩子多，我爸爸妈妈一个月挣三十几块钱，还要养活我叔叔、姑姑。那时候去公共厕所，要花一分钱买草纸，我骗我爸

上青本港的"贵族巴浪鱼"

爸说要去上厕所，他给了我一分钱，我偷着去买了只金龟子，绑在木棍上飞呀飞呀，回来被打得像孙子一样。"讲起儿时的记忆，吴杰总有说不完的话。我指着那盘巴浪鱼说："好吃。""这是在困难时期救过人命的鱼。"吴杰出于对巴浪的喜爱，给这道并不昂贵的菜起名"贵族巴浪鱼"。"计划经济的时候，好多家没饭吃，就要靠这个鱼过日子，盐巴煮一煮，就能下饭。"他说，"吴孟达就是厦门人，他回到厦门就会吃巴浪。在这个味道之上，还有一种情感，好像只有在那个年月出生在福建的人才会懂。"

听了这鱼的事迹，吃到了它的味道，再得知巴浪在厦门只卖十多块钱一斤时，只觉得它极符合我对"平民食材之王"的想象。这道巴浪的做法其实就是酱油水，这三个字用厦门话讲，读音像"倒油醉"，这是闽南人的家烧，也是他们最常用的烹调方式。酱油和水按照不同比例搭配，不同的鱼即可烧出不同的香甜滋味。

　　吴杰性格豪爽，在北京住过几年，他说自己去上海出差，看当地朋友吃蟹，一只大闸蟹掰来掰去，也吃不到几口，看着真着急。"不像我们，以前一人抱着一个脸盆的螃蟹，有的拿一桶'咔'地倒桌子上。"海鲜大叔补充道："扇贝、鲍鱼螺、梭子蟹、虾蛄，真是倒在桌子上随便挑。"不一会儿，有人端来了一只蒸好的红花蟹，这只蟹很大，看起来足有两斤多重，切件摆满了整个圆盘。我拿起一块蟹身，端详着紧实的白肉，切口处的鲜肉饱满、圆润，甚至有点剔透。当我问起吃这蟹需蘸什么料的时候，桌上三位含着蟹腿的厦门老饕异口同声地说道："直接吃！"那个语调有点像责备，甚至是训斥。

　　生焗水晶管，倒上一点酒，烟雾四起，姜丝和酱油糖化的味道，伴随着鱿鱼的芳香，飘到桌上。吴杰站起身亲自为我们拌海蛎煲仔饭，我问起上青本港的原意，他边拌饭边说，上青是闽南话最新鲜的意思，极鲜，本港其实就是家乡的一片海，"每一个沿海人，心里面都有他的一片海，都认为他心里面这一片海的海产是最好的"。

　　除了巴浪，吴杰也喜欢串乌（小马鲛）。"一定要用菜市场那种很可怕的酸菜煮那个串乌，好吃极了。"他说，"闽南第一鱼肯定是黄翅，学名叫黄鳍鲷，这个是神一样存在的鱼，它适用于各种场景，有人坐月子吃可以下奶，小孩子可以吃，老人家也喜欢。"

　　"两信潮起海连天，鱼虾入市不论钱。"吴杰常用这话形容以前的厦门渔业。"我见过一条大黄花鱼几十斤重，三轮车后面还要挂个斗，像火车一样拉着。可那时是计划经济，买鱼要鱼票的，每家人凭票换来一小块鱼肉，回到家里要用盐巴腌一腌，然后再煎，煎完以后还舍不得吃，要第二天再吃。你小时候印象中是不是黄花鱼不值钱？不值钱的。"吴杰继续说道，"稀缺才值钱，你看温州有钱人家的黄花鱼，一只比一只大，福建这边的黄花鱼都被浙江那边的人收走了。"

讲起厦门的海鲜，每个品种都像是吴杰的老朋友，每种唠一遍，就到了后半夜。吴杰提议，第二天早上和他一起去厦门港收鱼。吴杰为了餐厅投资了渔船，这渔船从不捕鱼，专门去海上收别人的鱼，吴杰对渔船只有一个要求，"只收好货，上青货"。早上6点，吴杰开着车早早地等在了酒店门口，我匆忙换了抗寒的羽绒衣，从酒店出来一路小跑上车，一路开向厦门夏商海鲜批发市场。

吃罢早餐，吴杰来了精神，故事讲个不停。"我最早投资的是渔排，搞养殖，海鲜大叔就常去我的渔排上提灯钓小管，后来我还搞了个海上餐厅，结果'莫兰蒂'一来直接把我的餐厅吹跑了。"他常出海钓鱼，试图用钓竿测量海的深度。"台湾海峡的平均水深在100米左右，一过东山岛和南澳岛，就是断层，海水都变成了黑蓝色，鱼线都够不到鱼。"他还经历过奇景。"有次我出海收鱼，刚离港30海里，就遇到了成群的中华白海豚，可能是个大家族，很多很多，它们在追沙丁鱼，还有浮上水面观察我们的，样子像猪，很可爱。"

说着说着就到了厦门港，这天风平浪静，码头上没有什么人。渔船靠港后，依次卸下红花蟹、黑蟹、章鱼和石斑鱼，停在一旁的卡车工人把海产捞出后，随即放入盛有还原海水的塑料桶内。吴杰不断地提醒他们轻一点，对于食材，他很在意。"我经常看见渔民对他们捕捞的食材很不尊重。"吴杰说。在整个行程中，他是唯一一个对海洋环境表示过忧虑的人。"以前的渔民不懂环保，用的网都是绝户网，我见过的迷魂网，最宽的能有二三十公里，破坏力太强了，所有的物种都逃不掉。还有那种海底拖网，像犁地一样，把海底刮一遍，这样下去，海底全完了。"吴杰说，感觉很矛盾，担心以后吃不上海鲜了，更担心以后干渔行的人都没饭吃，他继续说道："我们向大海索取了这么多，如果一直让海的价值贬值，就没有什么值得自豪的，因为这样是没法传给后代的。"

很难用一个词去精准地形容海水的味道，因为它是复合的，在不同的时节，海水又会呈现出不同的味道，有的人会说它咸、腥，有人则觉得它鲜、甜。

在中国的四大海域中，东海的海鲜生长环境最为独特，因为那里有长江、钱塘江、甬江、淮河、闽江等入海口，淡水与咸水的交汇融合，形成天然的微生物聚集地和饲料仓，台湾暖流、黄海冷水团等各路暖流、寒流交汇，鱼虾蟹类以此栖息、洄游。海鲜是来自大海的馈赠，也是普通人认识大海的方式，我列出了10种海鲜，它是伴随东海人家生活的餐桌美味，我试图用这些海产和它所衍生出的烹饪文化去勾勒一下东海的味道。

东海十味

黑麦／文　于楚众／摄影

宁波"三佰杯"的大头红虾

1. 大头红虾

如果你仔细品尝海水的味道，那里有一丝甜味，大头红虾的虾肉也会渗出这种甜味。

第一次看见大头红虾，是在宁波的海鲜面馆里，我还以为这虾是阿根廷红虾的幼仔，便给它随意起了名字——"阿根廷小红虾"，面馆的大叔摇手，说他们这儿随面的配搭都是本地货，没有进口虾子。不常吃虾的人，是很难分辨出这虾的区别的，无论是青虾、白虾还是斑节虾，烫熟了都会变成鲜亮的红色，舟山的渔民说，只有大头红虾下锅前后的颜色都是红的。

大头红虾一般走不出舟山一带。它的硬壳暴露了它潜伏在深海的地段，也因为这虾子生在深海，没了水压，就无法存活，加之它的头很大，可食用的部分赛不过其他品种，因此这虾大多只在江浙一带流通。一般的大头红虾约一指长，身体微微蜷缩，头占了几乎一半的长度。我第一次剥这虾的时候就惊讶于它的硬壳，那是同等长度虾一倍的厚度，掰开虾头，就会看见黄色的虾脑流出，吮上一口，浓郁的虾香回味无穷。这虾的虾身呈现出晶莹的白色，虾肉上还覆盖着血色的薄膜，一口吞下去有黏黏的口感，犹如一块轻盈的凝脂，在口中慢慢融化。

在舟山，也有人管它叫胭脂虾，是因为它鲜艳的红色。因为捕捞这虾的收获数量极不稳定，所以如果出海时收不来整筐，那么渔船上的水手就会用它来做员工餐。在渔船上我吃到了极为新鲜的大头红虾，虾壳很脆，肉很弹牙，几乎不用蘸什么佐料，像一味零食。

在宁波的"三佰杯"里，我第一次吃到了抱盐大头红虾。服务生端出两个容器，一个盘子里装着白盐覆盖的虾，另一个碗里盛满清水，老板韩不韩说，这个虾生是用盐腌的，除了盐没有任何调味，吃之前要在清水里涮一下。我照着他说的做，虾去壳后呈现出了更为白皙的肉，这与生食的北海道甜虾、牡丹虾有些相似，但是肉质粗糙一些，一口咬下去，极咸、极甜相汇，在口中交织。

制成干货，是大头红虾的另一个宿命。村民会把虾子放在烧红的瓦缸上炙烤数日，炭火与海水交融，陆上的风土与大洋风味冲撞，形成一道色彩红艳、酥脆咸鲜的美味虾干。在奉化、宁海，每逢八九月份，就能看到古早的手艺，它能够保留至今，是因为贪嘴的人。"裘村镇应家棚村的古法烘虾最为好吃，入口脆脆的，还有甜味。"老林从市场的货摊上拿起两枚虾，一个递给我，一个放进嘴里嚼了一会儿，继续说道，"这是我们小时候的零嘴。"

在台州，我还喝到了这种虾干煮成的白汤，汤里面漂着一点青菜，干货滚出来的汤，似乎在汤里还原了一点海水的味道，喝上一勺，十分香甜。我觉得这虾应该有个别称——"东海甜虾"。

中国味道：刻在胃里的思念

上图：虾潺
下图：黄鱼

2. 虾潺

吃虾潺的时候可以体会到海的绵软。

虾潺不是虾，是龙头鱼的一种，此外，它还有个别名叫九肚鱼。这鱼上了岸，进了餐厅，名字就换成了虾潺，听起来饶有趣味。

虾潺如其名，鱼身如流水一般潺潺绵软，鱼皮甚薄，如蝉翼剔透，如果不仔细看，还以为鱼贩好心剥掉了鱼皮。我曾和一位北方厨师去逛厦门的水产海鲜市场，看到虾潺时，他惊叹当地鱼贩的勤劳，引来了嘲笑。虾潺和鱼市场卖的大多数海鱼不同，没有硬骨，极易烹饪，因此受到煮夫们的厚爱，在东海沿岸，几乎家家售卖虾潺。

虾潺长了一个不协调的脑袋，形似"龙头"，舟山的渔民有次和我讲起这鱼的传说：鱲鱼因体弱被虾蟹欺凌，龙王看不过去，下令百鱼各自捐出鱼骨一根，虾潺只有一根鱼骨，抽出来后便瘫在龙宫前，龙王见了心生怜悯，将龙头赐予他，说"别人见到了你，就如同见到了朕"。随后，虾潺也成了海中的"小霸王"，凭借一张巨口，吞噬小蟹、小虾，甚至虾蛄。不知道这个故事流传了多久，总之，鱲鱼因为骨多令很多人望而生畏，而吃虾潺的人则越来越多。

"龙头烤"曾是虾潺在浙江一带的常见做法——盐水腌制，再经过海风吹干晾晒的虾潺，变成了一种类似鱼片干的食物。遇见宁波老底子，便会听到他们对虾潺干的反复夸奖，"过酒乌贼鲞，下饭龙头烤"。在物资相对匮乏的年月，会吃的人家会把自家腌制的虾潺串起来，挂在厨房的通风处，每隔几天，就会摘下一两条，吃粥、下饭，或是做成青菜的调剂。苦日子过去了，晾这鱼就成了习惯，小孩们不爱吃它，老太太们就用它炖汤、蒸肉，那是最天然的味精。再后来，吃龙头烤的更少了，压饭榔头没人爱，仿佛只有忆苦思甜的时候，才有人提起它。

虾潺的另一个别名是豆腐鱼，这个名字也"出卖"了它的最佳做法。豆腐虾潺是舟山一带的常见吃法，热锅爆炒雪菜、葱、姜、小红椒，随即加入老豆腐和虾潺，生抽、老抽、料酒、白糖调个颜色和味道，无须翻炒，盖上锅盖，等锅开了，菜也熟了。这道菜从备料到完成不过十来分钟，因此它也成为渔民出海时的主菜之一。不过渔民们烹饪时对放酱油格外的吝啬，他们生怕酱油抢了海水的味，也是怕这鱼被沾染了浓重的颜色。

吃虾潺，完全用不到牙齿，只需吸吮，便能让鱼脱骨。南宋宝庆年间（1225～1227）所编的《四明志》中就有记载，鱼身如膏髓，骨柔无鳞，想必几百年前的人，已经掌握了吃虾潺的技法。贪恋软嫩的浙江食客，偶尔也会将它椒盐，在闽南的食客聚集的餐厅里，年轻的厨师更喜欢给它包上一层脆壳油炸，吃起来像炸鲜奶一样，咬上一口，外皮焦酥，内心柔滑、绵软，鱼汁四溢。

3. 黄鱼

肥美的黄鱼浓缩了海的滋味。

走进舟山沈家门的东河菜场，就会被各种鱼类的名称搞晕。如果有渔民做向导，则会轻松不少，靠着外形和颜色分清了一些。可走到卖黄鱼的摊贩前，还是会混淆"大小黄鱼"和"梅童"。

黄鱼和梅童是不同的属。梅童鱼的头吻圆钝，黄花鱼的头吻有些棱角；梅童鱼的尾巴细长，黄花鱼尾巴短小；黄鱼体态大，一拃两拃都是它，而梅童的体形较小，长到15厘米长，就是大鱼了。听了鱼贩的介绍，仍旧糊涂，看了价钱突然心里有了标准——梅童的价格大概是小黄鱼的三倍，野生大黄鱼的价格是梅童鱼的五倍。

黄鱼在深海区域越冬，每年春季到近海洄游产卵，产卵后又在近海索饵洄游，老渔民们掌握了它们的迁徙路径，往往看准时机、地点下网，收获颇丰。田汝成在《西湖游览志余》中记录道："每岁孟夏，来自海洋，绵亘数里，其声如雷，若有神物驱押之者。"可如今这震撼的场面早已不复存在。《西湖游览志余》里的这鱼名叫石首，说的就是黄鱼头里的脑石，黄鱼依靠脑石定位，却无法逃脱人类的渔网和欲望。

好景不长，如今说到黄鱼，渔民们大多感慨万千，出海了一辈子的颜师傅说到黄鱼时只是摆摆手，接连叹气。"以前舟山这片海里，随便撒一网下去就能捞起几筐大黄鱼，有些人会用木棍敲击船帮，水随着船体震动，几米内的黄鱼全漂上水面，赶上汛期的时候，黄昏或黎明，你低头就能看见它们在成群地捕食，那时候船小，躺在舱里，听见咕咕叫，黄鱼浮上水面喘气。"他说，"现在船大了，网多了，鱼少了，大黄鱼更少了，野生的黄鱼一年也搞不上几条来。"

黄鱼离了水就死，几十年前的船上还没有低温存储设备，这让鲜鱼很容易变质，旧时的渔民会在船上简单加工黄鱼，从腹部去除内脏，然后包裹上海盐暴晒，随后挂在船上经历海风的吹袭，不出三五日，就做成了黄鱼鲞。徐珂在《清稗类钞·动物·石首鱼》中提到，曝干曰鲞鱼，俗称白鲞。可如今的白鲞指的多是稀有的野生大黄鱼，这种鱼干几乎绝迹，如若碰到两斤重的，必会遇见出高价收购的买家。

在旧江南的习俗中，端午节是要吃"五黄"的，所谓五黄，就是黄鳝、蛋黄、黄酒、黄泥螺和黄鱼，以驱毒避邪。曾几何时，每年入梅，东海大黄鱼充斥市场，小馆子里，煎鱼的油用了一遍又一遍，黄鱼泡饭，是当年对劳作的渔民最好的抚慰。随着渔业的发展，餐桌上的黄鱼越来越贵，后来就慢慢消失了。等黄鱼再次大面积出现在市场上的时候，已是 90 年代，养殖的黄鱼让曾经的味道再次回归到餐桌上。鱼贩说，不知道是野生的品质下降了，还是养殖技术提升了，反正他是越来越吃不出野生和养殖的差别了。如今野生大黄鱼在餐厅实属硬菜，在上海或是北京的高档餐厅，一条两斤重的

松门渔港刚刚捕捞的马鲛鱼

野生黄鱼轻轻松松卖到数千元，但始终有人愿意花上大价钱去吃它，或许只为吃到一种昔日的味道。

　　和黄鱼相比，梅童鱼的鲜味是另一种味道，它的肉身更紧致，舟山人说它的滋味更浓，像是能吃出一种日照海水的味道。梅童鱼金黄色的身体十分健美，"冷水梅童赛黄鱼"，此话不假，冬天的梅童鱼几乎不进食，懂吃的人只去除它的鳃部，内脏完整下锅煮汤，或是清蒸，盘中充斥着海的味道，一筷子夹起一条，让人胃口大开。

　　4. 马鲛

　　在某些季节，海水会因不同涌的交汇而变得层次分明，这是肥美的马鲛鱼最喜欢出没的地方。

　　清光绪《揭阳县续志》中"色白如银，味甜无鳞，银肤燕尾，品在鲳鳙之间"，说的就是马鲛鱼的肉质，好于花鲢，次于鲳鱼。马鲛鱼就是北方人常说的鲅鱼，体形狭长，头及体背部蓝黑色，侧面有数列圆斑点，腹部则呈淡白色。在松门的水产批发市场里，随处可见被冻成冰柱的马鲛鱼，我随口说了句："这鱼看着可不值钱啊！"鱼贩笑了笑，说这鱼大多要卖到我们北方去的。

清明前后，带卵马鲛鱼洄游江河产卵。干渔行的人都知道，这个季节的马鲛鱼，肉质滑嫩又肥美。这绝不是夸张，蓝点马鲛，肉多刺少，层次分明，有一种香糯的口感，被鱼市的人称为"极品鲛"。不过极品鲛会转瞬即逝，如果错过了清明，蓝点马鲛的数量就少了很多，如果不赶在这短暂的上市时间尝鲜，就要再等上一年。

上好的马鲛在清明前后会卖到一两百元一斤，这就是宁波、奉化老饕口中的"川乌"，这个名字来源于鯆鯣，字中带春，想必在春季食用最美。"眼亮、鳃靓、体亮"，鱼贩老林拿着一根冰冻的马鲛鱼说，冰冻的鱼这几点都不符合，"烤着吃吧"。我问了一句那要怎么做才好吃，老林回答，"放汤"。

煮这汤其实没什么讲究，只要鱼鲜，雪菜够咸就足矣。几滴猪油下锅，翻炒雪菜，随后放入切好的马鲛鱼块，再倒上一壶开水，盖上盖子，只要等到开锅即可。两根烟的工夫，锅已开始冒气，打开那锅正在浓缩的汤，一股鲜气扑鼻，等水雾从眼镜上散去，便看到一锅洁白的鱼汤，抢先喝上一口，一股甜丝丝的味道充满口腔，到汤汁的温度变温，起初的相对单调的甜味会变得丰富起来，鱼肉也会从糯到坚呈现出风味上的不同层次。

老林说，马鲛鱼在不同时间里的味道也有差别，因为它身体的适应性很强，所以在不同的海域里，还会产生不同的味道，例如香山的更甜些，舟山的则会咸一点，其他的海域内脏味突出，清明节前后洄游到象山港的大多是蓝点马鲛，我们喜欢它丰富的油脂和味道的层次感，这在其他马鲛上是不常见的。

在中国人的餐桌上，马鲛鱼算得上是后起之秀，因为在 60 年代之前，它并非我国渔业的主要捕捞对象，当黄鱼、带鱼资源开始紧张时，马鲛鱼的年产量也随即涨到了几十万吨，登上了餐厅后厨的主战场。不过几年前，马鲛鱼的数量也开始锐减，一网捞上来，马鲛鱼不过十来条，清明前后，再也网不到整群的马鲛鱼了。"真担心以后连马鲛鱼都吃不到了。"老林说，"有时候马鲛鱼实在太贵，有些人就会买些竹鲛、板鲛替代，让鲛得以常游餐桌。"

马鲛和鲳鱼，好似一对天生宿敌，因为总有人拿它们作比对。明代王世懋的《闽部疏》有记录，山食鹧鸪獐，海食马鲛鲳。足见吃马鲛鱼和鲳鱼是当时好食者的共识。闽南也有谚语：一鲳二红鲦，三鲳四马鲛，五鮸六加腊。这是闽南地区的渔民给出的古老排行。

在没有蓝点马鲛的日子里，温岭松门镇的渔民还能捕到中华马鲛鱼、康式马鲛鱼、朝鲜马鲛鱼，虽然这三种鱼没有蓝点马鲛那样金贵，却也是不错的食材，马鲛鱼如若被冻成冰，就会送往北方，虽然没有了刚上岸时的鲜嫩，但用它来做鲛鱼饺子，也是道不错的吃食。可在整个东海，人们觉得吃饺子是件很陌生的事。

5. 血蛤

人们喜欢生吃血蛤大概就是因为那一口"血"，这"血"的含盐量与海水大致相同。

虽然大多数的贝类供应是依靠养殖的，但是卖鱼的小贩们坚称，"血蛤永远是野生的好，因为要生食，野生的没有菌"。血蛤也叫毛蚶，形同小号的赤贝，在东南沿海地带，生长在滩涂里。鱼贩说的血，其实也不是血蛤的血液，而是它赤红色的分泌液体。

在整个东海地区，吃血蛤是件硬核的事，因为每个人都说，"开水烫几秒之后就可以吃了"，舟山人说他们吃血蛤只用一种方法——白焯，也叫烫、飞水。常见的场景是在大排档里，一碗碗冒着热气，烫得半生不熟的蚶被店

中国味道：刻在胃里的思念

血蛤　　　　　　　　　　　　　　　沙蒜

主端出，食客疯狂地拨开蚶的壳，看见血一样的分泌液，然后吸吮起来，再吃掉蚶肉。

　　从温岭向南，吃血蛤会淋上姜酒，这里说的姜酒不是红枣姜酒，而是黄酒和姜汁、姜末调出的酒，微微烧热后，浇在刚刚出锅、鲜脆的小贝壳上，顿时传来一阵浓重的滩涂气味。从上海一直到东南亚，人们普遍觉得血蛤大补，补血、补气、滋阴壮阳。这种认识还要归结于李时珍，他在《本草纲目》中写道，味甘性温云云。

　　台州路桥区曾有个习俗，女人坐月子一定要吃血蛤；玉环也是如此，除了蛤肉，酒也要一饮而尽。不过这个习俗随着 1988 年上海甲型肝炎的大暴发而终止了，毕竟是滤食性动物，血蛤的生长环境中含有大量的菌群，短暂的加热是无法达到可生吃的程度的。那是一次极为凶险的疫情，官方称在 3 个月内有 29 万人患病，医院爆满。不过就在那次疫情过去后没几年，"茹毛饮血"的传统吃法再次回到了餐桌上，人们对这带盐的"血"味好似有些依赖，不过食客们长了些教训，他们会佐些小酒，似乎那样可以抑制疾病的发作一样。渔民大多不爱吃血蛤，是因为蛤肉少，也是因为不敢在船上喝酒，喝酒就误事，出海怕有风险。

在浙江、福建的很多地区，人们还会在清明节那天带着煮好的血蛤上山祭祖，蛤壳寓意"钱币"，拜拜之后，儿孙们吃上几颗，把贝壳堆积在墓碑前，算是对先人的孝敬，如果遇上拨不开的，也不能说出来，要揣在兜里带回家，用锤子敲开，表示万事顺利。在福建，过年吃血蛤，是因为"蛤壳钱"的寓意，吃完的蛤壳子要扔到床下，祈求来年可以发财。

6. 沙蒜

沙蒜吞食泥沙，充满矿物质的味道。

人会吃海葵，这要感谢为海葵起名"沙蒜"的人。沙蒜栖息在海涂之下，以吞食泥沙为生，它从淤泥中吸取营养物质，周身被黑灰色覆盖，如果将其洗净，便会看到如蒜薹一般的青黄色，由于它形似蒜头，故浙江一带的渔民给它取了沙蒜这个生动的名字。

沙蒜在古时叫"沙噀"。宋代提刑许及之是温州永嘉县人，他曾经为沙噀写下《德久送沙噀，信笔为谢》，诗曰："沙噀噀沙巧藏身，伸缩自如故纳新。穴居浮沫儿童识，探取累累如有神。钓之并海无所闻，吾乡专美独擅群。外脆中膏美无度，调之滑甘至芳辛。"足见当时的人已经把沙蒜烹饪得非常美味了。

沙蒜是柔软地"瘫"在沙中的，但是倘若遇到猎手，便会紧绷起来，像充了气一样。它的分布甚广，苏浙沿海一带绵长的海岸线上都能见到。鸡肠蒜和球沙蒜是常见的两种。球形沙蒜更似大蒜，长居浅滩，每到夏末，前来赶海的人便能轻松采集一小筐；鸡肠蒜形长似内脏，定居在浅海或泥涂一米下的位置，少有人能徒手挖到，每逢深秋，就能看到渔女背着竹筐用长锹在沙滩上挖这蒜。

温州龙湾区爱吃沙蒜，当地人会把它做成沙蒜冻，这是瓯菜中一个典型的菜品。温岭人喜欢用沙蒜做汤，品尝起来像是喝一碗咸香的海水，不太清爽，甚至有点混浊。我第一次喝沙蒜汤就是在温岭，那天还潮，气温降到2摄氏度，街上的人寥寥无几，闯入一家深夜营业的馆子，点上一碗沙蒜汤，喝下去突然有种回魂的感觉。店家用海河豚的汤来比较这沙蒜的鲜，无奈的是海河豚鱼已被明令禁止食用。每次坐在餐厅里点这道菜，服务员都会笑眯眯地说道"劲补""功效厉害"之类的话，有些地方甚至把它称作"海中冬虫夏草"，大概是迷信沙蒜和羊腰子有相似的功效。

在浙江台州，沙蒜被烧制得十分雅致，大概是因为沙蒜烧豆面入选了"台州十大名菜"，所以凡是接待贵客，餐桌上必少不了这味食材。台州豆面不是用绿豆磨的，而是用番薯淀粉制成的粉条，厨师在制作时会先将沙蒜放入清水中焯水煮开后清洗，去除表面黏膜，随即将五花肉切片，大蒜、姜切丁，芹菜切粒。猪油炒沙蒜这一步必不可少，海陆两味的结合让沙蒜充分吸收风味物质，从而变得顺滑，盖上盖子再焖煮半个小时，沙蒜溢出海味的汁水就会浸入汤中，待汤收了一半，放入泡开的豆面，就大功告成。懂吃的人，从不忙着动筷，他要让这锅豆面慢慢降温。过程中，豆面会充分吸收沙蒜和猪油的味道，变得鲜香四溢。吃这道菜的时候，沙蒜口感脆中有嫩，豆面滑溜溜的。

在90年代以前，沙蒜算不上昂贵的食材，它像望潮、海蜇、鲳鱼一样，是人们餐桌上的家常菜。随着吃海鲜的人越来越多，沙蒜也开始变得稀少起来，冬季的价格高达80多块一斤，在餐厅点上一盘沙蒜，不过三四头的样子。渐渐地，沙蒜也就成为高端宴席上的一道菜。

7. 带鱼

海水的鲜味如同新鲜的带鱼。

在渔船上，伴着夜晚的探照灯，看到渔民刚刚打捞上来的带鱼，明晃晃的，活像是一把极其锋利的刀子，这大概就是"大刀鱼"这一名字的由来。如果是白天，上前仔细观瞧，这鱼会反射出极美的七彩光，像是带着某种光环的海底使者，可惜好景不长，带鱼一旦离开海水，就会死亡，身体的颜色也会随即变得暗淡，我笃定，那是鲜味的消逝。

南方人对带鱼的情感，类似北方人对于饺子的钟爱，逢年过节，餐桌上必不可少。浙江的雷达网带鱼，是舟山地区常见的带鱼"品种"，其实它指的并不是一种特定的带鱼。雷达网是一种类似帆式张网的捕捞方式，水手利用水流的冲击力使网口水平扩张，在海水流速较大的深水区，网随波翻转，迷惑成批凶猛的带鱼。一网收上来，各种带鱼也不在少数，有经验的渔民会按品种给它们分类，放在碎冰上。

辨识带鱼，要有一些经验，大眼睛的带鱼眼神犀利，但不是本地品种，在渔民眼里，"小眼睛的带鱼肉最好吃"。眼睛小，身子短，体形单薄，这样难看的带鱼，大多来自舟山。"海底的压力强，上了岸鱼就不适应了，容易破肚皮，也说明它细皮嫩肉。"渔民老林说，"你看这鱼的鳞片还掉了些，鱼身上有渔网的刮伤，这在你们北方可能叫卖相不好，但在我们这边，是雷达网带鱼的标志。"

80年代，带鱼是北方人记忆中第一抹海鲜的味道。市场上被老式冷链反复冻烂的鱼虾散发着腥臭，唯有带鱼，如获至宝，拿到家里红烧或炸，两种做法几乎垄断了北方的全部带鱼。有个浙江的渔民对此很是懊恼，他觉得那么新鲜的带鱼，十几种香料倒进锅里，还能吃出带鱼的味儿？我问他应该怎么做，他的答案是清蒸。

厦门的带鱼叫白鱼，当地人口中的本港白鱼，指的就是当地带鱼，本港是正货，现在也叫嗯货。厦门人觉得本地的带鱼好吃，主要是因为它的肉松软、肥嫩。温水海域繁育的带鱼自然不需要过多的体能去对抗寒流，而充沛的微生物和小鱼虾也恰好满足了闽南带鱼先天悠闲的性格。厦门的带鱼最适合干烧和油炸，有些吃惯了珍馐的老饕专门在市场上买些细小的鲜带鱼，沥干，清油炸透，再掰成金黄色的小块，当点心吃。喝多了清嘴的岩茶，吃上一小块酥脆的鱼，海水混着油脂，散发出一种纯净的肉香味。

和黄鱼一样，如今的带鱼也转入了高级的食材之列，在宁海食府或是鸡毛兑糖这样的馆子中，刚刚上岸的带鱼会卖到300～500元一斤，本地食客依然会毫不犹豫地下单。在过年前，10厘米以上宽的带鱼也会在市场中卖到200～300元一斤，不少浙江人过年只担心一件事——吃不到好带鱼。

8. 蟳

蟳香，有一种神秘的味道，它来自神秘的海底。

记得很早之前，我和厨师刘鹏在上青本港等菜时，专门站在水池边观看了一会儿那里的海鲜。我们都对一种全身乌黑的螃蟹产生了兴趣，它的背像是长了一层苔藓，摸起来有一种灯芯绒的质感。服务员说，它叫善泳蟳，是善于游泳的螃蟹。我第一次听到这蟹名字的时候有点惊奇，这难道不应该是一种鱼的名字吗？

清代福建晋江人陈淑均编纂的《噶玛兰厅志》中写道："蟹，溪涧中有之，蟹生毛，名毛蟹……秋后甚肥美。脐有尖团之别，尖为公蟹，不及团脐母蟹之多黄而香也。海泥中又有小蟹，名大脚仙，螯一大一小，色赤、白相间。又有青蚶蟹，色青白，两螯独大。又有金钱蟹，身扁，色赤黑，腌食特佳。"

上图：上青本港的渔船在厦门港的码头收黑蟹
下图：炊黑蟹

闽南人对蟹有足够多的了解，是因为那里的螃蟹五花八门，不过直至今日还有许多未被命名的品种，但是这并不妨碍它们被下锅。在闽南地区，蟹类大致分成"蟹""蟳""蠘"（jié），都是海蟹。蟳以螯足强大为特点，蠘又称"梭子蟹"（蟹壳如梭两端尖），螯足比蟳小，较细长而尖。蟳是"虫"和"寻"的组合，《说文解字》中有"度人之两臂为寻"，可见"寻"的本义是人以两臂张开或环抱来测量，动作像极了蟳举着两只大螯的样子。

每年的秋天，吃厌了白蟹的江南居民大多盼望着大闸蟹的捕捞，换换口味。而在闽南、潮汕，人们却更喜欢红蟳。泉州石狮人最懂吃红蟳，这种螃蟹个头大，颜色鲜红，肉质清香，膏体金黄。因为红蟳长期潜伏于海底，与潮流搏击是它的日常，所以它生得了一副强健有力的体态。蟳是俗称，其学名是"锯缘青蟹"，常见的红蟳、处女蟳、菜蟳均属此类。它们在长大的过程中不断脱壳，壳越硬，肉质越肥实，背甲上的"H"形凹陷越发明显。

红蟳一年要吃两季：农历三月到七月，农历九月和十月。穴居的红蟳到了夜间才从洞中爬出去觅食，专业的滩涂捕蟳人会在水港泥岸埋下弯竹篓，涨潮时，快要脱壳的红蟳随潮巡游，会把弯竹篓当成洞穴钻进去，再用泥把"洞口"堵住。退潮后，捕蟳人若发现竹篓被堵住了，便知道有收获了。

闽南人吃红蟳花样百出，老酒煨了再炖煮，实属民间吃法，葱姜炒、香煎，都甚是美味。在泉州，不论是处女蟳、红蟳或是菜蟳，都可以用来煎食，其做法很简单，将一整只蟳对半切开，以蛋黄裹住封口，再以姜片将封口封住；用中火热锅中油，将对半切开的蟳切口处向下放入锅中，煎至切口处呈金黄色时，倒入少许料油加热焖熟即可。凡吃过红蟳米糕的，都会被这道菜所惊艳，这是福建传统流水席宴客上的主菜。饱满的母蟹，被斩成几件，与炒好的糯米饭一起上锅蒸制，吃的时候，如品尝一道中国风味的海鲜炖饭，其乐无穷。

说来说去，蟹的种类万千，真要说美味的，还要数红花蟹，厦门本地人管它叫锈斑蝟，这种螃蟹是梭子蟹的远亲，和兰花蟹有相似的纹理。这种依赖暖水的螃蟹本是南海的居民，在台湾海峡这一段生长的花蟹，因水温的关系，肉质纤细，如同干贝一般，蒸出的螃蟹，肉似鱼白，口感极佳。吴杰的餐厅擅做这种螃蟹，他从小在厦门长大，当我问这些螃蟹有什么共同之处时，他的回答很有趣，你挑螃蟹摸它的倒数第二条腿，这条腿最能暴露螃蟹的肉质好不好，实不实，所有的螃蟹都这么挑。

9. 巴浪鱼

海水的苦涩也是一种优雅的味道。

毫不夸张地说，在整个东海的行程中，令我和摄影师印象最深刻也最留恋的味道，是两条巴浪鱼。某个晚上，我们坐在上青本港的餐厅里，老板端出一盘烧得很不起眼的鱼，它和桌上的红花蟹、石斑鱼汤似乎没有什么可比之处，鱼的做法也无非是本地人常说的酱油水。

一筷子下去，鱼肉从后背断裂开，似乎并没有呈现出特殊的质感，直至放到口中，突然有了一丝惊艳，咀嚼不多时，鱼肉散发出一种幽暗的香气，类似植物的清香，其中掺杂着金属和矿物质的味道。这鱼的味道和鲭鱼有些相似之处，但是口感是极为细腻的，我和摄影师四目相交，忍不住要再夹上一筷子，复习一下那个味道。

巴浪鱼长得像支梭镖，不同种类的体形有宽窄圆扁之分，背脊蓝青，周身的鳞片贴皮，只有尾鳍上有一点点鱼鳞稍硬，用剪刀剪去即可下锅。巴浪鱼活跃在暖水海域，常在近海水域聚集跳跃，一阵阵跃起落下，以磷虾等浮游甲壳类和其他小型鱼类为食。明代胡世安在《异鱼图赞补·闽集》里写道："五六月间多结阵而来，多者一网可售百金。"足见巴浪鱼当时身价不菲。食巴浪鱼和青花鱼类似，有些人愿意保留一部分内脏，为的是其中的盐辛味道。

巴浪鱼

　　在东海和其他海域，巴浪本不是常见的鱼种，五六十年前，闽南海边的民间谚语还说：肉油煎巴浪，好吃不分翁。这种鱼在从前之所以稀罕，是因为它们多在外海，又不易受诱吞钩。出生在上世纪 60 年代的厦门人大多记忆犹新，那是挑灯围网的年代，大规模海上作业，让曾经常见的黄鱼、墨鱼和剥皮鱼，在几年之中大规模减产，由此，水中的生物种群发生了根本性的变化，一些极易漏网的小鱼，在这片海域中得以大量繁衍，繁殖能力强的巴浪趁机获得了空间和营养，成长为"旺族"。于是，在那段时间里，巴浪鱼充斥了整个水产行业，一时间，全厦门、泉州、安溪人都开始吃起了巴浪鱼。有个海洋科学专业的朋友和我说，那是大自然对人类的生活做出的自我调整，它一直在试图适应人类。

　　很多人对于 70 年代的记忆是痛心，甚至有些悲伤的。在那段时间里，很多人都吃不上饭，如果谁家分到了鱼票，必定要去鱼市上换几条巴浪鱼，泉州的老渔民回忆，幸亏那时候出海能捕到巴浪，这鱼救过太多人的命。此后的巴浪担纲起东海、南海经济鱼类的第一要角，巴浪也被老厦门人像情人一般对待。再往后，吃巴浪就成了一个习惯，巴浪鱼松、鱼干也成了生活富裕的象征，发往外地，不是为了救济，而是忆苦思甜，可无论怎么吃，嘴刁的厦门人仍旧难以放弃巴浪鱼的味道。

10. 管

水温改变了海的密度，折射出不同的颜色，鱿鱼的颜色，仿佛是随着大海而变的。

短爪章鱼在浙江叫望潮，大概是因为它总注视着海的方向；鱿鱼在福建叫管，是因为它桶形的身材。干煎大管这道菜极具美感，刚杀的大管乌贼往铺着姜丝和热油的铁板上一放，随即变得红彤彤的，盖上透明的盖子，便可看到管身缓慢变形的样子，不一会儿，盖子上结满了雾气，就什么都看不清了。再掀起盖子时，大管皮周身赤化，被刀切割的地方，露出洁白的肉，红白两色在烟雾的蒸腾下，形成促进食欲的反差色。这是我在厦门吃到过最好吃的管，它的做法并不复杂，味道极鲜。

管分大小，小管粗看和鱿鱼相同，仔细辨别会发现前者的眼睛有透明眼膜覆盖，它的体形较小，透明的几丁质内骨比较宽。小管枪乌贼，俗称浅水鱿鱼或者小管，它们的大本营在南海和马来群岛，靠近闽南和中国台湾的，是它们的分支家族，像多数海洋生物那样，小管白天沉底，晚上上升觅食。

夏夜是捕小管的最佳时机，海天黝黑，星星点点的渔火灼穿夜幕。近处的渔排伸出探照灯，引小管"上钩"，若见水下有闪动则霎时下网。通常捕上来的有鱼有虾，大虾眼发红光噼啪乱跳，鱼则猛打滚，相比之下，小管挣扎得略显"斯文"，穿过透明的腔壁可以看到已成了消化物的小鱼小虾。小管子是透明的，像是一块凝结的海水，又像是一块海中的奶酪，白灼后散发

生焗水晶管

着一点淡淡的奶香。

　　渔排摊主手速极快，几分钟的时间，透明的小管就变成红斑点点、玉质莹亮的生烫海鲜。三寸长短的小管，肚子圆滚滚的，一口咬下，唰一声脆断，爽韧弹牙。咀嚼之下，鲜甜之中渗透着丰腴、致密。配上简单如酸甜辣酱、蒜末酱油或是姜丝辣椒酱油这样的佐料就能让人大快朵颐。

东海地区场景的烹饪手法

呛

　　螃蟹扔在案板上，啪啪几刀，剁成四块，连壳子带爪，扔进浓盐水，这就是呛。生呛海鲜是沿海人的传统做法，为的是保持它的鲜美，在过去，食盐是限供的，淡味盐水浸泡需3～5天时间，如今的呛蟹盐度提高了不少，只为现做现吃。

江蟹生的做法是另一种呛，醋、酱油、黄酒和红膏蟹斩件在密封的罐中充分融合几个小时后，便可用来解宁波人的馋痨，这也是温州酒席上一道名贵的冷盘。

抱盐

宁波菜单上常见抱盐带鱼，不知是先有的抱盐，还是先有的爆腌，两种说法不一，来源也不同。抱盐就是盐腌，器皿用盐铺底，放上食材，再撒盐覆盖，以逼出海水和多余的汁液。这一抱就是一天，鱼虾分量渐轻，在这短暂的数十小时发酵时间里，海鲜的纤维也发生了奇妙的变化，周身剔透，紧实有弹性。抱盐讲究分寸，且要摸准不同季节的湿度变化，时间短了水排不净，时间长了鱼肉变质。抱盐的小鲜可以生食，类似呛味，但多了些口感，而抱盐大鱼，则多用来清蒸，口味轻的人常常对宁波抱盐带鱼带有防备，觉得太咸。而老宁波人则偏爱这一口鲜，这才能满足他们的重口味。

家烧

家烧是原味主义的延伸，家烧也是个谜一样的词，似乎没有标准，在以台州为核心的方圆数百公里内，家家偏爱家烧。对于海鲜，除了清蒸、白灼，台州人把家烧作为自己的独门秘籍，北方的宁波人口味重，爱咸鲜，南方的温州人喜欢清淡，台州则用家烧很好地掌握了烹饪海鲜的中庸之道。家烧其实就是淡红烧，把赤酱重口演变为浓稠的汤汁，上世纪80年代末，偏爱粤菜的台州人吸取了广味的烹煮技法，用酱油、猪油和糖等逼出食材自身的鲜甜，他们用淡雅营造了余韵的悠长。

醉

能被醉的，都是活物，在宁波、嘉兴这些地方，烹小鲜不如醉小鲜。江浙一带爱喝老酒，酒存多了就拿几瓶出来下厨，再有多的，用来醉虾蟹最好不过。

水白虾是舟山海域常见的野生小虾，鲜嫩多汁，可因为这虾太小、皮薄，耐不住高温的考验，所以舟山人就会用酒去醉它。看电视的时候不嗑瓜子，不剥橘子，一人一小碗醉虾、黄泥螺，甚是惬意。醉也分几种，快醉不过一两个小时，慢醉的大虾，则要多放些花椒、姜片、冰糖调味，几天是要的，在宁波，我还吃到过一种硬核的醉烧，厨师把烧热的白酒淋在跳跃的小虾上，刺啦一声，冒起一股白烟，香气扑鼻。

糟

因为没有冰箱，糟、卤、霉、臭应运而生。它们是和风干、盐腌齐名的储藏方式，在这其中，酒糟极具特色。江浙人自古喜欢自酿小酒，只要有米、酒曲、清水和粗陶大缸，酿酒就不成问题。粮食充裕，酒酿的多，吃喝不愁，就要想出特别的方式消灭米酒，于是乎酒酿丸子和糟货就大量出现了。酒糟中含糖，被糟过的肉总带有一种甜米似的花香，鳗鱼、马鲛鱼、小带鱼、小鲳鱼，都是糟海货的最佳选择。各家有各家的风味，各家有各家的绝招。在舟山的小渔村里，妇女们会将糟鱼和米饭同时放进蒸锅，不出十来分钟，满院香气，我觉得那鱼饭的香醇已经足矣满足味蕾，不需要再烹饪过多的菜品了。

臭

能够把食材变臭不是难事，但是如果能把发臭的食材烹制成饭桌上的一道可口的菜肴，就要考验一个做厨子的技术和神经了。第一次吃臭黄鱼已是很多年前了，这道菜端上桌时，惊艳了在座的所有人，很少有人下筷，因为餐桌上的空气中弥漫着一种类似臭豆腐的气味，有个胆大的人伸手夹了一块鱼肉，赞不绝口，随后同桌的人才小心翼翼地吃了起来。厨师说想让鱼天然发酵并非易事，温度和湿度都影响着口味的变化，舟山的初冬，像是个天然的冰箱，带着海水咸味的海风一吹，鱼自然会发酵变臭，如果用了鳗鱼，不出两天，臭味便会充满整个厨房。对它的接受程度很容易区分本地人与外地人，这个味道是有排他性的，这臭只会在盛产海鲜的地区出现，这臭是由鲜味衍生出的极致味道。

鲞

"鱼鲞可不是鱼干！"这是卖干货的大姐反复跟我强调的。我问她区别时，她也说不出来。据说在春秋末期，就有了鲞，吴王带兵攻下越地鄞邑（宁波），偶食了烹制的鳗鲞，遂一发不可收拾。鲞用的是鲜鱼，剖肚盐渍晒干的产物，干多指小货，细鱼虾蟹，自缩成干，不用加盐。舟山人做鲞，阵仗极大，满屋满院，晾衣竿上挂的都是。吃鲞的时候可蒸、可炖，也能炒菜。冯梦龙在《卖油郎独占花魁》中写，好似一块鲞鱼落地，蚂蚁都要钻它，大概说的就是名贵的鲞，只听闻极品的白鲞是用大黄鱼制成的，可如今大黄鱼的价格昂贵，做成鲞就可惜了。

咸齑

咸齑不是什么做法，而是咸菜，但是舟山、宁海一带的人太爱咸菜了，久而久之，也形成一种做法，"三天不吃盐齑汤，脚骨浪里苏茫茫"，大概在包邮区通用。虽然夸张，但也足见盐这味最常见的食用调味品，在当地烹饪中不可替代的地位。盐齑一般是用芥菜或者雪里蕻腌制而成的，瓯菜、杭州菜、绍兴菜和甬帮菜中都能见到这咸菜的身影。浙江朋友总纠正我这不叫榨菜、咸菜，咸齑是他们对"盐教旨主义"的唯一称谓。用咸齑蒸鱼、炒菜，自不必多说，做粥、下饭，也是常见，如果看见有人用咸齑汤来蒸带鱼、田螺，那真可谓老饕中的老饕。

炊

厦门人管蒸饭叫炊饭，小木桶装满米，上到锅里炊一炊。我在厦门的餐厅里吃到一道很好味的鲜虾，问老板这是怎么做的，他说炊，炊事班的炊。炊和蒸区别不大，可炊虾，却要些功底，因为那竹篦很厚实，望不见里面的虾子是冷是热，是熟是生，热气炊得久，虾失水干瘪，只有看水雾从篦缝隙里均匀冒出时，才掐算时间。盘中有虾，还有姜葱，刮皮的姜，切断的小香葱，只为一抹调剂。炊是炊蒸的炊，也是炊烟的炊，傍晚，厦门岛溢出阵阵炊烟，就到了开饭的时间了。

清蒸

全国的清蒸都是相似的，浙江的清蒸各有各的不同。酱油先放后放还是不放，姜片要放在鱼嘴里还是放在盘子边，葱丝铺底还是姜丝铺底，淋桐庐酱油还是李锦记或者蒸鱼豉油，加不加料酒，用不用黄酒，黄酒是倒入锅底还是浇在鱼身上，用什么盘子，蒸透还是关火再焖一会儿……总之，浙江不同地区的人对于清蒸的定义说法不一，但有个观点，浙江鱼贩是有共识的，他们不愿意把刚打上来的鱼发去北方，因为"能清蒸的鱼他们都给红烧油炸了"。

酱油水

泉州人说的炣是清蒸，和酱油水很像。酱油水如其名字，确实只有酱油和水，蒸鱼时，简单的调料就能诱发出鱼的香气。蒸鱼时，鱼肉也会渗出水分和油脂，这与酱油水混合在一起，形成一种独特的风味。酱油水常常用来烧杂鱼，没有什么特定组合，随意搭配的无名小鱼混在一起，在盘中割据，呈现出不同的肉质口感。酱油水是福建人的家烧，是微浓烈清蒸，是雅致的红烧，是福建海鲜的主流滋味。

油焗

油是旧派老饕们的最爱，那是一种富有腔调的烹饪手法，看似西式，实为省事。可以理解为焖煎，热锅少油，调味炒香，放入大个的螃蟹或虾，随即盖上盖子，只为煸那肉中多余的水分，只为了让焦香的酥皮锁住香气和汁水，只为了下煎上蒸、下焦上嫩的口感。

鱼的江河湖海

王珊／文　黄宇／摄影

我有时会想，如果将各地厨师的拿手鱼都放在饭桌上，就纳进了整个五湖四海的江河特色。那么，面对这样一桌鱼，你会首先吃哪一道呢？

鱼的想象力

"你的记忆中有没有一条鱼的味道？"在做年货采访时，我总会问采访对象这个问题。不出所料，每个人都有一条藏在脑海深处的鱼，它们沿着记忆的河流牵扯出一个个有意思的食鱼故事。

"好酒好蔡"餐厅老板蔡昊常年旅居在外，最爱的是母亲做的鱼，用的是潮汕地区半煎煮的做法，这样做出的鱼上面的鱼肉形象完整，与水煮无异，吃起来清鲜幼嫩，原汁原味；下面的鱼肉经过油煎焖煮之后，色泽金黄，肉质香酥可口，可谓一鱼二味。至于如何保证入味和熟透，这就全是灶上的功夫了。母亲爱吃鱼，家里的餐桌上几乎每天都有一条鱼，过年时做这道菜，里面一定要放些蒜苗，取"算账有钱赚"的意思。开了餐厅之后，蔡昊餐厅的很多菜都是在母亲做法的基础上改良而成。每次回家，他总是拿个小本子，靠在厨房门口记下母亲烧菜的步骤。"在潮汕，家常菜才是最好吃的。"他告诉我。我却读出了一丝乡愁的味道。

四川美食家石光华想到的是十多年前在成都吃豆瓣鱼的情景。那是一家已经不复存在的小饭馆。馆子只有晚上开门，店里可点的菜加起来不到8个，基本没有素菜。主菜就是豆瓣鱼，菜端上来，雪白的鱼肉掺杂着葱姜蒜末和豆瓣末的浓汁，浓墨重彩，一口吃起来，无法形容的鲜香。石光华一行人来吃饭，点了鱼，又想点个凉拌折耳根，可菜单上没有，他们就跟店家商量，店家冷冷一句"要吃菜去隔壁馆子"，只好作罢。吃了一会儿，又想点酒，可是酒也不卖。"外面那么多等座的，你们占着桌子喝半天，我们怎么做生意。"店家的回答微有怒气。然而鱼实在是好吃，也就耐着性子一天天到这家店来，直到店铺关了门。

也有人吃的是情境。我曾读到过原中国作家协会副主席陆文夫写的吃鱼经历。上世纪50年代，陆文夫在江南的一个小镇上采访，时近中午，饭馆已经封炉打烊，大饼油条也都是凉的了。只有一家小饭馆，说饭也没有了，菜也卖光了，只有一条鳜鱼养在河里，可以做个鱼汤聊以充饥。陆文夫走进了那家小店。小店是水乡小镇常有的河房，屋的下面架空，可以系船或作船坞。陆文夫坐在窗前，只见湖光山色，水清见底，水草摇曳；湖中的船惊得野鸭群飞，远眺过去还能看到青山若隐若现。

鳜鱼已经超过两斤，并不是上品，里面只是放了点葱、姜、黄酒而已。店家又端来二斤黄酒，陆文夫吃得甚是欢喜，一条鱼吃了足足三个小时。后

古志辉做的清蒸东星斑，味道鲜美极了（宝丁摄）

来，陆文夫吃过无数次鳜鱼，包括苏州的名菜松鼠鳜鱼、麒麟鳜鱼、清蒸鳜鱼、鳜鱼雪菜汤、鳜鱼圆等。这些名菜都是制作精良、用料考究，清蒸或熬汤的话，里面都加了香菇、火腿、冬笋作辅料，火腿必须是南腿，冬笋不能用罐头里装的，但他觉得都不及小楼里吃得鲜美。"如果把小酒楼上的鳜鱼放到得月楼的宴席上，和得月楼的鳜鱼放在一起，那你肯定会感到得月楼胜过小酒楼。可那青山、碧水、白帆、闲情、诗意又在哪里……"他在文章里写道。

在北京厨房行政总厨古志辉的心里，一道新鲜的鱼最好的做法必须是清蒸。古志辉是香港人，有着一只打小被粤菜浸润的胃，"不食不时"是他面对食材最基本的底线。他手里这条东星斑，刚从市场送来，鱼的颜色红得娇艳。"几乎半个月才能有一条野生的。我们卖也要 1300 元一斤。"看到鲜鱼，古志辉的兴奋劲儿都透了出来。蒸鱼用的配菜简洁到只有一些切好的姜葱，连个蒜头都没有。蒸之前先用盐擦遍鱼的全身，两面抹匀，洒上一点料酒，盖上姜丝小葱，上锅蒸 7 分钟，鱼便被端了出来，肉质纯白像牛奶，跟红色的鱼皮相映照，煞是好看。热油一浇，伴随着"吱吱"的声响，一道菜便完成了。整个过程行云流水，简单到让我嘀咕："这样确定好吃吗？"一入嘴，瞬间懂得了做法的好处，鱼肉鲜甜，简单纯净到无可挑剔。"保留食材最本初的味道是对食材的尊重。"古志辉告诉我。

可能再没有一道食材能像鱼一样让人如此兴奋、产生如此多的共同话题，又有各自的坚持了。人类在鱼的烹饪上发挥了无穷的想象力，几乎包括了烹饪的全部技艺，清蒸、做汤、煎煮、红烧、熘炸、熏卤，各有其法，各得其味。而这些味道背后，又勾连着一个地域的饮食习惯、家庭口味，乃至盛产鱼类的大江大河和海洋的魅力。我有时会想，如果将各地厨师的拿手鱼都放在饭桌上，就纳进了整个五湖四海的江河特色。那么，面对这样一桌鱼，你会首先吃哪一道呢？

吃鱼的意义

鱼是人类"最早的一种人工食物"，从原始初民的捕鱼活动开始，鱼对促使人类的生存繁衍、火的利用、工具的发明和族群的迁徙等，都产生过决定性的影响。正是原始初民的捕鱼活动，推动了人类永无止境的以生产力改造自然力的伟大创造。中国科学家通过对早期现代人遗骸进行稳定同位素检测后推断，早在约 4 万年前，在人类的食物结构中，鱼就占了很大比重。

在这久远的共生关系中，鱼被人类赋予诸多意义，这些内容所代表的传统又像规则制度一样延续给一代又一代人。每到大年三十的晚上，我们家的桌子上必会有一道红烧鲤鱼。北方人喜食鲤鱼，过年时烧一条鲤鱼也有讨吉利的说法，取"年年有鱼""鲤鱼跃龙门"的意思。鲤鱼是早几天在油里炸定型的，按照红烧的做法，一定得是一条完整的鱼，这代表着未来一年下来"一家人齐齐整整"的意思。鱼要摆在桌子的最中间，吃的时候又有新的讲究，大年三十的晚上这道菜只能夹鱼身上的肉，头和尾则要留到明年，也就是第二天才可以吃。

　　在我采访的过程中，我也想知道其他地方的习俗和吃法跟我皖北的家乡有什么不一样，鱼在他们的餐桌上处于什么样的位置，吃鱼的习惯会受哪些因素影响？这并不是一个古板的问题，只是想通过这些，将平常我们深埋在生活中不被留意的细节呈现出来。为此我在此次年货采访中去了舟山、潮汕、成都三个地方。舟山拥有世界三大渔港之一，仅鱼类就有带鱼、黄鱼、墨鱼、鲳鱼等200多种，去这样一个地方做考察，自然是值得的。潮汕人对食物的热爱是全国出名的，据说一种鱼在潮汕能找到一千种做法，这当然有些夸张，却能看出潮汕人民在折腾食材上的全心全意。而且，可能是因为常年的背井离乡，他们讲起食物总有一种淡淡的乡愁在里面，这是深深吸引我的。

　　四川却是临时起意的。作为一个喜爱吃辣的北方人，在舟山和潮汕长达十多天尊重食材本味做法的洗礼下，我觉得我的胃里需要一些浓油赤酱来将吃下去的食物中和一下，味蕾需要燃烧一把。去了自然是不失望的。仅成都的川菜馆子就有3万多个，一天吃一家，吃到白头也吃不完。何况四川菜品"百菜百味"，仅一个"辣"字，就有香辣、酸辣、麻辣、煳辣等众多口感，对应着颜色艳丽、口味繁多的香料，想上一想都过瘾。

　　在习俗上，乡土文化浓郁的潮州，食鱼是非常有特点的，他们对鲤鱼的理解跟我的家乡有些不一样。潮州大厨方树光告诉我，从潮州传统来讲，大年三十的晚上要吃鲤鱼萝卜干汤。在潮州话里，鲤鱼的意思跟财气相关，炖上一条鱼，意味着新的一年钱财滚滚来。不过，饮食习惯也会产生一些变化，随着佛教文化在潮州的延绵，鲤鱼被更多的人视作有灵性的动物，很少会用来烹食，每年到了佛诞节，人们都会去市场买小鲤鱼放生。人们相信前几次放生能带来好运，如果坚持做下去，则能够心想事成。

　　鱼在潮汕人餐桌上的位置有多重要？有一个当地人给我说了这样一句话：潮汕的菜市场，如果鱼供应得少，其他的菜价会上涨五分之一，"潮汕人的菜市场不能没有鱼"。东海酒楼的老板钟成泉学厨出身，上世纪80年代，

在汕头吃到一条石斑鱼为食材的生鱼片，也很不错

他跟着师傅学做菜，一桌宴席 12 道菜，前面各种食材从拼盘到蒸、炖、焖先后排序，鱼总是最后一个上，只因当时鱼的种类还不够丰富，放上一条鱼代表对客人的重视，但又不希望客人吃掉，所以等大家酒足饭饱的时候再端上。潮汕人对海鲜的挑剔也是食材不断丰富变化的一种结果。早些年的潮菜里，海洋文化和田园文化本是并驾齐驱的，河鱼也是人们喜食的品种，只不过随着工业建设、城市改造，这片清澈的底子被污染，渐渐淡出了人们的餐桌。

最为开放的则是舟山。古代的舟山是个移民城市，早前几乎无人居住。直到浙江提督陈世凯奏请康熙皇帝建设定海城之后，才有人陆续从浙江福建沿海一带迁入定居。这些初来乍到的居民全部的生存资源就是面前的一片海。靠海吃海的传统下，舟山人培养出一只对海鲜的"鲜"极致追求的胃。在舟山最新鲜的海鲜一定要清蒸，我有时吃多了觉得寡淡，还会被笑"没有一条能品尝美食的舌头"。不止一个舟山人向我保证，舟山的海鲜在全国是最好的，"吃了舟山的海鲜，别地的海鲜都不叫海鲜"。整个中国热切期盼的新年，在舟山人看来却有些难挨——过年时船停港休息不出海，人们吃不到最新鲜的鱼，只能吃冰鲜的，味道自然差了点儿。

味道好才是好

　　自古以来，文人与鱼之间总是有扯不清的勾连。姑且不说借鱼直抒胸臆、情怀的故事，赞美味道、记录做法的就数不胜数。最知名的是苏轼，他是大美食家，平生最爱吃鱼。他在湖北黄州时曾写有《煮鱼法》一文，文中说："在黄州，好自煮鱼。其法，以鲜鲫鱼或鲤治斫。冷水下，入盐如常法，以菘菜心芼之，仍入浑葱白数茎，不得搅。半熟，入生姜萝卜汁及酒各少许，三物相等，调匀乃下。临熟，入橘皮片，乃食之。"这种做鱼的方法，被后人看作眉山流行的水煮鱼。

　　我在成都也去了一家曾被众多文坛大家相捧的馆子，叫"带江草堂"，这家饭馆开设于1936年，到现在已经有80多年的历史。原本这只是个临河的茶馆，名叫"三江茶园"，抗日战争时期，成都人口骤增，这里因河鲢多，便开始烹饪鲢鱼出售。由于邹瑞麟的手艺高超，生意越做越好。有顾客觉得"三江茶园"这个名字太俗，便借用杜甫"每日江头带醉归"的诗句，取名为"带江草堂"。1959年郭沫若在此品鲢鱼时，写过"三洞桥边春水生，带江草堂万花明，烹鱼斟满延龄酒，共祝东风万里程"的诗句。1963年陈毅到此地，也即兴写了"野店观农稼，溪边饮酒来"的诗句。

　　我去时，尚能看到店铺外有一条小河，只是店铺与河已经被房子的外墙隔开，小河也不清澈，已经不是当年能够养鱼的地方。正是中午时分，店里食客众多，十多张餐桌基本坐满，但一眼望过去，基本是岁数偏大的老人，像我和黄宇这样年纪的也就我们俩。我们点了店里的招牌大蒜烧仔鲢，菜上得很快，从外表看红油很大，烧的是鱼香味。我之前做过功课，知道最地道的吃法是将仔鲢夹进盘中，使劲一吸，肉进嘴里，酱香酸甜，鱼骨就留在了盘里。可是我刚一吸就有一股不经意的鱼腥涌入嘴中，我也便泄了气，将旁边的大蒜吃了作罢。相比于名人的吟诵，食客的胃是更诚恳的——不符合年轻人的口味。

　　厨师也要诚恳地面对人们味蕾需求的变化。总有人问钟成泉："酒楼里哪道菜最好吃？"这是钟成泉最不爱答的问题。"我从来不讲究摆盘，最看重的是味道。有人问我，店里的代表菜是什么？我说没有，你吃着觉得好，哪怕是一个炒青菜，那都是好。我想做的就是，找好的材料，大家想吃点好的东西，就会想到东海。至于味道加和减，都是随着人们口味的变化而变化。"钟成泉说。好的厨师是不拘泥于传统和固守刻板的。

　　酸菜鱼在全国的流行就是一个典型的例子。在 20 世纪 90 年代以前，烧河鲜只是川菜众多支脉下面的一个旁支，在川菜中并不起眼。在四川，只有包括宜宾、泸州、内江在内的沿江地区喜食河鱼。然而随着川渝地区消费力的逐渐积累，粤式酒楼开始成为新贵群体的首选，川菜逐渐走向没落。在多方求索之后，川菜厨师发现，只有野生河鲜才能在价值上与粤菜的"燕翅鲍肚"相抗衡，在味道上也能保持川菜的麻辣鲜香。

　　那时，酸菜鱼只是川渝当地人家厨房里的一道家常菜，是入不了餐厅的。做法非常简单，只要有一个炉子、一口锅就可以。把鱼洗净放进锅里煮，从泡菜坛子里捞一些自家泡的酸菜、仔姜、二荆条放进去，简单、美味又下饭。已经没人知道是哪位厨师将其引进了饭馆，鱼肉细细片好，火候、调料也注意分寸，立刻在四川火了起来，进而扩展到全国各地。在此基础上，衍生出来的还有酸菜鱼火锅，放进豆腐就是豆腐鱼，还可以放肥肠，变化繁多。

　　2005 年，被业界称为"四川河鲜王"的朱建忠开了一个学厨班，专门教做酸菜鱼，三天一个课程，每期报名五六十人，来者络绎不绝。"现代人都很怕点菜，坐在桌旁只要叫上一个酸菜鱼，一个大菜就有了，再叫一个菜，就够两人吃了。"石光华这样分析酸菜鱼火遍全国的原因，"川菜里好多菜都是江湖菜，来自家庭、山野、农村、江边、湖边，这些菜的特点是味道刺激、风味突出而鲜明，容易获得拥护。"

越是普通的菜越能考验一个厨师的手艺。我尝过朱建忠做的酸菜鱼，用的只是常见的养殖黑鱼，用鸡油炒制鱼骨之后放泡菜、下高汤，然后再下切好的鱼片，过程看着简单，却是步步讲究，比如说鱼片要片成 3 毫米的厚度，这样遇油才会卷起来，在锅里煞是好看。做好出锅之后的步骤最关键，要炒辣子浇到鱼上，辣椒香扑面而来。这道菜，让我第一次知道，原来酸菜鱼是可以喝汤的。"鱼里的泡菜用特制的方法发酵了 160 天，非常解腻，这是喝汤的关键。"

我突然想起清代川菜大师黄敬临书写的一副对联，虽然戏谑，却挺符合厨师和食客的心态。上联：右手拿菜刀，左手拿锅铲，急急忙忙干起来，做出些鱼翅海参，供给你们老爷太太；下联：前头烤柴灶，后头烤炭炉，轰轰烈烈闹一阵，落得点残汤剩饭，养活我家大人娃娃。横批：混寿缘。

潮汕的夜是属于吃食的。一碗鱼粥、一份鱼头火锅，再来几个鱼丸，整个夜晚都鲜活了起来。

一碗鱼粥

如果不是再三确认，我们一定会从林二的店门口头也不扭地走过去。这个窝在汕头老城区和平路上的店面，看着太不起眼了。招牌上的"林二鱼头砂锅粥"几个红字已经磨得要失去了颜色；煮粥的家当冲着路口摆放，一盆已经煮好了的米摆在旁边，等待着店主熬粥使用——看着也不太能提起人的食欲。唯一能够吸引眼球的是那几块硕大的石斑鱼块，杀好洗净放在案板上，以招徕客人。很可惜的是，寻店时，我从旁边来来回回走了两趟都没有看到。

深夜潮汕，燃起来

王珊／文　黄宇／摄影

"林二鱼头砂锅粥"是只有本地人才找得到的美味

　　进了店却是一幅热闹的景象。六七张红色的木桌全都坐满了人，这边围着吃鱼头火锅的食客，有老有少，菜和粥摆满一个圆桌子，锅里的热气腾腾往上蹿，将整桌人绕在水汽里，看着是一家人的团聚；也有专门来吃粥的老头老太，每人各点了一碗粥，吃着吃着突然假牙掉了出来；靠窗的一桌，有文身的大哥故意将袖口卷起来，露出看不出形状的青色文身，他的对面坐着的是一个上了年纪的大姐，打扮却很时髦，短裤网袜、踩着黑色的靴子。服务员穿梭在桌子前，滑动着步子从拥挤的桌椅板凳之间找出一条路，将火锅底汤一滴不洒地搁在点菜人的面前。搁下的一瞬间，感觉馆子里的食客都轻舒了一口气：好在没洒。

　　我跟黄宇站在旁边等靠墙的一桌人走了之后才坐了下来。服务员告诉我们，因为老板姓林，在家里排行老二，所以为店里起了这个名字。我转过头看到老板站在炉灶前，无疑是店里最忙的人，一个人守着六个炉灶，看着火候和配料，不时地往灶台上的小锅里加米加水加调料。一个半米长的大勺是他的终极武器，什么都是用它来舀，非常不拘小节。一套简单而粗犷的操作看下来，总觉得这顿饭吃得心里没有底气——如果不好吃，又白占用了一次胃。

点餐没有菜单，都是直接跑到老板那里提需求。我们两个人，想要吃鱼头火锅，要求量不用太大，但想多尝一些品类。老板简单地回答了声好，一双眼睛仍然不离炉灶，只是接了一句："我不是老板，我是打工的，老板等会儿才来。"我这才知道，煮粥的师傅姓周，在店里已经待了20年，因勤快靠谱，老板给了他股份，叫他老板也没问题。

周师傅告诉我，店里最初只做鱼粥，用的是林老板学来的秘方，从上世纪90年代开店到现在，一直火爆不衰。小店最初只是几个桌摊，在和平路的街头占了点空间，慢慢地变成几十个，十多年前又整了店面，设了包间。在这些年里，周师傅成了家，有了孩子，最大的变化是头发越来越少，索性剃了光头。"当时整个和平路有20多家摆摊做粥的，客人却都只来我们家，南来北往的全国各地的口音，都是来汕头做生意淘宝的。最火时，队伍要一直排到下一个路口的红绿灯。"周师傅指着门口的红绿灯，回忆着当年的热闹景象。我在旁边听着，想象着汕头特区刚刚开放时，人们的热情、粗犷和赚到钱的喜悦和牛气，都在这个粥摊上看得见，竟生发出一丝艳羡——是个热闹的年代。

在汕头，吃粥是真真实实的热情。夜宵是汕头夜晚的灵魂，当许多城市的街头早早空无一人的时候，凌晨4点的汕头，出租车依然在忙碌着载客、收钱，坐车的客人也许是从一个夜宵摊奔向另一个摊子。他们尤爱吃冷菜，比如说鱼饭以及卤制的鹅肝、猪蹄，腌的海鲜，这些厚重的肉食到了胃里后，如果能够来一碗白粥，那就是人生最大的享受了。他们将此称作"夜糜"，"糜"指的就是白粥。不同于广式白粥粥水合一的绵密，汕头白粥是水一开即下米，煮上十多分钟即可，粥水分离，晶莹剔透才算是好粥。

　　林二的鱼粥算是对白粥的改良，用的也是类似的煮法，与人不同的秘诀在于老板会先熬上一锅猪骨汤，一锅米浆，煮鱼时搭配着放几大勺进去，能将鱼的甘甜味更好地释放出来，也能增加粥的浓郁。鱼用的是石斑鱼，味道鲜，脂肪含量低，价格自然不菲，一碗粥只加鱼肉要 30 元，鱼皮连着鱼肉一起点要 40 元，如果只是鱼头则更贵了。"石斑鱼皮厚，胶质多，煮出来又糯又弹，自然是贵了些。"周师傅说。

　　我们的火锅终于上来了，底汤是骨头汤，鱼头已经放进去煮了，一起端过来的还有炸好的芋头、一碟白菜，是涮菜。旁边还有一小碟金黄色、像肉松的东西，看着煞是好看，服务员告诉我是南姜末，既去腥，又能将鱼肉的鲜给逼出来。她让我们趁热吃，不然鱼就煮老了。鱼肉嚼起来并没有特别的感觉，最近已经吃了太多种类的鱼，可以说不辨味道。鱼皮却是让人惊艳，吃起来滑爽有嚼劲，让我收起了原本对鱼皮的嫌弃。最会吃的食客往往会在 5 点钟开门时在门口守着，只为早早将鱼唇和鱼下巴给占上，下进锅里更脆。"如果一条鱼值一块钱，鱼头以上的位置要占 7 毛。"一位食客告诉我。

　　吃完付账时，老板林二正好来店里。把店面交给员工打理后，只要有空，晚上 9 点以后他都要到店里转上一转。林二看起来 50 岁出头，见到他的一瞬间，我是有些诧异的。他的打扮和行为举止就像从上世纪 80 年代香港电影里走出的古惑仔，尤其是梳得油亮的大奔头，没有一丝乱发掉下来。讲起话来喜欢抖腿，一副浪荡不羁的模样。林二告诉我因为家里条件不好，他很小就开始跟人做生意，帮人开过车，也在香港倒过水货，都没赚到什么钱。有一次，一个朋友说告诉他一个秘方，让他去做鱼粥生意，他想着也没其他事情可做，就在和平路摆起了摊子。"最初，熬出来的粥也不好喝，不过我很虚心，只要食客提意见，我就给人免单，慢慢就做到了现在。"林二说，"没想到折腾了十几年，让我安稳下来的却是一碗粥。"

草鱼肠、鱼生

朋友劝我去吃草鱼肠粉时，我的内心是抵触的。一直以来，我都对各种动物的内脏持拒绝态度，总觉得无论怎么处理，都不能将其自带的腥味去除。况且，鱼的肠子有多大点，有什么好吃的？朋友说不要小看鱼肠，可以煮米粉、煮白菜、煮粥，痴迷老饕趋之若鹜，"去市场买菜，只有遇上熟的鱼摊老板，杀了鱼才会将肠子送给顾客"。

这些言论并没有打动我。我唯一的动力来自小店的名字"春梅里"，太好听了。为什么一个卖鱼肠的店会起这样一个诗意的名字？带着好奇，刚从林二的店里出来，我跟黄宇就直奔春梅里。店并不好找。按照"大众点评"上写的位置，我们卡在了两条马路中间，左右环顾，不知何去何从，马路右边是一家大型的床上用品店，左边则是一个理发店，哪里有春梅里的影子？徘徊再三，我去床品店打听，对方一听，"春梅里啊，你往前走，拐进前面巷子，门口只有一盏灯的那家就是"。

曲曲折折又走了七八百米，终于到了——眼前竟是一个手推车改的炉灶，有一对 50 多岁的夫妇在车边忙碌，四五张桌子前，一个年轻的男人在忙前忙后地收拾桌子，应该是他们的儿子。女的围着围裙，一手颠着漏勺沉进汤里，一手则是不停地搅拌漏勺里的一团东西，慢慢地形状就出来了，居然是鱼肠和鱼肝。只见她将烫熟的鱼肠麻利地递给旁边的男人，男人已经将米粉煮好，接过鱼肠，加入高汤，一碗热气腾腾的草鱼肠米粉就上桌了。闻起来竟有点香！

男人姓黄，我叫他黄叔。黄叔是潮州人，25 年前跟着妻子来了汕头，看到市场有许多处理掉的鱼肠，黄叔琢磨着买了一个小食车，按照家里的做法将鱼肠跟米粉煮在一起售卖，没想到回头客甚多，有的人甚至午夜从家里打车过来。我问黄叔，为什么要将店铺叫作"春梅里"？黄叔说春梅里是巷子的名字，从开始卖米粉到现在，他的摊子换了几次地方，却始终没有离开这个巷子。原来是一场美丽的误会！既然来了，就吃一碗呗。

黄叔给我煮了一碗鱼肠粉，盛在一个白瓷碗里端了上来，点缀着一点芫荽，看着清清淡淡，味道却一点不清淡。我先喝了一口汤，是鱼的鲜味，汤中还有煮碎的鱼肝，嘴里立即有了星星点点的装饰，不单调。鱼肠和米粉缠绕着，难解难分，咬下去脆爽鲜香，有的部位依然包裹着脂肪，又多了一层软糯润滑的口感。黄叔说，做鱼肠粉最难的是洗鱼肠，买来的鱼肠还粘着鱼肚的油脂，必须用手把油脂撸掉，如果还有残留就用小刀刮，然后剪开鱼肠，洗去肠中的废物。"你是不是来偷师的？想自己开一家？"见我问得太多，黄叔突然问了一句，还没等我回答，接着说："没关系的，你开吧，依然还是我家最火。"言语中尽是自信。

吃完以后，已是晚上10点半，外面的风吹起，摇曳着树，能听到婆娑作响的声音。

依然有客人过来，跟老板打声招呼后，安安静静吃上一碗粉便迅速离去。许多是老主顾，从前带着孩子来，现在儿女都有了孩子，落脚在别的城市，借回家的机会过来吃一碗。有人会站在摊子前跟黄叔聊上几句，讲讲最近的身体，聊聊菜市场的物价。黄叔则拿出手机，给他们看孙子的照片，那是个不到一岁的男孩，哭起来声音嘹亮。"我现在买了房子，儿子也成家了，很是满足。"

黄叔的摊子让我想起家乡的一个米线店。我读小学时，店主还只是在学校门口摆摊，一碗热气腾腾的米线只要5毛钱，上面浇着红油，盖着用热油炒过的碎肉末。冬日的早上，坐在矮板凳上吃完，我才觉得沉睡了一晚上的味蕾和身体被唤醒了。初中时，小摊变成了小店，价钱也涨到了2元，我却去了城区另外一边读初中，每到周末才能到店里解个馋。现在工作在外，过年回家也总会去店里吃上一碗，总觉得那碗米线温暖了我的整个冬天和年少

潮州人喜食鱼生，夜晚
的潮州属于鱼生

的时光。

　　黄叔告诉我，他原本有个片鱼生的手艺，刚来汕头时开过一家鱼生店，可惜汕头人不敢吃生的草鱼，店很快就关门了。"鱼生在潮州很火，老家人告诉我一个片鱼的师傅每月的工资得有 8000 元。"鱼生是潮州有名的吃法，即将鱼开膛破肚去鳞之后，切成生鱼片，配上蘸料。

　　想起鱼生，我们总会觉得这是从日本传来的食用方式，其实不然。中国吃鱼生的历史最早可以上溯到先秦时期，在中国史书记载中，鱼生被称为

"脍"，是指把鱼或肉切成薄片。鱼生的原料来源很广泛，湖鱼、河鱼，抑或海鱼皆可。潮州人喜欢吃鱼生吃出了名，当地有一句俗语：夜半听见卖鱼生，想吃鱼头熬番葛。潮州用的鱼是皖鱼，这种鱼喜欢吃草，也叫草鱼，肉质比其他鱼要鲜美一些。

来品尝之前，我和黄宇很担心淡水鱼寄生虫的问题，仔细想想，既然作为一道风靡潮州的菜食，应该没有大问题。鱼生也是属于夜晚的食物。酒店前台的姑娘提醒我们，吃鱼生一定要晚上再出门。"许多外地人来了之后，中午就奔着鱼生店去了，到了才发现没开门。"她说自己特别喜欢吃鱼生，尤其是鱼生的酱汁，蘸满之后有爆浆的感觉。我们晚上8点到了一家本地有名的鱼生店。因为人多，店外已经摆起了一溜的小桌小板凳，从门口延伸到马路牙子那里，三三两两的人围着桌子吃得不亦乐乎。不禁感慨潮州人对淡水鱼生的高涨热情。

老板试图打消我们对鱼生的疑虑。"我们的草鱼都托人在江里养的，不是池塘养殖，吃起来可以放心。"老板说，若去大店，用鱼更为讲究，鱼从江中打捞出来以后，要放到溪中养一段时间，每天最好有人去拍击水面，使鱼受惊，消耗体内过剩的脂肪，清理其肠胃中的杂物，这样鱼肉才能不带一丝腥气。在最终选鱼时，被饿到精疲力竭的鱼，还要被淘汰，只有那些看着身强力壮的鱼，才可以成为一介草鱼的骄傲。

片好的鱼生是放在圆圆的竹篾上的，看起来很是古朴；一个白色分格的盘子里装着切好的姜丝、西芹菜、杨桃、萝卜干、蒜片，还有炸花生米，都是用来配鱼生的；一个小的酱碟里是加了香油的豆酱，是蘸料。若说特色的东西，就是配料里的金不换，叶子跟槐树的叶子差不多，吃起来口感有点像苏子叶，与鱼生一起吃，顿觉更加鲜美。我们点了石坚鱼，据说肉质要比草鱼更为爽脆。等菜时，观察邻桌的吃法，觉得很有意思。先是用勺子往小碗里舀上一点酱料，然后放入鱼生，加入自己喜欢吃的配料，用筷子在碗里搅拌，再将碗送到嘴边，像是在扒饭。放眼一看，十几个桌子的人都是这么吃的，顿时觉得有趣，看着就觉得香。

店主告诉我，冬季草鱼最为肥美，很多人慕名到潮州食鱼生。"经常收到游客的电话，希望我们白天也开门做生意。可我们晚上要营业到三四点，白天哪有精神嘛。"店主建议我们配着白酒吃，说白酒可以杀寄生虫。我们点了一瓶二锅头，只要十几块钱，一口鱼生，抿上一小口白酒，鱼生脆爽，酱汁浓郁，白酒辛辣，顿时觉得整个夜晚都燃烧了起来。

再来一碗鱼丸

吃完鱼生，十分的胃只剩下一分的空间，不妨再来一碗鱼丸吧，如此整个夜就算圆满了。

吃鱼丸，汕头人总爱将福州和汕头作比对，福州人说福州鱼丸就像小笼包，有馅，咬一口的同时最好吸上一口；汕头人却看不上福州的鱼丸，觉得福州鱼丸用的是廉价的淡水鱼，所以才会弄上花哨的馅。要是在汕头，如果有人偷偷收购草鱼等淡水鱼肉去加工，一定会被视作奸商。

用鱼还有讲究，鱼一定要是白肉，巴浪鱼之类的红肉鱼是一定不能用来打鱼丸的；肉也要坚韧，豆腐鱼肉质白，但太水嫩，也不能来打鱼丸。最好用的是那哥鱼。我在汕头许多馆子见过那哥鱼，体形细长，头扁扁的，摸起来手感比其他鱼类都粗糙。因为刺多，吃起来麻烦，它们经常被食客冷落在角落里，却是做鱼丸的好材料，做出的鱼丸滑美鲜甜，弹力十足。

许多好吃的东西，总是跟各种各样的宫廷故事扯上关系，鱼丸也不例外。汕头的鱼丸就这样一下子穿越到了南宋。说是一位皇上极喜吃鱼，餐餐必食，而一旦被鱼骨哽住喉咙就会把厨师砍头，为此，御厨们提心吊胆，惶惶不可终日。一次，一位老厨师心生怒气，对着几条鱼发起火来，他拿起菜

潮汕鱼丸，可以媲美《食神》里的撒尿牛丸

刀，用刀背对鱼猛剁，看到鱼肉和鱼骨分离出来，灵机一动用小刀把鱼肉刮下来，放在砧板上猛力摔打，形成糊状，掺入蛋清、调料，搓成一颗颗鱼球，放到水中蒸煮。皇上尝了，觉得味美异常，又无骨刺，赞不绝口。

　　故事只是为了增加调性，好吃才是最终的实力。汕头赫赫有名的鱼丸产区，"达濠"绝对是第一，达濠是一个小岛的名字，曾是汕头一处以捕鱼晒盐为业的海滨渔村，现在隶属于濠江区，其生产的鱼丸，是迎神赛会的首选祭品。周星驰的电影《食神》里，他扮演的史提芬周靠着一颗撒尿牛丸翻身重起，这颗鱼丸最让人印象深刻的环节，就是弹力十足，能够在乒乓球案上当球打。如果现实中也有这么一颗丸子，达濠的鱼丸一定是最好的候选者。

　　达濠有许多做鱼丸的店面，我们去了几家，觉得味道都不错，也足够筋道。做鱼丸首先要起肉，洗干净的鱼在案板上切肚起皮，用大刀剁，还要讲究细致，不能用蛮力，以防鱼刺渗入鱼肉，是个粗中有细的力气活儿。做鱼丸的，多是有力气的男人，不说膀大腰圆，胳膊上起码也要有几块发达的肌肉，不然肯定受不了后面的拍打环节。我眼前这个挺着肚腩的师傅做鱼丸已经有 10 年，是跟着父亲学的。他告诉我，小时候读书时，早上父亲总是给他煮一碗鱼丸，他总是吃得着急忙慌，没有仔细品过鱼丸的好。

师傅将鱼肉放进木桶，里面已经放进蛋清，他一手扶着木桶，一手开始拍打，起伏快而有节奏，木桶咚咚作响，更让节奏显得紧密，看得我应接不暇。不一会儿他的脑袋上就开始冒汗，气也不匀了。"一桶鱼浆要拍几千下，这样鱼的胶质才会出来，放入冷水才能够浮起来，也够有弹性，不然就是不过关。"对方抬起头告诉我，手却一直没停下来。

拍打好的鱼糜不能久放，要即刻制成鱼丸。这就是个轻巧的活儿了，握着鱼糜，从虎口挤出到盐水里定型，就是一颗颗俏丽的丸子，漂在水里，拥挤着煞是诱人。做好的鱼丸适合跟笋花、紫菜一起煮，加上一些胡椒粉就觉得分外美味。我最喜欢的方式是和粿条一起煮，这是一种米粉，细细长长，方方正正。在深夜里，随便找上一家小店，都会不吝啬地为你煮上一份鱼丸粿条，洁白的粿条扔进滚烫的鱼丸汤里泡上一会儿，捞进碗里，放上葱花、肉脯，浇上汤，吃完便觉得心满意足。就着星光，可以回家了。

第六章

素食

素的美好，就藏在生活中等待我们去发现

吃货的人生如果不识蔬菜的美味，那将是多么遗憾的一件事。

重新认识素食之美

吴丽玮／文　张雷／摄影

想想你平时吃的网红名菜，或者几大菜系的代表作，素菜几乎都籍籍无名，最多只能作为配角出现。再想想你在餐厅里点蔬菜的方式："今天有什么时蔬？那就清炒、白灼或者蒜蓉一个吧。"两句话足够，挑个新鲜的绿色阔叶蔬菜，用万能的大火快炒一下，完事儿。

蔬菜究竟能做出什么花儿来，它的配角地位是不是天注定的？这是第一个让我担心的地方。

第二个忧虑在翻古书的时候找到了共鸣。清代文人李渔在《闲情偶寄》里做了不少饮食记录，看到那句："所怪于世者，弃美名不居，而故异端其说，谓佛法如是，是则谬矣。"突然感觉到一丝释然。草衣木食的生活，为何被世人当作异端教条，认为是佛法所言？李渔说，这也真是大错特错了。

原来 300 多年前的古人，跟今日的我有着相同的不解。说到素食，可能目前唯一仍在继续的体系就是寺院素斋。我跟李渔的问题一样，吃素就是礼佛吗？素食就是吃斋吗？大过年的，我写斋菜真的好吗？

第三个困惑是个现代问题。

当我跟朋友讨论素食时，很多人会说："现在人多强调健康和营养啊，吃素的人越来越多了。"但如果你问他们，为了减少油脂摄入，生吃蔬菜水果，只吃煮鸡蛋而不吃煎鸡蛋，最多再用白水煮个鸡胸肉增加蛋白质，这些让人听完胃就哆嗦的搭配，真的好吃吗？他们可能会意味深长地笑一笑说："甭管怎么说，我感觉到身体变得轻盈了，这种感觉特别好。"

素食是不是只能作为手段而存在？有没有人因为食材本身的魅力而心悦诚服地选择吃素？我决定去寻找他们。

食材与口味偏好

寻找的起点在云南。

几乎所有的素菜厨师都会在采访时提到云南的食材，而且语气里全是爱。地大物博，各地物产不同，做法自然也具地方特色，想找出几个代表性的区域并不容易，不过云南一定是所有人毫无争议的推荐地。连厨师都会每年抽时间去采风，新食材新做法，永远都发现不完，我们自然也不能错过了。

昆明的菜市场里集中了全省最丰富的物产，本地特色食材的比例远超各地都有的常见菜，这里是各地厨师来云南寻找灵感的第一站。本地美食作者"敢于胡乱"在餐饮界认识不少人，外地朋友一来，他就带着进山找食材，有时候他也像个"食材猎人"一样，主动给一线城市的餐厅做推荐，"我们云南

美食作者"敢于胡乱"渴望将云南最美好的植物食材推广出去

的食材这么好，我也想把它们推出去"。他推荐过菜豌豆、芋头花、思茅笋和草芽，全是他精挑细选、优中选优的植物，没想到，哪一种效果都不太好。

北上广深的厨师们更讲究创意，菜单以季节为单位不断更新，对新食材和新做法的渴望源源不绝。作为被寻找的一方，云南也迫切希望外界更多地了解自己。提供与需求的意愿都强，本该正好匹配，但人的口感是个复杂而敏感的因素，味觉培养建立在婴儿期形成的习惯之上，人对食材多多少少都会有自己的偏见。来到云南之后，才发现这条从食材到菜肴的路径，并没有想象中那么容易。

我在上海遇见一个爱做菜的女孩叫杨小刀，她跟其他爱做饭的人不一样，她从小就挑食，不爱吃蔬菜，而且在上大学之前对做菜没有任何研究，偏偏这样的人现在成了半个大厨。她会把胡萝卜切成碎丁，放在石花菜熬的海凉粉里，这样既不会在视觉效果上给人压迫感，也让客人没法把胡萝卜择出去，"被迫"着吃进肚里。"等开始做菜后我发现，我小时候不爱吃胡萝卜是心理原因造成的，大人们对胡萝卜的态度给了我很多暗示。"等她开始认真研究做菜，关注到食材本味之美后，发现自己原来可以把一整根胡萝卜愉快地生吃下去。

一个人的口味偏见很难改变，但口味也并不是人的宿命。我自己也是一个凭着理性吃菜的人，"应该"吃的念头远大于"喜欢"吃的冲动。同样是在云南，我还真被彻彻底底地征服过一次，因为蔬菜本身太过于鲜美，以至于对一旁诱人的牛肉心如止水了。

我在昆明晨农生态园吃了一桌农家乐风格的蔬菜宴。一颗看似平淡无奇的圆白菜，其实是生产基地精细种植的新品种，质地疏松，叶片清脆，切成一沓一沓的小方块端上来，当地人说空口生吃最好。那是我吃过的这个世界上最好吃的一颗圆白菜，那甘甜的滋味通过薄脆而多汁的质地源源不断地在口中清凉地绽放着，嚼起来连耳朵都是享受。

除此之外，还有菠菜连根拔起的嫩芽，翻滚在白色的汤头里，带着油脂吃起来极鲜。其他的蒜末抱子甘蓝、辣椒炝炒芥蓝、干锅宝塔菜、大拌紫甘蓝和清炒扁豆，没有哪一道是费时费力的功夫菜，但道道都颠覆了我对这些蔬菜的刻板成见。

那一顿的蔬菜给我最深的印象就是，甜，甜，甜。用最家常的做法来配合植物自身所散发出的清新与香甜味道，就是最有智慧的烹饪哲学。我第一次为了吃菜，忙得顾不上去吃主人特意准备的云南高原雪花牛肉粒。直到最后，我才以补充蛋白质、均衡营养的健康需求为由，匆匆扒了几口牛肉，一如我平时吃青菜时的心理活动。本末来了个彻底大掉个儿。

如果我们有更多的机会体验各种各样的食材，很可能会改变蔬菜在心目中的地位。生活中不是缺少美好的蔬菜，而是缺少发现。

为何仿荤总在寺院餐厅出现

　　跟荤菜相比，中国的素菜底子薄多了。我向北京知名的素菜大厨赵斌请教，素菜有哪些代表性做法，哪里的素菜最有特点，这让他犯了难。"每个地方因为食材不同，做法也都有自己的风格，想说哪个最有代表性还真不容易。"他给了我一个很主流的结论：从源流上来看，至少从清朝开始，中国的素食已经发展得比较完善，当时明确地分为宫廷素食、寺院素食和民间素食三套体系，菜品也分为净素、杂素和仿荤三种类型。

　　宫廷素食可以追溯到清末民初逐渐流传于民间之时，但发展至今已渐式微。我曾想约清宫御膳房素菜厨师的第四代传人接受采访，当年他的太姥爷曾为慈禧做过"御味卷果""龙珠"等素食菜肴，流入民间后，手艺一直在家族内部继承，外人知道的不多。但最终采访没有达成，原因也还是"要保密"，而且按照传统手艺做菜，工序相当烦琐，面筋要手洗再秘制，做成素酱肉至少要四个小时，十几种高汤先各自熬再混合调味，过程加起来也要八九个小时。一般情况下也没有这样的市场需求，老手艺于是被束之高阁。

　　寺院素食倒是因边界明确一直稳定地发展着。很多人认为中国的素食源于佛教，但根据《礼记》《吕氏春秋》等记载，先秦时期人们已经因为养生和敬畏鬼神的原因有了食素的主张，这远在佛教进入中国以前。但佛教在推动素食观念和研发素食菜品方面的功绩，一定是毋庸置疑的，从皇室到民间，它直接影响了宫廷素食和民间素食的发展。在宋元时期，寺院已经可以制作出品位甚高的全素席，用蔬菜、野生菌和豆制品创造菜肴的技术也日臻成熟。

　　说到寺院素食，不得不提仿荤菜。用猴头菇做"羊肉串"，用藕和面筋做成"糖醋排骨"，在"宫保鸡丁"里用笋丁替代鸡丁，或者用各种豆制品雕塑成以假乱真的"烧鹅""水煮鱼""红烧肉"等，它已不仅仅是饮食，传统民间工艺的特色更加浓郁一些。

最初，仿荤是一个让我有点迷惑的概念，尤其是它出现在寺院餐厅里，一种欲盖弥彰的感觉让我觉得特别拧巴。

慈实师傅曾在京沪两地多家知名素食餐厅研发菜品，他的身份有点特殊。他因为信佛转而吃素，吃素后就从粤菜厨师转为素食厨师，后来他在庐山中林寺剃度修行，但始终没离开餐饮行业，在寺院和社会素食餐厅均有任职，再后来因为需要广泛的行业交流学习，不能吃荤是个很麻烦的事，于是选择还俗，但学佛修行和处世态度一直不曾变过。

他比别人更能了解礼佛之人的心态。"因为几乎没有人生来就吃素，绝大多数人都吃过肉，有荤的记忆。如果他们想回忆童年的味道，这对于寺院餐厅的厨师来说，是合情合理的要求。"慈实说。

想用素食食材来模拟荤食的口感非常难。慈实最近研发的菜品里，大量用到了猴头菇和蛋液的组合。把猴头菇泡发煮熟，再拧干水分，"去掉菇气和水分之后，猴头菇吃起来会变成一丝一丝的，很像肉的纤维感。除此之外，仿荤的灵魂是蛋液。仿荤最大的难度是素食缺少肉的那种'嫩'，蛋液凝固可以创造出一种Q弹感，把蛋液替代水冲进猴头菇里，可以做出素版的'咕咾肉'；把杏鲍菇拧干，用真空机打进蛋液里，可以做出素'糟熘鱼片'"。

不过慈实的烹饪研究依然处在前沿阶段，更多的厨师会将仿荤引向另一个方向——通过熟悉的味道，唤醒人们对整道菜的记忆，而不是追忆荤的口感本身。

我们在苏州最早的一家现代素食餐厅"本草人生"吃到了一道以土豆泥、胡萝卜泥和松子为主料的菜肴，店主并未多做介绍，舀一勺进嘴，海苔的海水味，以及醋和姜的味道一下子就让人想到了蟹粉。店主笑盈盈地说，这道菜有个有意思的名字，叫"谢谢你"，"谢谢"暗指螃蟹，"你"谐音"泥"，代表土豆和胡萝卜泥。

记忆中姜丝醋汁与螃蟹的万年经典搭配，让人在没有心理预期的情况

邓华东继承了老川菜中的仿荤技艺，制作的素排骨和鱼香茄子足以以假乱真

下，依然可能把素菜联想成蟹粉的味道。

　　类似的做法在川菜中也体现得非常充分。川菜厨师邓华东曾跟随多位名厨学艺，这些厨师来自知名的成都老字号荣乐园、少城小餐、成都餐厅等等，尤其是他在少城小餐工作的时候，跟随名厨张淮俊学艺，学得一手素菜荤做的好技术。"张淮俊当时有个外号，叫'多宝道人'，意思是没有他做不了、不会做的菜，他的办法多极了。他的一大绝活是做'仿真菜'，白菜素圆子、锅巴素海参、素脆皮鱼等，都是他的招牌菜。我去学艺的时候，他年纪已经很大了，是德高望重的老师傅，但是他有时候会给我们展示他的做菜过程，我们就在看的过程中，自己去领悟。"

　　在一名川菜厨师眼里，看到更多的是不同的菜式，而不是荤素之间的差异。"我做的是老川菜。老川菜讲究保留老味道，无论去到哪里，使用什么样的食材，都可以做出川菜'百菜百味，一菜一格'的特色来。"邓华东在上海经营"南兴园"餐厅，把川菜做成了高端餐饮的形式，在当地拥有很多忠实拥趸。"我可以做宫保鸡丁，也可以做宫保豆腐，只要掌握了宫保这种味型的烹饪方法，换成豆腐只要稍加调整就可以了。比如豆腐不能直接炒，要先煎好定型；豆腐不能太酸，四川有句俗话'正做不做，豆腐放醋'，为了酸甜平衡，宫保豆腐的甜度也要减，除此之外，花椒、干辣椒没有什么变化，调出糊辣荔枝味就好。"

他给我们特意设计了四道纯素菜：回锅萝卜、宫保茄子、冬瓜版甜烧白和素清汤燕菜。回锅萝卜乍一吃上去，回锅肉的味道回来了，脑子里立马闪现出与之相应的画面，那是一种与食物记忆有关的快感。可一旦嚼起来，你会立马发现跟回锅肉的口感完全不同，但川菜中的仿真菜使命已算达成。茄子靠嫩度模仿鸡肉，于是宫保茄子带来的宫保鸡丁幻影保存的时间会更久一点，慢慢地你会发现，什么鸡肉不鸡肉的，只要是宫保这个咸、甜、酸、糊、辣滋味平衡的味道就已经让人很满足了。冬瓜版甜烧白既没有五花肉，也没有用猪油，但只要技术过硬，在烧菜的时候注意冬瓜比肉水分多很多，一样会做得很成功。素清汤燕菜用了萝卜替代燕窝，用勾芡增稠模仿燕窝的质地，萝卜吸足了素高汤的鲜味，吃起来依然会觉得十分名贵。

淡才是真味

但毕竟寺院餐厅离大多数人的生活遥远。就像李渔所说，一旦将蔬食之道狭隘地理解成佛法所言，那将失去饮食的真谛。他将自己的主张概括为：崇俭和复古，"人能疏远肥腻，食蔬蕨而甘之，草衣木食，上古之风。吾谓饮食之道，脍不如肉，肉不如蔬，亦以其渐近自然也"。

关于植物的饮食记载，在宋元之后的文献中流传颇多，尤其是文人的书写，植物入馔本身就是一件风雅之事。南宋林洪的《山家清供》里记载的清淡饮食几乎全有出处。杜甫咏"香芹碧涧羹"，每年二三月香芹入羹，清香有如山涧清泉；苏易简答唐太宗，"食无定味，适口者珍"，醉后乘着月光到院子里找水，看到残雪里盖着一盆菜汤，捧起雪洗手，满饮几碗，就算是鸾脯凤脂也不及它美味；陶渊明说，只有"茎紫，气香而味甘"的菊花叶子才可食用，林洪于是将其与枸杞叶一起煮，又因要与枸棘相区分，于是感叹微不足道的区分便会有天壤之别，何况小人与君子之间，怎能不加辨别呢？

李渔写："论蔬食之美者，曰清，曰洁，曰芳馥，曰松脆而已矣。"苏东坡认为菜羹饱藏霜露的清新之气，"虽粱肉勿过"。顾仲在《养小录》中也说："本然者淡也，淡则真。"这样的追求，就是放在今天也一点都不过时，反倒是现在的很多地方，做素菜往往用力过猛，重油重盐，结果只是南辕北辙。

植物真味第一条，顺应时节。

苏州饮食至今都崇尚古风，它四季皆宜的气候也让植物的季节特征分外明显。霜打过后的矮脚青粉糯甘甜，简单与香菇同烧，或者切碎与咸肉一起炒熟焖饭，都是极简单的食材，但永远是苏州人冬天就开始惦记的心头好。园林艺术家叶放形容苏州的冬季蔬菜，味道收敛，甚至"嫌贫爱富"，最适合与肉同烧，蔬菜在其中永远是精华。比如每家过年都糟腌的大青鱼段，腌满整个冬日，到过年时下明炉锅内氽糟，上面再盖冬笋片、萝卜、冬瓜、蛋饺及各种百叶结、豆腐泡，尤其是冬笋，味道最鲜，本已在土壤里缓缓生长得极嫩，再吸收糟香与鱼香，滋味妙绝。

但想在当代寻找到好的素食餐厅并不那么容易。对比自宋元至明清时那些溢出纸外的活色生香，现在的民间素食似乎显得落后了。我在上海和苏州发现一个有趣的现象，两座城市里最早的现代素食餐厅都有台湾人的影响，主张的就是素食的健康养生与环境友善，是彻底的现代观念，早已和古代的寺院素斋或者文人简朴仿古的初衷不同。这些餐厅也有净素与杂素之分。净素指严格遵照佛教原则，排除"葱、姜、蒜、韭、薤"小五荤的严格素食，在这样的餐厅里，厨师可以使用的调味很受限制。大多数的社会素食餐厅则是杂素餐厅，有些叫蛋奶素，有些叫蔬素，顾名思义就是在净素的基础上加了鸡蛋和奶制品，或者加了小五荤做调味料，守住不用荤肉和荤油的底线便罢。

上海有家叫"五观堂"的素食店也挺有趣，店主蕙安本来是一名对外汉

欧社的法国主厨乔纳斯·诺埃尔会尽量减
少烹制的过程，突出食材原本的味道

"五观堂"创立之初是为了适应外国人的口味，但很快就成为传统素食的一个典型，它雅致的环境让人怀念起文人的山林生活

语老师，在上海教外国人学习中国的传统文化，为了方便学生的饮食，就把一层的店面盘下来，搞一些简单的餐饮给学生们。"但是外国学生要求，'不能有头，不能有腿'，我想想也只能做素食才能满足他们了。"于是素食餐厅开了起来，后来渐渐变成了自己的主业。

而这些受外界影响的民间素食餐厅一旦开起来，就跟它的源流迅速分开了。"五观堂"有很多老顾客，其实它的饭菜非常家常，但胜在环境雅致，让人念起传统的山林生活。上海后起的优秀餐厅"福和慧"更是在素食上迈进了一大步，主厨卢怿明是餐饮界名人，他明确地说道，现代中餐同样可以以"清淡"取胜，配合着各种技法，能比西餐做得更加丰富多元。

"福和慧"给我最深的印象就是清淡，就像卢怿明所说："不能用力过度，大自然给我们什么东西，就是什么东西。"但清淡之中，食材的味道却十分分明，这是让我非常惊讶的地方，其实它的核心就是能够充满创造力地将食材进行新的组合，无论是使用蒸、煮、焖，还是煎、炸、炒，用最恰当的手法烘托出厨师想表现出的口感。

"福和慧"是极少数让国外评委认可的大陆中餐厅，但它从菜品到就餐环境，其实都是完完全全的中式，甚至与食物相配的饮品，也全部选择了茶，而非传统的酒，显得特别有主张，也特别高级。我想他们做了一个很棒的示范，虽说我们都不屑于老外来品评中餐，但"福和慧"至少证明了，现代的中式餐饮和世界通行的饮食哲学是并行不悖的。

不过，清淡的标准不是唯一的，如果不能和自己的口味相适应，人会感到迷惑。

北方人口味一向比江浙沪浓重。我在北京去了另一家非常优秀的素食餐厅"山河万朵"，主厨戴军同样尊重原味，但做出的是一套完全不同的纯素席。印象最深的是爆炒虎掌菌和京酱肉丝口味的豆腐，做法是典型的北方风格，但把一套素餐的起承转合控制得特别好。戴军有一句话让我印象很深，他想唤醒我们对童年时代的记忆。那时候我们吃很多素菜，蔬菜的滋味也比现在浓郁，他做了一道山药烩饭，吃起来很像红烧带鱼汤汁拌米饭，一入口就让人想到从前。

兜兜转转之后才发现，寺院餐厅也好，现代素菜也罢，其实区分真的很大吗？显然没有。

食物最打动人的一点是它的亲近感，能勾起回忆的味道，最美。

无论是俭朴和崇古的传统，还是从寻真味、回归自然的路上重新出发，素食可能是最适合用来诠释中国饮食哲学的。

素席的传统与现代吃法

吴丽玮／文　张雷／摄影

传统年夜饭里的素食

苏州的年夜饭餐桌上，总少不了一道讨口彩的主菜，叫万事如意菜。整道菜用各种植物性食材：黄豆芽形似如意，水芹谐音勤奋，木耳、香干、冬笋丝也各有吉祥的寓意，在一桌丰盛而讲究的年菜中，这道素食显得极其家常，但却颇得家中老人青睐，"多吃一点，来年安乐如意"。

江南年菜里的蔬食绝不仅为了好彩头。寓意"福寿安乐"的菜心双菇，用的是最应季的苏州矮脚青，堪称本地人的心中挚爱。我们去苏州的头一天，大雪节气刚过，却是小阳春般

素食有最绚丽的色彩，在年夜饭里也常作为讨口彩的万事如意菜

的温暖反常。跑去了紧邻苏州的无锡巡塘镇，书香酒店总经理姚国栩领着
我们去看他们的生态养殖基地，矮脚青、塔苦菜、雪里蕻、水芹长势正旺，
"明天要下雨，打了霜就该吃矮脚青和塔苦菜了，到时候菜场肯定人多"。也
只有江南人这么在意一场霜与蔬菜的紧密关系。

　　苏州人人爱吃咸肉菜饭，有不少人就是冲着里面的矮脚青去的。咸肉肥
瘦相宜，与矮脚青切丁后一起翻炒，再加米饭混合煮熟，一揭盖，满屋子菜
肉飘香。别看人人都吃菜饭，但矮脚青的名字并不是众所周知的。菜场里的
小贩会写"大青菜"，可看看矮脚青"本人"，却长得矮矮胖胖，叶肥肉厚，
看起来跟"大"没什么关系。叶放说，矮脚青其实是油菜中的一个新品种，
大约从"文革"后期才开始出现。虽然叫法不一，但它在每个苏州人心里都
有位置。

　　我们在平江府酒店的餐厅吃了一桌全素宴，给我印象最深的就是用矮脚
青做的菜心双菇。青青绿绿的矮脚青剥出嫩芯摆成一圈，中间浇着红烧平菇
和香菇切片，这质朴的样貌看上去让人意兴阑珊，不由得想起小时候吃香菇

油菜那种水唧唧的味道。没想到它真实的味道一点都不水。霜打之后菜叶中的水分下降，口感变得非常软糯，水分少而甜度高，绵中回甘，这不就是天生的"天妇罗"嘛！日本人做天妇罗是高温脱水，让食材的质感变化，甜度增加，而眼前看似平凡的改良版油菜，已经天然地做到了。想起当年媒体人爆料汤唯在片场明明点了回锅肉外卖，但经纪人非要对外宣称是香菇菜心，以匹配她文青的定位，结果遭到了群嘲。不过如果这菜心是江南冬天的矮脚青，那确实是比回锅肉雅了不少。

雪菜冬笋在年夜菜里叫作"节节高"，按照姚国栶的说法，这就是植物性食材之间碰撞出的魅力。在他的餐厅里吃雪菜炒冬笋，清爽无比。用的是腌久至黄色的雪菜，咸鲜滋味浓郁，跟焯掉辛辣味的冬笋一起炒，洁白的笋片上沾着三五块细碎的雪菜叶，吃起来，雪菜弥补了笋在滋味上的平淡。

笋本身味道清淡，但借味的本领却是一流。苏州年盘里的大青鱼，吴地传统里会分门别类做出不同的吃法。其中有一块必定拿去糟腌，用盐、香糟泥和花雕酒，腌过一整个冬天，直到过年时，点上明炉暖锅，把糟青鱼放进锅内氽熟，即所谓"氽糟"，上面再撒冬笋片、白菜、萝卜、冬瓜、蛋饺和各种油豆腐、百叶结，尤其是这冬笋片，足足吸饱了青鱼氽烫后汤中的鲜嫩和糟香气息。

过年也有用植物食材来增添风雅情趣的。苏州园林艺术家叶放是文人世家之后。他工作室的茶室里，摆着一幅毕沅的小像，那是曾令母亲家族光耀门楣的乾隆年间状元，清代的著名学者。叶放从小生活在园林里，见识过旧时大户人家过年的排场，小时候母亲做过的秃黄油仍有印象，就从古书中寻找只言片语，摸索着把秃黄油配米饭这道菜复兴了出来。米饭也不是普通方法煮出来的，他按照小时候的记忆，用菊花泡水蒸饭，最后再将花瓣撒在饭上焖一分钟，用秃黄油一捞，被结结实实地叫作了黄金饭。

叶放的家人都很爱下厨。有一道水焖蛋是传了几代人的家族菜，逢年过

甜豆鸡头米扣玛瑙和金汤烩萝卜，苏州饮食的节气感最鲜明地体现在四季变化的蔬菜上

节一定会吃。做法的难度都集中在了鸡蛋上，打散后的蛋液要先加汤焖炒，炒的过程中加高汤，再从锅底慢慢往上撩，鸡蛋由此会渐渐凝结成形。接着是加料焖炖，过年时会选择应季的冬笋丁、松蕈、香干、竹鞭、竹荪蛋等等，先用荤油爆香熘熟成酱，浇在刚刚凝结的鸡蛋糕上，再轻轻地在糕体上划出井字，让酱汁顺着缝隙往里渗。起锅时，添加了各种食材的水焖蛋色金黄，香鲜活，味肥滑，连蛋带料一起吃，味有层次，嫩中带劲。

冬季食材的节气感

北方小孩冬天里的记忆总有吃也吃不完的土豆和大白菜，而到了江浙以南，冬天却依然是食物丰美的时节。叶放虽对天南地北的食物都有广泛的热爱，但依然认为苏州的物产和料理态度最达"不时不食"的初心。"南方虽然四季气候稳定，但不同季节食材不同，才能显出饮食的变化。"

苏州饮食的季节变化甚至可以体现在肉上，但与节气相呼应的蔬菜仍在其中必不可少。

樱桃肉一定是春天来吃，拿酱油和红曲米一起烧，端上来油润饱满，鲜红透亮，抖动着的肉方切成樱桃块大小，刀起肉散，但别忘了，唤醒人们时令感的是与之相配的春笋、莴笋和清明时祭祖的青团。夏季首推荷叶粉蒸肉，糯米吸收肉汁和荷叶的香气，带皮五花肥而不腻，苏州人会在这道菜中加上莲藕，强化夏日荷塘的印象。秋天的酱肉方必须要配起霜后的矮脚青和"水八仙"中的鸡头米，浓郁的酱香味预示着进补时机已到，矮脚青的甜和鸡头米的糯，增添了秋天里滋润的气息。冬天当然要吃蜜汁火方了，如皋北腿退盐再甜卤，一定要在蒸和烧时配上莲子、栗子、松仁等坚果才好，调节咸甜度，也制造了令袁枚"隔户便至"的奇香。

跟姚国栩约着去他那儿吃一桌素席，本以为是件简单的事，但他坚持要我们第二日再来。"如果说普通的菜，随时来都没问题，但是素菜就不成了，素菜比什么都麻烦，我得提前准备。"姚国栩虽是书香酒店的总经理，但本身是总厨出身，日常管理着后厨的一切。"做素席有两个特点，一个是要靠其他食材给素菜借味，再一个是要有口感的变化。这两点都得靠提前备料。"

当天一大早，后厨开始专门准备素高汤，芹菜根、雪菜叶、干番茄、玉米要连须一起，全都是些不起眼的东西，或者可以说是下脚料，放在一起煮至少五六个小时。"虽然没有肉，但有些植物仍然可以调出香味来，冬笋根、干香菇、黄豆芽、玉米、雪菜，都是提鲜的好食材。"

一碗高汤可以是素面的灵魂。面起锅的时候只是半熟，用筷子理顺，绾成鸡蛋形状卧在碗里。烧热的高汤把面条浇透，让面条从半熟焖到全熟，上面淋一点油花，那隆起的一股面条，就变得像小开梳的头发一样油亮整齐。

上图：羊肚菌炖瓜球里，冬瓜才是主角

下图：霜打之后，菜油炒农场塔苦菜味道最甘甜

素高汤也熬得有厚度，食材本身又带出了滋味清香，配着面条一起吃，吃得浑身暖和和，胃里扎实熨帖但又觉清爽。

很多冬天的食材都能吸饱汤汁，微甜、粉糯，同时饱含浓郁的复合味。姚国栖端上一道羊肚菌炖瓜球，叮嘱我们，冬瓜才是这道汤里的主角。那冬瓜吸足了羊肚菌的香气，在冬天给人传递了很多热量。

如果换上了真正的高汤，或者与鱼和肉同煮，江南的冬季蔬菜就更加精彩了。"萝卜无论是跟牛腩、羊肉还是鱼一起烧，如果只能吃一口的话，我一定选吃萝卜。"在叶放眼里，冬日的蔬菜反而极有鲜活感，"冬笋生长了那么久，生得细嫩无比，冬天的植物都是收敛型的，把其他的滋味吸收过来。春笋是嫩中带有纤维感，它能把能量散发出去，带动其他食材的鲜香味，最适合和咸肉或鲜肉配"。

竹鞭烧肉也是吴地冬日经典。斜刀切断竹鞭的纤维，拿盐爆腌，再与五花肉同烧，那竹鞭极嫩，吸附油脂的能力也是一流，吃主儿们点这道菜绝对是为了竹鞭而来。叶放呵呵笑着说："很多冬天的菜都是'嫌贫爱富'，跟肉在一起，会吸得很润。"叶放喜欢翻老菜谱，或从老掌故中找依据，比如《红楼梦》中的茄鲞，只取净肉，用鸡油炸，再跟鸡脯肉、笋、香菇、花生等十几种材料混合在一起，拿十几只老母鸡的鸡汤去煨，吃时再炒。"在大蒜叶的配合下，茄鲞在嘴里一点一点地化开，香极了。"

姚国栖虽是复制过"云林鹅"的高手，但听完叶放的典故还是哈哈大笑，其实几种滋味平淡的纯素材料也可以配，只要在口感上设计出变化即可。

江南人喜欢将鸡头米和青豆做搭配，一黄一绿，形状相似，但口感呼应得很有意思。青豆饱满包浆，鸡头米软糯扎实，一口下去，嘴里一半的小圆珠爆了，另一半则是糯糯地一点点化掉了，最终留下的是满口香甜，回忆的是太湖水蔬的清隽柔美。

还有一道素炸响铃，豆腐皮卷里不塞肉，而是各种蔬菜和菌类，冬笋

左上图：彩椒炒马蹄
右上图：黑胡椒蘑菇
下图：素炸响铃

丝、胡萝卜丝、山药、香菇等等，炸好之后配甜椒酱一起吃。馅料里的几种材料口感各不相同，有的脆，有的糯，有的软中带嚼头，真真是没有肉，只能用各种趣味来填补。"看起来不怎么起眼，但是这里面每一种材料都得提前备好，做素其实比做荤要麻烦。"姚国棡说。

江南人的冬季餐桌上，水芹、红菱、马蹄、鸡头米等时令"水八仙"用得不少，这其中，茨菰是让我最意外的一个。以前只知汪曾祺写过，自己原本不大喜欢茨菰的苦味，有一年春节去沈从文家吃饭，师母张兆和炒了一盘茨菰肉片，沈从文吃了两片茨菰，大赞道："这个好！格比土豆高。"把茨菰看成比土豆更有品味的食材。

茨菰无论烧肉还是烧鱼自是好。它不像土豆一炖就粉烂，也不像芋芳，跟肉一起煲汤，形虽在，但味道早已被侵蚀。茨菰仿佛最孤傲，烧完了鱼烧完了肉，筋骨仍那么摆着，跟肉和鱼分得清清爽爽，虽糯但依然有嚼劲，同时散发着栗子香气，只是原本的苦味被消解了，是它唯一一个被磨平的棱角。

茨菰有格，但也浑身平民气质。上了些年纪的人，小时候难得吃一次茨菰红烧肉，那是高档餐厅里的一道大菜。平时家里常常用青蒜一起炒，让浓郁的蒜香化解茨菰的香中带苦，或者煮几个蘸白糖给小孩子当点心吃，在那个年代已经是倍儿美的一件事。

姑苏街头小吃中还有种更出圈的做法，叫油氽茨菰片。我们跑去最生机勃勃的葑门横街农贸市场，找一家网红茨菰店，远远地就见店门口排起了长队。所谓油氽茨菰片，有点类似于薯片，把茨菰去皮儿，刨成薄片，再在油锅里炸得松脆，人们大包大包地买回去当零食吃。叶放给它起了个名叫"发呆神器"，尽管他小的时候就有这种做法，但时至今日因为依然能投年轻人所好，所以魅力不衰。油炸茨菰片的味道同样比炸薯片"有格"，不用加盐，可以吃到茨菰的香气。它又不会像薯片那么酥脆，炸过之后仍然有自己扎实的口感，非常难得。

我本想排在队尾也提几大包回去，发呆时吃，但观察了一下店家的节奏还是放弃了。像是一家子四五个人的作坊生意，但每个人都状态神游，油锅闲了好久，旁边几筐茨菰片却迟迟不肯下锅。好容易炸好了一锅，咋咋呼呼的也就能装满七八个塑料袋而已，两三个顾客就包圆了。排到我岂不是至少要一个小时？让我不由得佩服苏州人的柔顺平和，做生意不紧不慢，排队也是默默地等。叶放说，自己曾经带着摄制组拍过这家店，后来镜头还出现在很有影响力的美食纪录片里。"会动脑筋的人，早把画面截屏打印出来，大大地挂在店门口了。"可这家店居然到现在都不认识叶放本人。

只能说，这家店跟茨菰一样，也有格。我们哈哈笑着，走掉了。

历史与现实中的"素菜荤做"

严格来讲，中国素食底子薄。想想有什么代表菜系或者特色菜肴，可能只有寺院斋菜和仿荤菜能作为一个体系讲得出来了。

在苏州寒山寺的素食餐厅点了碗纯正的净素素面，有名叫"观音赐福""吉祥什锦""吉祥罗汉"和"平安吉祥"的四种素浇头，蘸着干香菇、萝卜、豆芽、香菜、香芹、玉米、干松茸和打碎的大料一起熬成的素高汤头，尤其是浇头里豆腐干的味道吸引人，格外有嚼劲。素高汤里加了中草药熬成的红油，因为是寺庙中的净素餐厅，"葱、姜、蒜、韭、薤"小五荤皆是禁忌，这对厨师的考验极大。

在限制众多的寺院餐厅里，却诞生出了"仿荤菜"的素食流派。寒山寺的餐厅里有道"金龙戏水"，端上来了一条以假乱真的茄汁炸"鱼"，其实是用炸豆腐塑的形，外面裹着海苔，假装鱼皮的模样，还有用魔芋做的肥肉，用土豆和紫菜做的海参，感觉斋食的诸多禁忌根本无法限制厨师的想象力。

这样的菜式对我而言是没有吸引力的，毕竟我想吃什么，不需要有所禁

寒山寺的素斋面用了几种素浇头来
体现口味的变化

寺院素食在中国素食发展中的
地位毋庸置疑

忌。但仿荤菜偏偏出自佛门，就像个反讽了。到底是戒还是不戒？我感觉很困惑。我向曾在京沪两地多家知名素食餐厅担任菜品研发总监的慈实师傅请教，他曾经剃度又还俗，但始终保持着佛家的人生态度，他用自己的亲身经历告诉我，仿荤并不是想吃肉这么表面，而是为出家人提供一个怀念童年、怀念家乡味道的机会，形似、调味和手法相似，唤醒了那曾经熟悉的味道，脑中于是也就构建出了一幅回忆的图景。

这么一说，我反倒是被感动了。

其实，素菜荤做一直都是厨师们没有放弃的重要途径。北京知名素食餐厅主厨戴军原是粤菜厨师出身，在十几年前转行做了素食，"因为恰好应聘的那家餐厅是做素食的，于是就这么改了"。素菜原本只是捎带手烹制一下的配角，现在摇身一变成为了核心，戴军这才发现，人们对素菜的研究实在是少之又少。"但慢慢我又意识到，劣势也能转变成优势。像海鲜啊肉啊，人们早就研究透了，该创造的做法早就创造完了，但素菜就不一样了，正因为没有人研究，我现在可以施展的空间才大。"

素菜貌似可以任意遐想的空间，其实是由很多荤菜技巧奠基起来的。"我从来不招只做素菜的厨师。"戴军说，"没有荤菜的基础，素菜是做不好的。"荤菜厨师使用的食材广，技术会更加全面，就拿猪肉来说，分档、上浆等等都有着非常细腻的手法，但在素菜里，这些细节是通通会被掩盖的。好的荤菜技艺，可以让素菜范畴里有限的食材焕发出新生。作为一个合格的素菜厨师，到处去吃，尤其要多去看看荤菜馆厨师的新创意，这是非常必要的。

在上海大蔬无界餐厅，有一道名为炸腐衣排的招牌菜，借鉴的就是荤菜炸猪排的想法和做法。

来自福建古田的猴头菇每年产季从 12 月到次年 3 月，菇表面密织的绒毛较短，结缔组织结实，比东北野生猴头菇口感更好。猴头菇胜在质地和口感，但它本身并没有出色的味道，而且自带苦涩味，需要泡发水煮，在其中加大米和干辣椒一起，才能彻底清除异味。接着就是用百里香和各种中式调味料进行卤制的过程，在此之后，还需要一个漫长的纯手工制作过程。

卤完的猴头菇挤干水分之后，要先打散再重新塑形。猴头菇与土豆、山药、洋葱和鸡蛋一起搅打成泥，增加黏性和嫩度，接着再用豆衣包裹，塑造成类似猪排的形状。豆衣包裹着素泥上锅蒸熟，待冷却后挂上面糊，再裹上面包糠进烤箱烤。等这道菜全部做完，第一眼看上去确实跟炸猪排没什么二致，再配上芝麻、芥末籽和日式炸猪排酱，心理上已经觉得该配碗下菜的白饭了。

炸腐衣排一入口，表皮干酥，咬破一层腐衣，里面是嫩滑中带着纤维状的口感。的确，第一感觉一定会唤起你所熟悉的味道。但仔细嚼嚼，发现那确实不是肉，能从中分辨出土豆的绵软，还有一些香料的滋味。这道菜也弥补了素食往往饱腹感不足的缺点，就比如在北京，冬天是纯素餐厅的淡季，因为大家都想吃涮羊肉取暖。冬季素食餐馆的菜单上往往会增加淀粉类食材的配比，糖水南瓜、烤红薯、土豆泥、小米蜜豆馅料等等。

无论是从技术，还是从情趣上来看，素菜荤做应该是最具中国特色的素食主张了吧。

淡与植物真味

上海"福和慧"餐厅上餐的形式非常地西式，先上来的是三道餐前小点。

黄结瓜和绿结瓜切片，叠加着折成半圆，配着里面的番茄酱和甜椒，与垫在下面的烤馍片一起吃，口感清爽干脆。很神奇的是，在整口吞下的一瞬间，所有的清香瞬间消失了，没有留下任何回味。接着是撒着绿色海苔粉的麻薯团，里面包着梅菜，淡淡的咸甜相宜，也很传统。最后一道是炸腐皮上承托着木耳和金针菜，在顶上撒满松露丝，咬碎腐衣的同时，先是松露浓郁的香气扑鼻，接着才是木耳和金针菜的味道慢慢释放。三份点心，味道依次由清淡变浓郁，感觉到味蕾正徐徐打开。

如果光看餐厅的菜单，你会对它的菜品无从猜测。它采用三档价位的分餐定食形式，菜单写得极简略，只有萝卜、西兰花、笋、干巴菌之类的寥寥数笔，这让我不禁陷入了看西餐菜单时同样的困惑中。

第一道菜，菜单只写：梨。上来的是一盘清澈的山东丰水梨卷边薄片，底部几颗红色的樱桃山楂若隐若现。服务员端起一盏橙色的汤汁浇在梨肉薄片上，介绍说，这是蒸梨时淌出的汁水，里面加了自制的柠檬油和广西百年丹桂树上的桂花一起熬的。无论是梨的丰盈，小山楂的酸甜，还是柠

笋、梨、梅菜馅麻薯、西兰花，将菜单还原到食材本身以展现大自然本来的面貌，
每一道菜都体现了清淡中滋味鲜明的特点

檬和桂花的香气，几种味道复合在一起，吃起来却非常柔和。只是，把百年丹桂花融在梨汤里，真的能吃出不同吗？"能啊，如果换成上海的金桂，那就味道太重，喧宾夺主了。"把菜单简略到极致，考验的是前厅服务员的能力。

"有些素食餐厅的服务员可能会跟顾客说，杀生不好，多吃素菜有营养，但我们想传递的是对自然和对植物本身的理解。"主厨卢怿明说。这也是他们将菜单还原到食材本身的初衷，"不刻意仿肉，大自然给了我们什么东西，就去呈现什么东西"。

把香菇做成"鳝丝"是呈现素菜的一种路径，用新的手段来理解食材是另一种。这套定食菜单里几道蔬菜的重新理解让我印象深刻。

首先是一道江南的"水八仙"，集结了全部的八种蔬菜，但端上来却像一碗等待牛奶倒入的麦脆片。还好我认出了这是苏州街头见到过的油氽茨菰，这恰好证明了厨师们每年去各地采风的初衷：搜罗回最生动的街头小吃和平凡的家常做法，再想着法儿地把这些最有生命力的表达融入到高档餐厅的出品里。用木勺舀进炸茨菰片，翻出下面藏着的藕丁、鸡头米、莼菜、茭白、红菱和马蹄。"如果只是简单地烩在一起，这八种食材口感各不相同，吃起来感觉不会好。"卢怿明说，茨菰是炸，藕是蒸的，看不见踪影的水芹其实已经提炼成油，为的就是进嘴这一口里，既有酥脆也有软糯，同时不会有过于坚实的部分打破口感的平衡。

还有一道做出地方风格的白萝卜，雕成了上海小笼包的模样。萝卜选自广东，水分充足，被厨师用刀刻成了一个16褶的光洁小笼，中间掏空，放入提前用菌菇吊的素高汤中慢慢煨熟入味，萝卜吐出了水分，然后像海绵一样饱满地吸足了滋味。萝卜中间嵌满了青绿色的馅料，一吃才发现是青萝卜泥，同时里面拌了青柚，因此味道十分清新。看上去它似乎并不是一道神勇的创造，但素食一向滋味平淡，餐厅往往会在素高汤上用力过猛，能让萝卜

小笼包式的萝卜和调和口感后的"水八仙"极具江南传统，又是一种现代表达

表现出层次不同的味道，同时保持着清淡的风格并不容易，青柚也是一种从
没有过的新鲜尝试。

另外一道用的不过是西兰花，只取花球的部分，以藜麦为茎，立在白
色瓷盘中，像两棵日本的罗汉松。卢怿明介绍说，这道菜的灵感来自贝聿铭
设计的苏州博物馆，白墙，松树，水中的倒影，跟餐厅想要表达的意境很相
符，于是就想办法去实现出来。"松树"枝干里藏了菌菇，脚下是甜椒酱做
成的绿泥像是倒影，羽衣甘蓝干燥后磨成的粉零散地撒在白色盘子上，让
"白墙"与"水面"由此相连，让我依然感叹的是几种味道之间相互协调、
毫不突兀的清淡。

在经营"福和慧"餐厅之前，卢怿明对素食也没有过专门的研究。"最
开始就是请人来给厨师讲课，什么能用，什么不能用，可以用什么替代，先

了解做素菜的基本原则。"但开一家高档的现代素食餐厅，传统菜谱中可参考的经验极少，一切都是实验性质的开拓。首先罗列出当季所有的食材，大致想好其中哪三四种可以组合在一起，但真正到厨房里开始做，会发现往往跟想象和设计中很不一样，需要一次次地修改和脑洞大开的想象力。"最重要的一点就是要让食材组合有逻辑性。举个最简单的例子，黄瓜清香，但颜色单一，适合与山药、木耳等没什么味道，但颜色互补的食材来配。"

自米其林进驻上海以来，"福和慧"一直榜上有名，在"亚洲50佳餐厅"榜单里，更是极少数可以连年入围的大陆地区餐厅，如果把范围限定在中餐的话，它恐怕是大陆唯一的一家。虽然多数人对老外评定中餐这件事嗤之以鼻，但能在西餐的框架下获得认可非常不容易，"福和慧"至少在清淡这件事上做到了中外互通。

很多西餐厨师都会把还原本味作为厨房要义。上海的欧社（Oxalis）餐厅主厨乔纳斯·诺埃尔（Jonas Noë）会用中国的食材做一些欧洲传统味型与搭配的菜肴。

酸奶、西兰花和芹菜打成菜泥，南瓜慢煮蒸发掉水分，茴香根和苹果片皆是烤一些、生拌一些以增加口感的对比，再加上烤红葱头和杏仁片，所有的内容组合在一道蔬菜沙拉里，没有任何多余的烹饪和调味的加入，全部靠食材失水后的变化做出味道的层次感。

日本料理也极度崇尚食物的"旨味"，刺身、寿司、天妇罗都是最好的诠释。代表日本素斋的精进料理中，也强调用简单的手段、清淡的调味来制作植物性食材，其代表人物僧人藤井宗哲就有明确的关于味道的主张："浓、肥、辛、甘非真味，真味只是淡。"

当然，在中国传统的饮食研究中，很多人提出过"淡"乃"饮食之味"的主张，尤其讲到蔬菜类的素食，"淡"可以说是唯一的法则，是一种追求自然的向往。只是在当代的语境之下，很多传统都遗失了。

而一旦重新认识到"淡"的真味，那可以使用的手段会比西方多样化得多。"蒸、煮、焖，可以表现软的质地；煎和炸，用来体现脆的口感。"卢怿明说，"这些做法与'清淡'都不冲突。蔬菜本身就是淡的，味道的层次感也要在'淡'的基础上来呈现。我曾经试过韩国发酵的大酱，辛辣味，发现跟蔬食真的没法搭配。"

"福和慧"的餐厅陈设充满了东方禅意，餐具中也加入了很多自然的元素，石头、木材、陶土、草叶等等，为了更多地阐释自然之味的意图。这样的设计非常现代，也跟西餐中的理念很类似，但看到菜品本身后，依然会觉得它是地地道道的中式出品。

就比如配酒，清淡的味道可能很难跟酒搭配，于是"福和慧"全部选择了茶，作为素食的一部分，它的茶也相当出彩。

香水莲姜茶与水八仙、萝卜、西兰花等菜相配。据说这道茶在"抖音"上很红，服务员会在客人面前，将铜壶中的姜茶缓缓浇在即将盛放的香水莲花上，这朵来自云南的可食用莲花，会在热量和重力的双重作用下，逐渐绽开花瓣，随着水量的逐渐增加，它在一瓣瓣绽放的同时，开始在碗中旋转，那画面让人非常难忘。

另一道沉香熏制的红茶出现在葡萄藤烟熏冬笋之后。马尾松熏制的红茶盛在一只宝葫芦形状的玻璃器皿中，云山雾罩，与腌冬笋的味道相承接，同时也引出了下一道菜，干巴菌饵丝石锅拌饭，味道由此变得浓郁起来，整套定食也开始进入尾声阶段。

素菜的清淡会让一套宴席的起承转合变得困难，"福和慧"用茶来配合无疑是一个新颖的尝试，虽然我不太懂茶，但依然可以感觉到味道上的统一与承接。再加上他们营造出的仪式感，不由得想起最近大火的美食视频博主李子柒，在传统和自然中挖掘出高级感，同样可以在西方审美框架下得到欣赏。

北方的浓艳派素席

在这一次采访素食之前，我对蔬菜的态度一直停留在营养健康的医学建议基础之上。不讨厌，但也谈不上有多喜欢。等一趟采访完再回到北京，突然意识到十几天心无旁骛地集中在植物性食材上，已经很久没有惦记荤了，也更加习惯了清清淡淡的味道。

在上海的时候认识了一个叫杨小刀的姑娘，平时的主业是经营广告公司，每星期会抽两天的时间给朋友做菜，有时也会接受私厨预订。让我意外的是，她在上大学之前，对做菜毫无研究，作为一个青岛人，她眼里的素菜只有白菜丝拌海蜇皮、芸豆炒蛤蜊、白菜粉丝鱿鱼煲和大葱丝拌八爪鱼。"因为我们那儿觉得海鲜不算荤，只有肉才是荤。"

她给我们做了一道山东的海凉粉和上海人喜欢吃的塔菜冬笋。石花菜慢慢熬出的凉粉上铺满小葱、香菜、海米、黄瓜和胡萝卜，每一种都切成了细细密密的小丁，蘸着酱油和醋调成的酱汁一起吃。"我小时候很挑食，从来不吃胡萝卜，但我现在生吃一整根也没问题。"小刀说，"等开始做菜后我发现，我不爱吃胡萝卜是心理原因造成的，大人们对胡萝卜的态度给了我很多暗示。还有些人不吃胡萝卜，是因为切成大片觉得难以下咽，所以我一般都切碎，一来显得不突出，二来他们也没法挑出来不吃。"塔菜冬笋是她跟上海干妈学的，趁着降温打霜之后去菜市场买。"其实我也不是很会挑，但我喜欢跟卖菜的阿姨聊天，她们都很懂，帮我挑最好的。"小刀能从上大学之前的零基础，积累十多年成为现在的半职业大厨，很多经验都是靠出去旅行时深入市井的求教学习所得，湖南怀化的本地大葱是芷江鸭的标配，云南德宏的酸粑菜一定要挑已经抽芽开花的青菜，从山西大同邮购沙棘和广陵豆干，一个做甜品一个做凉菜，味道都很绝。"我去一个地方了解当地菜全靠嘴巴去问，这时我才发现，蔬菜的美妙之处以前大多被我忽视了。我现在回青岛，就特别想吃山东的西红柿'杠六九'，我跟我爸说：'怎么那么好吃啊，我以前怎么从来没发现。'"

小刀的话也说出了我的心声：生活中不是缺少美好的蔬菜，而是缺少发现。尽管人的口味各不相同，每个地方也皆有自己的饮食特色，但素食总应该拥有姓名，也必然有代表本地风格的素菜流派。

霜打后的塔苦菜最适合与江南的冬笋来配

等我再回到北京收尾采访时，吃到了北方版的精致素食，感觉此行终于可以画上一个圆满的句号。

戴军现在是王府井"山河万朵"餐厅的总厨，他将一套分餐制定食套餐设计得浓艳而有高低起伏，充分考虑了北方人的口味特点。

第一道前菜取了一个很当代艺术的名字——唤回昨日，让人非常有遐想空间。可端上来一看，不禁哑然失笑。大白兔奶糖里用的糯米纸夹着树莓和山楂糕、山楂片形状的红心萝卜和小饼干拼成一支老冰棒造型，以及一只透明的菌菇素馅包，原来想唤醒的昨天是我们的童年时代。

想想我出生的上世纪80年代，粮票制正在将废未废之间，吃肉是难得的打牙祭，那时中国人吃素食的比重远比现在多得多，风味醇厚的西红柿、灶头烧的卤水豆腐、冬天地窖里的大白菜和硬邦邦的老玉米等，这些老味道离开我们已经很久很久了。

拥有最绚烂色彩的菜式一定是由植物来创作的。第二道前菜用了坚果和各色蔬菜做搭配，鹰嘴豆、开心果和腰果打成泥做花盘，再一粒粒插入炒熟

香葱脆皮豆卷、杏仁甜豆玉米胚芽和爆炒虎掌菌，几道菜通过口味的变化体现出
北方素席的起承转合

的葵花籽仁，配上黄澄澄的花瓣做成一朵向日葵的模样，下面用罗马生菜和青紫色落地球生菜铺成蓬勃的叶片，里面散落着烤熟的紫色樱桃萝卜、橙色迷你萝卜和红色小番茄，在颜色惨淡的北方冬天里，这样的呈现首先是视觉上的享受。

戴师傅很喜欢绘制具象的菜品，仔细看，是因为他把食材细腻地分解成若干部分，再重新进行了排列组合。

第一道热菜是梅菜冬笋，但却是一棵笋尖在绿地中破土而出的春天形象。"春笋"其实取的是冬笋最嫩的尖端，先用素高汤浸泡，再晾干，之后再在烤箱里烤成微微褶皱的腐皮颜色，甚至细致到有几片完整的笋衣要剥离下来，插在厚厚的开心果碎参与的菜泥里。梅菜藏在了冬笋尖里面，梅菜冬笋是江浙冬季蔬菜的经典搭配，胜在笋与梅菜借味，烤干的笋尖口感非常酥脆，配上开心果泥，感觉柔和而清淡。

另有一道热闹的菜叫作野菌花园，也是把食材拆解了重新组合。迷你小土豆挖掉一半土豆泥，填充进各种菌菇炒制的馅料，再在上面顶一颗煎溏心鹌鹑蛋，顶上撒一些松露，靠煎蛋的温度让它散发出香气，蟹味菇与豌豆一颗颗散落在盘子中间，羊肚菌和芝士焗口蘑，再由各色各式的带秧萝卜搭配，仔细看散落在盘子里的绿色细碎，是把西兰花的花球取下来铺展开的。

重新认识食材的每一个部分是餐厅的一个重要原则。"以往我们择菜会丢掉蔬菜的很多部分，但我们餐厅的想法就是蔬菜可以全部食用，只是不同的位置该怎么用，需要研究。"戴军是北京人，用阿闷着的发音飞速举出一长串"芹菜根儿、韭菜根儿"之类在民间一直被低估的"下脚料"，"它们看似平常，但在高档餐厅里很受重视，因为味道非常鲜美"。戴军用这些食材加上豆芽、白菜、菌菇等吊素高汤，精华汇于无形之间，最后用来烘托的可能仅仅是一只潍坊的萝卜。"潍坊萝卜清甜无渣，口感赛梨，用素高汤来煨，它的滋味更加清香。不过具体到同一棵萝卜，每个部位也有不同的做法。萝卜尖在土里埋得深，会更嫩更甜；萝卜根埋得浅，会更脆硬一点，就会更适合红烧。我们的工作其实就是让平凡的东西，熟悉的味道，用一些更别致、更恰当的做法呈现出来，让顾客吃出本味而已。"

这一套餐席里的两个小高潮都是特别浓郁的做法。

首先是一道爆炒虎掌菌。它同样产自云南，但跟当地大多数野生菌不太一样，普遍认为它干制之后的味道优于新鲜，类似于香菇。虎掌菌的价格昂贵，在当地不是最受欢迎的，反而是在东部地区的大城市里见得多些，晾干后再使用也大大拓展了它的适用范围。戴师傅也选择了云南传统的做法，爆炒、加辣，"辣能更加激发出它的香气"。只是炒的过程精细了很多，也借鉴了川菜中酱汁和调味的用法，最后给这长相跟名字一样霸气的炒菌株盖了一张米皮，再洋洋洒洒地轻铺一层辣椒，让客人可以自行微调辣度。不得不说，吃素十几天之后，这味道真是久违了的过瘾。虎掌菌香气袭人，爆炒之后更有韧性嚼劲，给它一些厚味儿并不违和，那感觉无异于吃肉所能带来的感官上的愉悦感。

还有一道香葱脆皮豆卷也特别有意思。面饼上层层累累，腐皮垫在下面，中间是细香葱和黄瓜薄片，最上面一层是一块浇着稠汁的豆腐模样，把饼卷着上面的内容一起吃进嘴，真是又笑了，这不是京酱肉丝的味儿嘛，只是没有肉。这道菜连同后面的主食山药烩饭，都属于戴师傅的回忆菜："我小时候特别喜欢用红烧带鱼的汤拌米饭吃，其实用素菜也可以做。"他在植物性食材里寻找具有相同潜质的东西："山药很有黏性，可以增加汤的浓稠度。京酱肉丝味的豆腐，要考虑它的吸附性比肉强得多，所以收汁的时间要短。"

不知道以回味老北京的方式与第一道前菜形成呼应是厨师的设计，还是一种不自觉的表达？想起那位还俗的慈实师傅也说过类似的话，仿荤素斋饭不过是在追忆往昔。形式不同，但殊途同归。新的冷链保鲜技术提高物资通达的便利性也好，借他山之石丰富自己的食材使用方式也罢，最能打动人的还是食材给我们带来的亲切感。

我们对食物充满感情，是因为我们曾在饭桌前被爱所环绕。

"怎么才来！"但凡让云南人听见你嘴里冒出个"菌"字，他们准得怪你。"今年的菌季都过了，市场里只有干货。干货嘛，有什么好吃的，明年再来吧！"

去云南吃菌子

吃素但是没菌子，吃素的人听了估计要哭的。虽说素食模仿肉味很难，但菌子本身鲜中带点韧性的口感能让人产生一种愉快的感受，我猜脑科学家如果做一项研究，没准儿会发现吃菌和吃肉时大脑的兴奋感是类似的。在仿荤菜里，东部地区常见的菌种是仿肉的好材料。即便就拿一盘炒好的新鲜野生菌直接跟肉来比，在很多人眼里，那情景就像梅兰芳扮上唱《霸王别姬》，可能会比杨玉环本人更受欢迎，甚至

野生菌的鲜与香

吴丽玮／文　张雷／摄影

会有不少人说，我们想看的不是贵妃，我们想看的就是梅先生的身段。

刚去昆明的第一顿，在翠府餐厅吃了干巴菌炒饭和干巴菌天妇罗。深色的干巴菌撕得很碎，散落在炒米饭中间非常不起眼，但一进嘴就觉得很香。我时时刻刻都想拿来跟肉比较，如果换成了肉丝炒饭又如何？念头一闪，还是觉得不比的好。肉多没意思，干巴菌嚼起来"噌噌噌"摩擦着牙齿，很有筋骨，同时还散发着香气，就更加有趣了。一勺米饭进嘴，不知道它们究竟藏在了哪里，有种不期而遇的惊喜感。

主厨卢兆乐说，因为干巴菌香气太好，他决定用天妇罗的方法炸，这样可以排除任何干扰，只一心一意让人品尝它的鲜美。在三四十年前的筒子楼年代，一户人家炒干巴菌，香味是能迅速传遍全楼的。干巴菌天妇罗只加了一些盐，当你的牙齿击穿面糊，碰到干巴菌的时候，嚼劲真是好，用欲罢不能来形容特别贴切，就是一口接一口吃得停不下来。

干巴菌的生长期较长，从菌子冒出地面开始，大概需要半个月到一个月的时间才能进入成熟期。通过冰鲜的技术，我们在12月得以有零星的机会吃到半新鲜的干巴菌。现在云南一些地方的林场加强了管理，既明白了无序乱采，东西不值钱的道理，也了解了植被覆盖的合理密度，野生菌的品质会变得越来越好。云南虽然各处都有干巴菌的身影，但公认最好的产区在滇中地区，这里的干巴菌香气最足。干巴菌与松树共生，滇中哀牢山北气候干燥，当地的云南松每年仅春季抽薹一次，地下的根系与干巴菌的菌丝体相互哺喂，一起缓慢地生长着，于是香气积累会更足。

干巴菌是滇中一带最受推崇的菌种，每年在昆明市场上价格最高的一般都是它。但这么好的东西在外地却名声不响，"敢于胡乱"说，坏就坏在这名字上了，因为有点类似云南少数民族制作的肉干，于是人们就给它取了一个像牛干巴表弟一样的名字。"名字起得太土，缺乏美感。"他举了云南人起名的例子，把我乐坏了，说有种当地最通俗的菌子，云南人起了个一言难尽的名字，"扫把菌"，"名字难听到连本地人都不好意思向外推销"。后来他拿着图片去给外地朋友看，没想到获得好评如潮。"别人都留言说，这像'山野中的珊瑚''高山上的精灵'。"最后他把名字放出来，那感觉就像上海写字楼里的 Linda 和 Michael，过年回老家变成了翠花和二狗子。

我倒不觉得是名字坏了事。其实通俗的名字体现了一种自信，云南的食材好，当然不用靠名字来包装，你看那些老一辈无产阶级革命家的子女，很多名字起得就很随意。干巴菌的问题是不像松茸那样好处理。它的样子像一朵褪了色的珊瑚，但并不颓败，像入秋后干掉的莲蓬，或者冬天掉落的松塔，看上去韵味独具。不过它样子虽美，但是蜿蜿蜒蜒的形状却容易携带松毛、腐草和泥土，外地的厨师拿回去甚至不知道该如何清洗，于是它的价格就更高了，我问了当地一家经营多年的野生菌半成品加工厂，今年是野生菌的小年，处理后的干巴菌应季价是每斤 1000 元。

还是聊点让人心情舒畅的吧。

要说物美价廉、多年来一直深受云南人民喜爱的野生菌，排第一的一定是牛肝菌了。云南可食用的野生菌品种超过 800 种，市场上常见的菌种，除了名声在外的鸡枞、松茸、松露、虎掌菌，本地人从春末的羊肚菌开始，经历青头菌、铜绿菌、鸡油菌、珊瑚菌、奶浆菌、干巴菌等等一直吃到 10 月的谷熟菌，这一年的野生菌季基本就到尾声了，只剩松露要等到冬天。在这里面，可食用的牛肝菌种类是最多的，在牛肝菌门类下，最多的品种又是见手青，至少可分为粉、黄、红、紫、黑五种颜色，包括其他品种，如很受欢迎的白色牛肝菌，总共加起来占了 100 多种。

见手青是让云南人又爱又恨的名字，因为它是一种条件食用菌，如果烹调处理不好，会中毒。云南每年都有至少几十例中毒的事故发生，中毒身亡的悲剧每年也都会上演，有一种说法是，每一个云南人都认识至少一个吃菌中过毒的朋友，这其中绝大多数都是中了见手青的毒。

鸡枞（蔡小川摄）

粉见手青（蔡小川摄）

　　仔细想想见手青这名字，就有一种江湖绝命散的即视感。见手青，顾名思义，手一旦碰上去，一分钟内菌体就会氧化成青紫色，不过一旦烹调开始，青色就消失了，仿佛是毒素已被驱散。中毒的症状也挺吓人，本地人用手比画着天旋地转，说会产生幻觉，有无数小矮人在眼前飞来飞去。于是昆明话里有句"吃着菌啦"，多数情况下都有挑衅的意味，相当于骂人"吃错药了"，不过云南人大多和善，听上去玩笑而已。

　　见手青如此危险，但云南人仍对它趋之若鹜，尤其是黄色的见手青，又叫黄牛肝，最常见也最受欢迎。云南人烹野生菌最好的办法就是爆炒，加把辣子。如果是牛肝菌里的见手青系列，炒的时候就要格外小心了，只有彻底熟透才能去毒。如果能像餐厅里有口大油锅，最好是把见手青厚切后先过一遍油，让菌的香味包裹在油里，接着再彻彻底底地炒熟，尤其别忘了锅铲背面粘着的菌片，有些人就是因为粘在背后没留意，最后不加区分地盛在盘里，不幸中了毒。吃见手青一定小心小心再小心，即便是这一顿炒熟了，如果没吃完留到下一顿，再吃之前也不能马虎，必须回锅重新炒透，微波炉热热可不行，有人就曾因此中过招。真是一关一关的难过，但依然无法抵挡人们爱吃见手青的热情。

炒菌子还有一个重点，就是一定加蒜片，云南人认为它有解毒的功能。云南人可能也是被菌子的毒吓怕了，任何生吃的植物都要放蒜。在建水吃草芽的那间和院酒店，厨师一边把蒜片推进凉拌草芽里，一边告诫我，无论生吃什么蔬菜都要放蒜，"如果蒜片颜色变了，那就说明菜里有毒"。我问他，难道吃西红柿也要放蒜吗？"严格意义上说，西红柿不算蔬菜，算水果。你看，凉拌黄瓜是不是要放蒜？"

迫不及待地想尝尝见手青到底有多美味，这种冒死吃的精神可以跟日本人吃河豚相媲美了。于是去找昆明洲际酒店香稻轩中餐厅主厨王刚，他是做传统云南菜的高手，也是省内有名的"厨二代"，他的父亲王黔生是著名的滇菜特级大师，这让他从小在家吃的就比别人更精细些，但大师在家里做菌子，也无外乎是"青椒、蒜片炒菌子，一定用动物油脂来炒，菌子吸了油脂会更加美味"。

王刚师傅准备了黄牛肝和虎掌菌，两种截然不同的菌子气质，正好做个对比。

黄牛肝滑完油先在一边控干，锅内再加一丁点油下辣椒段和蒜片爆香，这时再加入黄牛肝，也就是翻炒几轮而已，远没有我想象中那么反反复复一遍遍确认，油亮的大片菌肉陪着红辣椒段就这么出锅了。

虎掌菌的做法也很类似，只不过虎掌菌是干制的，因为它质感粗粝，鲜吃时特色不明显，但干制后就像香菇有种浓郁的香气，味道会更加美妙。爆炒的虎掌菌与过了油的鸡丝、红椒青椒丝拌在一起，色彩上一黑一白又有红绿搭配，在传统滇菜中已经算是精致派了。

两道菌一对比，就知道王刚用了心思，也懂得食客的心理。说实话，我对吃菌并不在行，以前一直觉得炒干水分后那种韧劲才好吃，就像干巴菌炒饭，或者刚出锅的虎掌菌，结合着它的名字，那种韧性的粗糙感就有种霸道之美。新鲜菌子的味道似乎从未在我心里留下痕迹，只觉得水分一多，不够有嚼劲。但是这黄牛肝一试，就明白了云南人为何吃菌如此疯狂，因为水分在，香气就浓啊！

厚切的黄牛肝嚼起来带着弹性，随着汁水的不断流出，香味就在口腔里反复地溶解又释放，一点咸一点辣，调味已经足够浓了，再多调味就会影响对厚切片里有点油、有点润、有点韧性的口感的体会。直观的比较之后，我承认确实是新鲜的菌子好吃。并不昂贵的牛肝菌，并不复杂的做法，或许还有一个听上去土里土气的名字，但美味程度已经足够高。从这个角度讲，云南人民真的很幸福，平凡的美食面前不用区分阶级。

"菌子一定是最简单的做法最好。"王刚说，每种菌子有自己的特点，对应的有适合自己的简单做法。在松茸还没被炒高价之前，原始的做法是把松茸对半切开，把江边的鹅卵石烧到180摄氏度，将松茸贴上去烤熟。"松茸不能太熟。像现在很多地方拿去煲汤，其实是可惜了，松茸失水香味就会大减。如果想在鸡汤里用松茸，那还是'汆'最好，把松茸放进去焖一分钟，让香气出来。"

在王刚眼里，松茸有种妖娆的灵气。"我的建议是不要用油烧它，会影响松茸的味道。它本身有种下过雨之后，森林里干净泥土的芬芳，日本人拿去做刺身是有道理的。"鸡枞呢，王刚叫它"小清新"，"急火快炒，炒出水分，或者用鸡油拌，加一点盐用小笼去蒸，一分半钟，鸡枞清甜的味道就出来了"。

　　如果是采菌季进山采蘑菇，那第一手的新鲜味道可就太赞了。最新鲜不过下山菌，也就是进山刚刚采出的菌子，按照"敢于胡乱"老师的形容，"下山菌接地气带露水含松风蕴灵秀，滋味难以形容"。采下来的菌子失水很快，在山上采来就地开吃，那种独特味道是外人可望而不可即的。让青头菌菌帽朝下，小火炭烤，菌柄里的水分会慢慢溢出，流淌进菌帽里。只撒些盐就好，提起菌柄吹吹冷，拿出吃灌汤包的技术，先嘬一口菌帽里饱含霜露之气的汁水，接着才是吃菌肉。或者下山之后先把鸡枞或者青头菌的骨朵儿用炭火烤熟，再撕成小块，用辣椒、蒜泥和盐巴凉拌。菌子骨朵儿的纹理非常细腻，炭烤之后会迅速收紧，锁住了里面的水分，嚼的时候香气这才溢了出来。

是优雅"松露"还是农家"猪拱菌"

　　上面的野生菌说得再天花乱坠，但因为不应季，美味总是隔着一层。但云南的冬天，林子里仍有松露，按说人们不该觉得寂寞，只是松露不同于其他菌种，云南松露的品级好不好，松露在中餐里究竟该怎么吃，直到现在可能还没有明确的答案。

　　松露是西餐里的顶级食材，许多人都给过它无上的赞誉，将它视作瑰宝，松露的欧洲语境应该是充满了尊贵、传奇和品位的名利场。可当镜头一转，来到了云南的山林和农贸市场，穿越来的松露摇身一变，有了一个乡土气息浓厚的本地名字：猪拱菌。当朴实的菌农捧着一捧带着水分的黑松露嘿嘿一乐时，我脑子里只有三个字：变形记。仿佛是欧洲贵公子空投到了云南大山里交换人生，皮肤、样貌似乎都没什么变化，怎么画风一下子就不对了呢？

　　每到一处跟人打听本地的松露，人们往往会用这样的句式开头："都说采松露很神秘，带着狗或者带着猪，在山里边走边闻……"但接下来除了"猪拱菌"这个名字的由来，故事就再没什么特别之处了。"你如果去农村，

云南松露的铁板煎吃法

就能看到农民把松露大块大块地扔进锅里一起炖鸡。""敢于胡乱"说，"这要是让欧洲人看见，一定会心疼死了。但你说味道如何，味道肯定是不好，那么多比不了人家擦几片出来。"

想想看，云南松露滋味究竟如何，好像从来没有人认真讲起过，但关于云南松露的话题可不少，去市场上看，松露的价格一点都不低，一公斤至少要几百元。到底是怎样的价值撑起了高涨的价格呢？关于这一点，我还是充满了好奇。

本来想跟着菌农一起上山找松露，但不巧的是云南那几天温度降得厉害，托了几拨人去打听哪里有菌农上山，结果都没有好消息。找松露不是个容易的活儿，天气不好概率更低，一次没有挖十几斤的把握，谁也不愿意带我们去白跑一趟。

于是转而去找了当地做松露生意的华立夫，一个年轻的小伙子，现在在国资背景的公司里专做云南的松露贸易。

"云南的松露当然好了。"华立夫是我见过的人里，唯一一个给出这样答案的人。他是北京人，在澳大利亚留过学也工作过，因为对美食兴趣浓厚，关注到了世界上唯一的南半球松露产区，在澳大利亚的最南端。澳大利亚本不是松露的原产地，从欧洲引进之后采用人工栽培，形成了一套很先进的松露养殖和品质管理技术。华立夫从买农场的松露开始，慢慢被农场主所熟悉，后来每年农忙的三四个月里都去帮忙，积累了不少的一手经验。等他回国之后，机缘巧合就决定扎根云南开拓本地的松露产品。

为什么说云南松露好，是因为他沿着昆明、大理、祥云、南华、丽江一线，跑遍了周围的村子和市场，听到有人卖松露就去转转，对松露各产区的出产品质有了个大致的了解。"当时决定做得突然，也没做什么准备。看到好的松露就买回来，但是什么装备都没带啊，就跑到小卖部里买那种大罐的糖水水果罐头，把玻璃罐洗干净，再拿吹风机吹干，当成一个简易的保鲜袋来用。"华立夫说，松露挑的就是香气、个头、手感和重量，手感是看松露的皮质，重量是衡量它的水分，挑出欧洲品质级别的，就洗干净削一削装在罐子里带回来，三天三夜一路开一路找，跑了几千公里，最后带回来大约700克的松露。

"当时的市面价是300～500元／公斤，我相信我挑出来的这些是可以卖到3000～5000元／公斤的。"华立夫说，即便是在欧洲，顶级的松露也是万里挑一挑出来的，其实跟在云南的乡土状况里没有多大差别。"回来之后拿去跟国企领导做汇报，因为没有准备，就买了方便面和鸡蛋，现场擦几片进去让大家试吃。一间 20 多平方米的屋子瞬间就被香气占领了，很多人跟我说，第一次知道云南的松露原来也是很香的。"

目前已知云南的黑松露有 6 种，白松露 2 种。相比之下，白松露的产量和产期都不稳定，黑松露的商业价值是比较大的。但目前云南黑松露只能做等级比较低的工业级产品，主要就是磨碎做野生菌酱料，华立夫觉得价值被低估了。

云南人开始了解松露的历史不过十几年时间，再加上市场行情一路看涨，菌农长期处在无序的盲目采摘状态。但好的松露是需要管起来的。松露在每年夏季长成实体菌块，再经过 3 个月的发育期，与秋冬季的榛树、橡树、栗树共生反哺，淀粉逐渐转化为糖分，颜色也从白逐渐转黑，同时香气开始形成和发散。松露的成熟是个较漫长的过程。当它进入成熟期的第一个月时，狗或猪就可以凭借敏锐的嗅觉来给松露定位了，有经验的人同样可以闻出那时碱性土壤的味道。理想状态是菌农可以组织起有效的管理手段，待松露进入成熟期，给土壤松土通风，慢慢地，土质会有淡淡的青苹果香气，越成熟，越会闻到土壤中逐渐散发出的糖炒栗子的焦糖味以及皮革和烟熏的味道，尤其是 2～10 摄氏度的昼夜温度变化时采摘是最好的。但现实是，大多数的松露等不到完全成熟就已经被采摘，品质当然不行了。

遗憾的是，我在华立夫那里并没有见到传说中的顶级松露，也许是数量太少，也许管理起来需要时日，总之云南松露的品质仍然是没有得到业界认可的，大家依旧说，云南松露跟欧洲松露不是一个品质，压根儿就不会有那样的味道。

但不理想的品质依然能卖出不错的价格，不知道产品都流向了哪里，毕竟松露在中餐里的搭配并不多。在京沪两地吃了几次不错的素席，松露都是彰显档次的标配，但制作的思路大同小异，擦丝置于热食物之上，通过热量的传导，挥发出松露本身的香味，借鉴的还是西餐的做法。

松露的用法几乎是我见到素食厨师必然会问的问题，中餐里就没有什么其他的好办法吗？答案是，还真没有。以往厨师采风找食材，第一个学习对象是当地的老百姓和街头餐馆，可看看一筐松露整个扔进锅里炖鸡的架势，厨师也明白，这一次在老百姓那里学不到什么。在云南还吃过一次石板煎松露，松露切片先在锅里干煸，再在烧热的石板上油煎，撒一些海盐调味，但说实话，只能算是尝个鲜，松露的肉身比其他菌类逊色得可不是一星半点儿。

相对来说，松露酱或松露油是一个性价比很高的利用方式。制作时，松露颗粒被磨得很细，香气会更加馥郁，而这种香气是油溶性的，在酱料里可以得到更好的保存。有一次，一个厨师亮出他的一罐欧洲松露酱给我闻。"你不觉得这是瓦斯炉的味儿吗？"他露出狡黠一笑。毕竟这是来自异域的传说。也许假以时日，云南松露会散发出一种让我们能自发认可的美。

如果失去了豆制品，中国人的餐桌上该变得多么平淡又无趣啊。

豆里寻味

王梓辉／文　常缓山／摄影

豆子的本味

豆腐以及各种豆制食品可能是中国人对世界饮食最大的贡献了。就像草原上的游牧民族擅长将最原始的奶制作成各类奶制品，农耕几千年的中国人也在这个过程中想尽办法将黄豆这种农作物的价值挖掘出来。

在成都郊外的新津，我喝到了这些年来最香醇的豆浆，它不像都市里早餐店的豆浆那般轻薄寡淡，口感异常醇厚，带着点黄色的乳白色液体流向口中的速度好像都变慢了。喝完后，我忍不住用舌头舔了舔嘴唇，竟发现有黏稠的感觉。

"刘安点丹"是淮南豆腐
宴上的名菜，可以直观看
到豆浆凝固的过程

　　而这般口感其实只是当地人李萍在制作四川小吃豆花的过程中顺手在煮
沸的大锅里舀出来的，只在里面加了一点白砂糖。每天早上，李萍和年逾八
旬的母亲都会雷打不动地将十四五斤黄豆制作成豆花，因为他们一家在成都
绕城高速旁的自家农田边经营着一家农家乐，从父亲传至李萍的手中，已有
31 年了。而店名里就有他们的拿手绝活——李豆花。

　　李萍家豆花制作的工艺并无特殊之处，按她的话说，当地很多家庭都会做豆花，只是他们家这些年一直坚持用传统方法手工制作，"这需要耐心"。豆子选用自家和附近村民们种的当地黄豆，前一天晚上泡在水里，第二天早上，用磨浆机将泡发的豆子加水打碎（最近三五年才开始用磨浆机，因为"量越来越大，搞不过来咯，之前一直用的是石磨"），然后放到柴火灶台上的大铁锅里慢慢熬。"不是说烧开就行了，"李萍在这里对我强调说，"要控制火候，慢慢熬到豆子的浓香味出来了才行。"半个小时后，整个屋子里已弥漫着豆子的香味，他们开始将熬好的豆浆舀到纱布中包起来，把它放在一口大锅上方的木架子上，李萍和儿子站在两端用几根小腿粗的竹棒反复按压，这下就得到了过滤后的豆浆。

过滤后的豆浆还不能立刻倒回刚才的大锅中烧开，李萍说，这个过程中最麻烦的一步其实是刷锅。原来就在她和儿子挤压纱布里的豆浆时，李萍的母亲在旁边一直在用竹刷子反复清洗刚才煮豆浆的大锅。"因为刚才煮豆浆的时候温度很高，它肯定会有一点点扒锅，如果刷不干净，到时候煮出来的豆花贴着锅的那面就变坏了，所以必须要把锅刷得非常干净。"刷了十几分钟，终于把黑水彻底刷没了。他们再将滤好的豆浆倒回锅中再次烧开，用石膏水点制而成。

那天上午，李萍他们一共做了8斤豆子，花了将近两个小时。这样做出来的豆花自然豆香味十足，不过李萍让我一定要尝尝他们家的豆花蘸料。在四川吃豆花不存在甜咸之争，大家既不放糖也不像北方吃豆腐脑用香菇、黄花菜做卤子，四川人仍然钟爱他们的红油蘸料。李萍说，她家的蘸料用的是自家种的二荆条辣椒，晾干后捣成面做成红油，再和同样是自家做的豆瓣和花椒面调在一起，撒上葱花，就成了一份香气四溢的豆花搭档。学当地人用筷子颤颤巍巍地从碗里夹起一块豆花，放到蘸碟里打个滚，然后再颤颤巍巍地夹起来送入口中，果然是麻辣鲜香嫩滑，不配米饭也让我吃掉了一碗。倒不是说她家豆花的味道有多么出神入化，只是入口能清晰察觉到豆花有豆花的香味，蘸料有辣油的香气，这样就足够好吃了。

拍拍鼓胀的肚皮，我想起汪曾祺曾说起他当年和林斤澜去四川乐山就着一碗豆花一人吃了一碗白饭，回北京后，发现北京豆花庄的豆花乃以鸡汤煨成，汪先生评价为"过于讲究，不如乡坝头的豆花存其本味"。

汪先生对豆腐的认知真说到了我心里。可能是因为外形洁白如玉，有关豆腐烹饪方法的记载在善于托物言志的中国文人间就极为常见，恐怕甚于其他任何一种食材。比如宋代的林洪就在《山家清供》中记载了豆腐的一种做法："豆腐、葱油煎，用研榧子一二十枚，和酱料同煮。又方：纯以酒煮，俱有益也。"这种看上去类似红烧的做法已十分符合今人的口味。到了近现代，梁实秋和汪曾祺这样的资深饕客都曾在文章中介绍了许多豆腐的做法，常见的有小葱或香椿拌豆腐、烧豆腐（放不放猪肉均可）、锅塌豆腐、麻婆豆腐等等。不过无论是梁先生还是汪先生，在他们妙笔下涉及的若干豆腐做法中，反而是一种大道至简的做法最令我向往。仅以梁先生在《雅舍谈吃》中的描述为例："沿街担贩有卖'老豆腐'者。担子一边是锅灶，煮着一锅豆腐，久煮成蜂窝状，另一边是碗匙佐料如酱油、醋、韭菜末、芝麻酱、辣椒油之类。"梁先生没有描写他吃到这种豆腐时的感受，不过每读至此，我似乎都能想象到那种豆香与酱油的香气、韭菜花的咸鲜调和出来的复合香味充斥口腔，忍不住咽一下口水。

这种在旧社会极为常见却成为富裕生活下难得一见的粗犷吃法，好像特别能让被精致生活浸润太久的城市人有所感。当然，这种越简单的做法对食材的要求也就越高，如果豆腐本身选用的豆子不好，或是点豆腐时没点好，或者搭配的酱油质量不佳，则不仅吃不到食材的香味，反而连被调味料遮掩一下的资格都没有了。

因此，当我在杭州的桂语山房餐厅吃到了那道手工盐卤老豆腐时，真正感受到了豆腐与酱油该有的香味。老豆腐浇上调配过的酱油蘸汁，入口没有

刚做好的豆花配上川
味蘸碟，鲜嫩又麻辣

一点豆渣残留的酸涩味，口感绵密，搭配的酱油蘸汁经过处理，咸度适中，鲜味却很明显。

主厨潘忠明对这道菜也很推荐，他对我说，这道菜吃的就是传统的味道。他们的豆腐是自己纯手工制作的，专门从山东买来的有机黄豆，用杭州龙井的泉水泡好以后磨成豆浆，再用盐卤（也被称为老卤）去点豆腐，这样点出来的老豆腐要比外面卖的石膏豆腐更香。而酱油也是他们从绍兴专门订购的传统深晒酱油，全部自然发酵，要 60 多元一斤，因为外面卖的酱油会偏咸，所以他们还会稀释一下。"我们不是用白开水去稀释，而是先把黄豆炒香后泡在水里，炒好的黄豆会有香味，用这样的水去稀释酱油不会降低酱油本身的香味。"潘忠明说，"然后再将稀释好的酱油用葱和芹菜等蔬菜烧制一下，用这样的酱油去配老豆腐不仅不会太咸，还很鲜。"

因为这种本身自带清香且易于吸纳他者香气的特性，不管你是喜素还是嗜肉，是重口味爱好者还是清淡之人，都可以从豆腐这样的豆制品中获得满足。尤其对于选材范围本就受限的食素者来说，豆制品更是他们不可替代的蛋白质来源和美味的基础。

川菜厨师出身的素食餐厅老板温良鸥对我说，他们做素食最难的就是怎么解决它的香味来源，除了一些带有香气的菌子外，豆类是他们最重要的取材范围。"像我们这种吊素高汤，我们四川人本来就喜欢做一个耙豌豆汤，那我们就在黄豆的基础上，再结合一些菌类和蔬菜，这样才能吊出有足够香味的高汤。"

从豆腐到豆汤，中国人几乎将小小一颗黄豆的味觉可能性挖掘得淋漓尽致。而渡尽千帆，不用太多调味，豆子本身的香味就足够惹人垂涎。

豆腐干有多好吃

离开四川后，我又到了安徽淮南，当地近些年兴起了以豆腐为主角的"豆腐宴"。这里豆腐产业兴盛主要归功于历史，因为据传豆腐的发明者是西汉时代的"淮南王"刘安，其依据是《本草纲目》中记载的"豆腐之法，始于前汉刘安"。时至今日，安徽省淮南市也凭此将"豆腐发源地"的名号安在了自己头上，当地的出租车司机也能向你绘声绘色地描述刘安当年在炼丹过程中误打误撞发明了豆腐的传说。

豆腐宴上的菜品五花八门，其中包括了用豆腐包饺子、炸豆腐排，以及像捏面人儿一样把豆腐雕成各种各样小动物的形状，等等，但给我留下最深印象的是一道"刘安点丹"。在当地以豆腐菜起家的名店"淮上豆府"，服务员给我和摄影师各上了一只陶钵，告诉我们一会儿千万别移动它，然后将滚烫的豆浆倒入了钵中，走开了。我和摄影师乖乖地没去碰它，先尝了尝其他菜品。清汤豆腐饺以豆腐为皮，里面包着菌菇等馅料，用高汤煨制，味道自然鲜美，不过豆腐的角色不算太突出。炸豆腐排就是豆腐外面裹上面包糠炸制而成，蘸酱料吃，显得有些油腻，豆腐本身的特点被掩盖了。几分钟后，陶钵里的豆浆逐渐凝固起来，看上去特别像吹弹可破的嫩豆腐脑。我和摄影师恍然大悟，原来这就是"点丹"完成了，随即一人拿起一只陶钵，放入一些酱油、虾皮和咸菜，轻轻舀上一勺送入口中，果然滑嫩无比，好像上下腭一碰就融化了。

后来淮南市餐饮烹饪协会会长朱邦鸿向我们解释说，其实陶钵在倒入豆浆前已经在里面放了一小撮葡萄糖酸内酯，我们在超市买的内酯豆腐就是用它点的，而淮南人这些年从历史典故出发，也开始将这些"新式武器"纳入豆腐菜的做法中。他还告诉我，淮南人这些年发明的豆腐菜已经有了300多道。

在中国，自称"豆腐之乡"的地方有很多，比如贵州大方、湖北石牌，以及安徽淮南。相比其余几地，淮南的名气相对更大一些，因为被称为"淮南王"的刘安其封地就在淮南寿县，我选择到安徽来探访也是因为听说这里的豆制品很出名，豆腐宴更是令人期待。不过就像清汤豆腐饺和炸豆腐排不如老豆腐和豆花动人一样，很多豆腐宴上的名菜形式更甚于内容。当地的豆腐宴"非遗"传人为我们制作了一道牡丹豆腐，就是用豆腐雕出了一朵牡丹花的样子，的确在刀工上技艺精湛，但菜品本身品尝起来并无过人之处。一方面，我特别理解他们想要让豆腐菜登堂入室的追求，比如对刀工的重视就

刚刚压出的豆腐干还是白色的，需要
经过酱制才能变成具有风味的酱干或
茶干

在地方特色陵阳一品锅中，手工做成的
豆腐干与红薯粉丝是最佳搭配

受到了淮扬菜很大的影响；另一方面，我也意识到如果想看到真正有生命力
和地方特点的食物，恐怕在这些宴会厅上不容易找到。于是我决定离开大酒
店的宴会厅，去安徽的乡野看看，后来的事实证明，那些远离喧嚣却各成一
派的地方才藏着最好的豆制品。

　　事实上，除了淮南，整个安徽地区都是吃豆大省，从南至北几乎每个地
方都能说出一两个豆类名吃。但到底该去哪里，安徽画家同时也是美食爱好
者的高军向我推荐了一个地方，即九华山脚下的陵阳镇。他说，安徽当地以
前有"风流谢家村，富贵陵阳镇"之说，这是因为以前徽商行走各地做生意
时，位于山下江边的陵阳镇是一个很重要的落脚点，而这里也因此流传下来
了两种很有名的食物，即陵阳豆腐干和陵阳一品锅。

　　因为还保留着不少徽派老建筑，陵阳镇现在是一个摄影爱好者聚集的地方。随意打听一下，美食的目标都指向了陵阳老街。老街仍然保留着大部分原貌，石板路和粉壁黛瓦的老房子让人的脚步不自觉慢了下来。在蜿蜒曲折的小路上走了不多久，就看到了一间门头上写着"老街豆腐店"的小作坊，走近一看，里面正有一对夫妻在忙碌着。只见男主人将一整块刚刚做好的豆腐放到台面上，然后一手拿起一根半圆半方的木棍，一手拿着铁尺，分横竖两个方向将整块豆腐划成一个个小方块，然后把每一小块豆腐放入旁边模具中的一个个小格子里，再把整个模具用纱布包起来放到千斤顶下压上。

看着这一套流程下来，我心想原来豆腐干就是这样做成的。男主人甘卫红见我们对豆腐干很好奇，手里一边忙活着一边和我们聊了起来。他告诉我们，陵阳镇以前有非常多做豆腐和豆腐干的师傅，30多年前，他跟着一位师傅学会了这门手艺，就在老街上开了一间自己的店，一直干到了现在。现在镇上做豆腐干的人家相比过去少了许多，因为太费工夫。甘卫红说，他们夫妻俩每天凌晨3点多就要起床，从磨豆子开始，一路再到煮豆浆、点豆腐、切块压出豆干，最后再用自己做的黄豆酱煮成酱干子，晾干后5点多就要送上第一批前往县城的货车。

而这种酱香味就是陵阳豆腐干与其他地区豆腐干的最主要区别。这里的豆腐干都呈酱红色，薄薄两三毫米一片看上去味道很重，但我尝了后发现其实并不太咸，扎实的口感下酱香味浓郁。若说有什么秘诀，可能就是一直沿用着老手艺，除了磨豆子变成了磨豆机，其余的基本都是老一辈传下来的手艺，连压豆腐用的都是他自己找人切出来的大石头。而上面提到的他用来划分豆腐的"半圆半方"的木棍其实本来是一根四四方方的方形木棍，甘卫红说那根木棍的年龄比我都大，每天都要在豆腐块上滚来滚去，就磨成了半圆半方。

至于味道，甘卫红说，这是因为他们家的黄豆酱都是自己做的，"我们把黄豆煮烂后就放面粉进去拌在一起，然后放在房间里让它发霉，霉过之后再放盐，然后就放在太阳底下晒，晒到一定程度就好了"。因为这些手艺都是自己的，甘卫红对自己做的酱干子非常自信，他告诉我说，他们做的这种是酱干子，直接吃或者切片炒着吃都可以；但如果是黄山地区那种茶干子，因为里面放了比较多的调味料，只有当零食吃比较好，但是炒菜吃就不好吃，"因为它改变了菜的那种香味"。

听到这里，我心想甘卫红倒与汪曾祺先生有同样的见解。毕竟汪先生也曾经夸赞过家乡高邮下属的界首镇茶干好吃，只是他推荐的吃法也是当作零食为佳，称其为"佐茶的妙品"。

为此，甘卫红推荐我去镇上一家农家小店尝尝用陵阳豆腐干做的菜。小店名为"兰溪农家乐"，我们去的时候已是下午 2 点多，但店主还是很热情地招待了我们，我们点了著名的陵阳一品锅，还搭配了一个红椒炒臭干子。店主陈升月之前在上海工作过 10 年，口音颇有上海人的特点，时不时蹦出一句"哦呦"。听说我们就想尝尝当地特色，陈升月还特意送了我们一道凉拌臭干子，就用辣椒酱和芝麻油拌了一下，说是当地人夏天都会这么吃臭豆腐干。之前臭豆腐在我的记忆里基本都是油炸后才吃的，生食好像只有王致和腐乳那种当作调味小菜的场景。可陈升月说，他们本地的臭干子因为都是用卤水加芝麻粉和南瓜藤粉来腌制的，生吃也没问题。我夹起一块闻了一下，倒不是很臭，吃到嘴里，淡淡的臭味混杂着豆子本身的香气和芝麻香油的香气一同冲到脑鼻，果然是有趣的搭配。

不过那桌菜给我留下最深印象的还是那道陵阳一品锅，尤其是其中的豆腐干、干豆角和粉丝。所谓一品锅其实就是猪肉炒香后烹入酱油等调味料，加入豆腐、黄花菜、陵阳豆腐干、山芋粉丝、干豆角、干竹笋、米粉丸子等当地特色食材炖在一锅中，上桌时还要继续加热，一桌人围在一起热热乎乎吃个痛快，颇有些东北人的豪爽劲儿。和东北的酸菜白肉一样，别看里面放了猪肉，但香味的精华大多被那些素的食材吸走了。这桌菜里用的豆腐干就是甘卫红做的，刚刚还很扎实的酱干子在肉汤里炖过后已软嫩了不少，双重酱香堆叠在一起，嚼起来味道不逊于猪肉。而旁边的干豆角和粉丝等干货在泡开后也很适合在这种炖制的环境中吸收汤汁的香气，我边吃边想，怪不得这里既产豆腐干又出现了这道菜，原来这样的搭配才能实现食材口味的最大化。

但陵阳豆腐干也只是安徽众多豆腐干中的一种，在距离不远的安徽泾县，我吃到了另一种不太一样的豆腐干，当地人称其为"蒲包干"，蒲包不是一个地名，而是一种用香蒲叶做成的小布包，当地人会在制作豆腐干时用它来替代纱布包住豆腐，这样压制成的豆腐干更有一种青草的香味。而其最有别于陵阳豆腐干的地方在于它在制作过程中不会压得太扎实，而是更厚更松软，一块蒲包干约有 2 厘米那么厚，吃起来的口感与陵阳豆腐干的扎实劲完全不同，更像奶酪或者芝士。至于味道则也同属于用酱油和黄豆酱调配成的酱干子。

走在泾县的菜场里，随处可见售卖这种豆腐干的铺子，它们之间的差别只在于豆腐干的松软程度和所用的酱料颜色。泾县宣纸研究专家黄飞松也是个好吃之人，他向我们推荐了当地一家不起眼的小馆子，叫"俏江南酒楼"。进去之后就看到琳琅满目摆放在点菜台前的各类食材，当地人不好看菜单点菜，喜欢直接看着食材进行选择。老板娘严湘萍见我们望向豆腐干，就拿起一块让我们先尝尝，说她家豆腐干比外面菜场卖的都好吃，我当时手里还提着两块刚刚从菜场上买的豆腐干没有吃完，就拿过来做个比较。入口之后，果然觉得老板娘没有吹牛，她店里的豆腐干要比菜场卖的更细嫩。严湘萍很骄傲地说，这些都是她从附近镇上一个豆腐坊里定做的，外面买不到。

口感不同，做法也不同，蒲包干不会像陵阳豆腐干那样炖制，就是用最常见的做法——青椒炒香干，吃的时候一定要把青椒和香干同时送入口中，再配上一口米饭，在冬日于千里之外出差时竟也感受到了一丝家里的感觉。

乡野的想象力

那晚在俏江南，还有另一道让我印象更深的菜。点菜时，严湘萍听说我们寻觅的主角是"素美食"，在青椒炒香干之外又给我推荐了一道泾县当地人很喜欢吃的特色菜"韭菜炒锅巴"。乍一听"锅巴"二字，我满脸狐疑地说这东西全国都有吧？不过她笑了笑拿出了食材让我一看，原来是一种很薄很软的黄色食材，有些像更干一些的豆腐皮或者千张，但上面有些焦煳色，而且肯定不是我们一般意义上大米做的锅巴。见我确实不知道那是什么，严湘萍终于揭晓了谜底，原来那也是制作豆腐时产生的周边商品——豆腐锅巴皮。与常见的豆腐皮或者油豆皮不同，豆腐锅巴皮是熬豆浆时粘在锅底的那一层豆皮，因此会比豆浆表面析出的那层豆皮更有韧性一些，也会有一些煳味。在擅长制作豆制品的安徽，人们并没有浪费掉这种食材，而是将这种看似有些不讨人喜欢的食材与韭菜这种同样重口味的食材烹制在一起。我试着夹了一筷子送入口中，刚开始咀嚼时会觉得豆腐锅巴皮的口感稍显干涩，不如普通豆腐皮软滑；但多试了几口，随着咀嚼的次数增多，这道菜的亮点逐渐从韭菜转移到了豆腐锅巴皮上，本来有些干涩的食材反而很好地吸收了汤汁和韭菜的香气，再加上豆制品的香气通过咀嚼逐渐散发出来，豆腐锅巴皮没有被韭菜这种气味浓烈的同伴抢走风头，作为一种素食材来说其实很不简单。

这时我脑海里浮现出了此前吃过的另一道相似的豆皮美食，那是我前两年在黑龙江的一个小镇里吃到的东北名菜"尖椒干豆腐"，干豆腐就是东北人对豆腐皮的称呼，而这道菜最大的亮点就是豆腐皮炒出来后格外软嫩，本来豆腐皮略显干涩的口感在裹上了芡汁后，嚼起来反而嫩滑无比。当时询问他们为何能让豆腐皮那么滑嫩，除了夸赞自家东北大豆好之外，热情的东北人民告诉我这道菜的重要技巧就是在豆腐皮焯水时要加入食用碱。

作为豆腐的衍生品，较为少见的豆腐锅巴皮常与韭菜搭配，不会被韭菜抢去风头

　　一南一北，两道豆腐皮菜肴各有迷人之处。南北两边对同一种食材进行了不同的选择，创造出了各自的美味，怪不得当地人最喜欢对我说那句人人皆知的话：一方水土养一方人。而这种地方特色正是很多美食诞生的基础。

　　宣城市下属的水东镇也是一个这样的地方。我是在一篇偶然看到的《水东十道菜》的文章里知道这个地方的。文章作者童达清是宣城市历史文化研究会常务副会长，几年前，他在负责编写《水东镇镇志》的时候前去考察，发现当地有很多特色菜肴，因此专门记录到了镇志中。元旦后的一天早上，他带着我到水东镇认识了大厨梅彬，他们先带着我到水东镇菜市场逛了逛。在那里，我认识了好多以前从未听说过的"豆腐"，比如橡子豆腐和米豆腐，以及另一种特别的食物——霉豆渣。

　　橡子豆腐是安徽以及中原地区都相对常见的一种食物，其实和黄豆完全没关系，它是由栎树的果实，也就是一般称为"橡子"的植物制作而成。很久之前，人们发现这种果实直接品尝虽然味道苦涩，但通过清洗、浸泡、研磨、蒸煮等一系列手段，它能够被制作成一种棕色的淀粉类食物，而且制作完成后也会像豆腐一样方方正正且弹性十足，所以当地人会称其为橡子豆腐。橡子豆腐一般有两种吃法，可以像四川或陕西人吃凉粉一样切成条凉拌，也可以切成小块放辣椒烧制。两种做法我都尝了尝，觉得各有所长。而橡子豆腐的口感确实既有豆腐的感觉，也与凉粉有所牵连，怪不得与我同行的陕西籍摄影师说，陕西也有类似的食物，就叫"橡子凉粉"。

而米豆腐则更为少见，是一种当地才有的食物，甚至童达清都说他以前在宣城市里都没见过这种菜。米豆腐也和黄豆没关系，外表呈橘黄色，上面还有一些类似辣椒颗粒的红色印记。童达清向我解释说，米豆腐的做法是将当地稻米浸泡后与红椒拌匀，然后用石磨磨成红椒米浆，再将红椒米浆倒入开水锅中，用锅铲不停搅拌，直到搅成浓度相宜的糊状，冷却定型后即为当地特产米豆腐。这种产自乡野的美食不需要厅堂做法，梅彬选择把蒜苗肉末爆香后放小米椒增辣，然后直接下入米豆腐翻炒调味，很快就出锅，因为米豆腐本就带有辣味，这样类似湖南菜做法的米豆腐延续了米豆腐本身的口味走向，也增加了香气。

至于霉豆渣则更具有皖南风味，因为气候阴湿，这里诞生了像臭鳜鱼和毛豆腐这样因食物发霉而误打误撞出现的美食。相比这两种已名扬全国的邻居，霉豆渣乡土味更重，就是豆腐作坊将生产豆腐时滤下来的豆渣炒干水分后团在一起，然后让其自然发霉而成的，掰开后能看到清晰的绒毛，显然就是一道"平民美食"。梅彬师傅选择用白菜搭配霉豆渣，先将霉豆渣用油煎一下，然后和白菜炖煮在一起，就像白菜炖豆腐的改良版。坦率地说，哪怕梅彬师傅已经提前煎过霉豆渣，它吃起来仍然有淡淡发酸的滋味，单纯从味道上来说绝不如炖豆腐软糯香浓。

可是，多吃了两块后，我又渐渐能感受到那种酸腐味后面绵长的一丝香气，这时我好像理解了为什么这样一道过去底层人民物质紧缺下享用的美食还能在今日受到一部分人的欢迎，那是因为只有这种食物才能让我们真正感受到与食物一路同行、共同成长的美好。

在逐渐倡导健康饮食的今天，我们仍无法拒绝腌制食品的美味，因为它是人们利用时间和气候改造食物的典范。

成都：麻将园里的"洗澡泡菜"

去成都之前，总听说那边人喜欢打麻将，到了那边才算长了见识。大冬天的下午，我哆哆嗦嗦赶到刘建华家的园子门前时，里面已"麻声四起"。2003 年退休后，住在成都市中心一个普通小区一楼的刘建华利用自家的"有利地形"，在楼旁的空地上搭起了简易小屋，支起了麻将桌和竹椅，搞起了麻将园的生意来消磨时光。

不过刘建华最出名的可不是麻将，毕竟哪里的麻将都差不多。带我去拜访刘建华的成都

腌泡菜的风味

王梓辉／文　常缓山／摄影

美食作者汪瑢岸说，在这里能看到传说中"温泡菜"传下来的技法。温泡菜指的是已故成都泡菜名家温兴发，早在1959年的时候，当地就根据他的实际操作经验编写了一本名为《四川泡菜》的烹饪指导小册子。

今天的四川泡菜早已名扬全国，不过也许是因为成都人家家户户都会做泡菜的缘故，刘建华的麻将园并没有以"泡菜大师传人"作为宣传噱头，麻将园的招牌上最显眼的元素是"WiFi无线上网"。只是来这里打麻将的街坊们都知道他家的臊子面好吃，10块钱一碗，里面除了面条其实就放一种材料——酸菜。

坐在他家园子里泡上茶，今年已66岁的刘建华不善言辞，只是用很可惜的语气跟我说，要是能提前一周跟他讲采访时间就好了。"你们给我说的时间太晚了，前天才给我发的消息，菜都没时间晒，可能你们现在吃还不太好吃。"说着他还是去捞了几块他前天临时泡的莴笋和白萝卜，切成小丁，放一点糖和味精，浇上自己做的红油，拌了一下就端上来让我们尝尝。

我必须承认，估计是时间的原因，白萝卜的确仍有一股本身的辛辣味，它还没能百分百变身成为"泡白萝卜"。但莴笋却惊艳到了我，短短两天时间已酸香浓郁，清脆可口，红油也让它多了复合香味。更重要的是它没那么咸，空口吃也非常适宜。

刘建华向我解释说，在四川，泡菜大体分成两种形态：一种是新泡菜，也就是所谓的"洗澡泡菜"或"跳水泡菜"，一般只泡一个晚上就可以吃，通常会成为餐桌上的小菜；另一种则是老泡菜，这种泡菜因为泡制的时间较长，一般会超过一年，所以咸度和酸度都很高，不适合直接吃，通常会用作炒菜的配料，比如酸菜鱼中的酸菜。

我们刚刚吃的当然就是洗澡泡菜。刘建华只是觉得遗憾，他说，做泡菜最关键的一步是要把菜洗净之后，放在太阳底下晒一个礼拜，把里面的水分排出去一些，这样菜泡在水里才更容易入味，而我们没给他晒蔬菜的时间。

泡菜坛子里的水当然也很关键。刘建华说他家泡菜坛子里用的是老水，而且这个水不能换。刘建华已经记不得坛子里最老的水是哪年的了，据他回忆，那时他好像才20岁左右，母亲在成都回香食堂工作，和"泡菜大王"温兴发是师兄妹，本身就跟着学了些泡菜的技巧，后来食堂因为城市改造被迫结束营业，里面有间屋子都是泡菜坛子，母亲就从里面抱了两个坛子回来，而坛子里本身就有老的泡菜水。这些年，他们每年重新加香料之前，都要把里面的渣子滤干净，再往老水中适当加入一些新水和配方上的香料，比如八角、山奈、花椒之类的，如此让这坛水一直保持着足够的味道。

汪璁岸向我解释说，老水的菌群是很稳定的，这样可以保证加入新的香料和水分后，它还能保持足够的发酵效率。"如果说泡菜水本身不够浓郁的话，你泡一天是泡不出来这个感觉的。"

不过解释来解释去，这种传统手艺还是有很多"玄学"的成分。刘建华就略带调侃和得意地说，他现在觉得有时候还是要看人。他举例说，他们家只有他能做泡菜，他妻子就不行。"我经常随便洗一洗手就去泡也没问题，我爱人每次都很认真地把手洗得干干净净，但就是不出泡菜，她一碰水就会长白花。"

当然，泡菜各家有各家的配方，说不上谁家的就最好吃。只是四川人的确擅用这种处理食物的技巧。后来成都美食家九吃听说我想了解当地一种芥菜类蔬菜——儿菜的烹饪方法，就教我说，这种蔬菜很适合腌。"你把它切片，用盐把水分杀出来以后，它就变得有点冷脆冷脆的口感，然后拌上辣椒面和红油腌一下做成小咸菜，配粥配饭都很香。"

安徽：数不清的皖南腌菜

在安徽发现腌菜其实是个无心之举。那天在九华山上的东崖宾馆，主厨汪绪国听说我们想见识九华山素斋，就给我们安排了几道很庄重的菜品，有

汪绪国家里既有泡生姜，也有泡洋生姜，各有特色

素鲍鱼和素海参之类的，每道菜品都摆盘精美，做工复杂，能看出汪绪国的用心。可这些菜品好像缺少了某种吸引人的特色，汪绪国自己因为接受过不少类似的采访，除了反复强调传承与手工复杂外，也讲不出什么有意思的东西。我们急切地想找到那些真正具有活力、当地人生活中会去吃的食物。

于是我和汪绪国攀谈起来，听说他就是九华山下人，母亲还住在山脚下的村子里，就试着问他能不能去他家里看看，吃吃这边的山野风味。没想到他自己也早就厌烦了这种传统的摆拍模式，就立刻给母亲打了个电话，开上车带我们往家里去。环山绕岭一个多小时后，车停在了一个群山环绕下的风景优美之地，黄山的余脉延伸到这里，使得附近这些区域以丘陵地形为主，长年云雾缭绕。

美景暂且放到一边，出发之前，我们合计的主角是橡子豆腐和冬笋。但很快，我们发现汪师傅家中有更吸引我们的东西，那就是各种他妈妈做的腌泡菜。

第一个吸引我们的是酱油泡生姜。我们刚进家门，热情的汪阿姨就忙着去厨房准备食材。冬季的安徽农村阴湿寒冷，我和摄影师被冻得来回走动，汪绪国见状就拿出了一罐酱菜让我们尝尝，说冬天吃点这个会暖和些。挑到小碗里，原来是已经被泡成酱油色的生姜块。作为一个喜葱蒜但讨厌生姜的人，我试着咬了一口，发现经过酱油的浸泡，生姜的辛辣味减弱了不少，增加了咸与酱的滋味，还有些辣椒的香味，有些像北京六必居的酱黄瓜，冬日里吃一块果然丹田处开始暖了起来。汪绪国看我能适应，就笑着说他们泡生姜只放酱油和红辣椒，平时这样的生姜泡一个礼拜就可以吃，而我们吃的那一罐是已经泡了半年的，所以没那么辣，我更能接受一些。

随后是生姜的近亲"洋生姜"。选择打引号是因为我仍然不确定它的学名是什么。它看起来和川渝地区做泡姜的子姜有些类似，比一般的生姜白嫩不少。汪绪国说洋生姜和生姜的味道完全不一样，"它是脆的，口感和萝卜一样，辣味也没有那么重"。汪绪国也和川渝地区一样把它泡在透明的坛子里，泡菜水里也有不少小米椒和泡椒。汪阿姨切了一盘调了香油当作晚上的一道凉菜，我们尝了尝，的确要比生姜好接受多了，不过口味上要比川渝的泡姜清淡一些。汪绪国说，这是因为他们做泡洋生姜不放白酒和糖，只放盐和辣椒，"因为徽菜是不能有甜味的"。

除了两种直接食用的姜，那晚汪绪国母亲还展示了她自己做的腌菜、梅干菜和辣椒糊。汪绪国把自家的腌菜切丝与刚刚从地里挖出的冬笋同炒，放入母亲手工调制的发酵酱，也就是当地人所说的辣椒糊，焖烧后咸香无比，是配米饭的好菜。梅干菜没有如往常用来烧肉，而是和豆腐炖在一锅中，小锅放在炭炉上一直咕嘟着，一个多小时后，豆腐也有了更丰富的滋味。

从九华山再往南，皖南地区的腌菜种类更加丰富。路过九华山下陵阳

从豆腐乳到腌菜，再到"香菜"，皖南地区的腌制食物极为丰富

镇的时候，我们本来到了一家叫兰溪农家乐的小店品尝当地特产豆腐干，但老板娘兼厨师陈升月见我们掏出了相机，非常热情地又搬出一箱她自己做的盐腌笋让我们看，给我们介绍了这种笋的腌法，说当地人为了让娇嫩的笋子能长久保存，就会把笋子煮熟后用盐腌上，用这种盐腌笋炖肉炖排骨都非常香。"你们主要是人少，如果人多的话我就给你们做一锅盐笋炖排骨。"

到了宣城泾县的金泰大酒店，厨师长许剑专门给我列了一张单子介绍皖南地区的特产，其中一大部分都是腌制类食品。许剑说，皖南山区因为地理气候的原因，新鲜食材很难存放得住，所以老百姓要么用腌的方式，要么就是用晒干的方式把食物保存下来。在许剑的那张单子上，从毛豆腐、豆腐乳到腌白菜、腌萝卜，其中让我最好奇的当数"香菜"。

别误会，皖南的香菜可不是我们日常吃的那种会在菜出锅前放的提味蔬菜，而是一种先腌后拌的咸菜。许剑带我们去后厨找来了他们自己做的香菜，看上去就像用辣椒等调味料拌的咸菜，尝了一下，口感爽脆，咸咸辣辣的很是开胃。

许剑说，这种香菜是皖南农村地区家家户户入冬后都会做的食物。它就是将南方地区常见的长梗白菜，洗净切成细条后晾晒几天，随后加盐揉搓出水分，最后再依个人喜好加入蒜泥、姜末、五香粉、辣椒面等调料拌匀，如此腌制数天后即可食用。许剑说，这种做法既能保存得久，又下饭，"就像过年时人们大鱼大肉吃得比较多，你就想吃点这种蔬菜，能提提食欲，有点像北方人吃蒜一样的"。

浙江：冬腌菜与臭苋菜梗

从皖南山区再向东南走就到了浙江，一道黄山山脉连起了皖南与浙西北的饮食文化。在那里我找到了开饭店的老董，去他那里本是冲着他家的冬笋去的，早上跟着老董去杭州近郊的临安山里挖了笋，傍晚回他在杭州市区的馆子里品尝劳动成果。老董端上来 3 盘特色菜，分别是冬笋炒酱肉、炒二冬以及蒸双臭。冬笋炒酱肉当然不错，作为这个时节最亮眼的食材，冬笋最适宜和带有香味的食材搭配，不管是酱肉还是腊肉还是熏肉，冬笋都能通过借味让自己成为这道菜中的主角。

不过我没想到的是，更吸引我的反而是桌上的另外两道菜。作为杭州地区最家常的冬令时菜，炒二冬的做法非常简单。新鲜的冬笋切片，根据个人口味选择焯或不焯水（老董一直坚持不焯水，而是用油先煸去笋内的水气），冬腌菜同样洗净后切丝，起油锅后先下冬腌菜再入冬笋，简单用盐和白糖调味后即可出锅。那是一种简单而美好的味道。

冬笋的美味人尽皆知，可冬腌菜的香味知道的人恐怕还不多。过去江南地区有句俗语说"小雪腌菜，大雪腌肉"，皖南地区有相似的食物，就叫"腌菜"，而杭州这边则叫"冬腌菜"。其实这种食物也有不短的历史了，据

臭苋菜梗（上）与"炒二冬"

《东京梦华录》所说，因为冬月无蔬菜，立冬前五日，北宋汴京上至宫禁，下及民间，都要腌制冬菜，"以充一冬食用"。随着靖康后宋廷南迁，这种食物也就被带到了江南。

用来腌制冬腌菜的蔬菜叫法不一，较常见的名称是"长梗大白菜"，但基本就是那种下面大部分是菜帮，上面小部分是菜叶的大号青菜。老董说，他们这边一般家庭都会做，通常要先把菜晾几天，拔一拔菜里的水分，放到有点蔫了，就把它们一层菜一层盐铺在缸里，用粽叶垫在上面，再用石头压下去，大概半个月时间即可。

杭州美食家陈立说，冬腌菜要想腌得好吃，大白菜要选菜帮肥厚的，这样腌菜吃起来才有嚼劲。菜梗下面要留下一段，不能切平，盐最好也要选海盐。而且据说在过去，人们铺完菜后还要在缸里踩半天，将水分踩出来，盐分踩进去。陈立还开玩笑说，有脚气踩出来的冬腌菜才好吃。

脑海中尽量别去想这个玩笑的画面，做好的冬腌菜其实色泽金黄，呈半透明状，炒、蒸、炖皆可。老董告诉我，除了炒二冬之外，他们家喜欢做成小火锅炖着吃，"因为临安山里冬季天冷嘛，我们就弄一个炭炉炖着吃，里面会丢点什么豆腐、咸肉、笋子还有新鲜的肉，腌菜是搭配它们的，你把这些食材都炒好以后，多放点汤，然后就炖着，吃到后面还可以再放点红薯粉条"。

相比冬腌菜，臭苋菜梗就有些偏"黑暗料理"了。老董刚刚将蒸双臭端上桌时，我也被那种酸腐之气惊到了。老董家的蒸双臭是臭豆腐和臭苋菜梗，只撒了蒜末和干辣椒便直接上锅蒸，出锅后浇了菜籽油就端上了桌，两重臭味叠加之下，不喜食臭之人估计要晕过去了。这让我想起有一期《圆桌派》中，陈晓卿和马未都曾因什么是中国最臭的食物产生了分歧。马未都认为是臭豆腐，他说自己做知青时，恶作剧整蛊别人，就将臭豆腐偷偷抹在人家床板下，臭味弥漫三日不散。陈晓卿微微一笑，一脸"我有大招"的表情否定了马爷。他说，论最臭，一定是绍兴霉苋菜梗。此时这两种食材一同摆在我面前，挑战的不仅是味蕾，还有勇气。

臭豆腐乃常见之物暂且不提。臭苋菜梗选用的是长到一人高的老菜梗，外层已坚硬如石，切段后用老盐卤水腌制而成。蒸熟后呈翠绿色，试着夹起一枚，没吃过这东西的我没想到外层这么硬，咬了一下只把圆梗咬成了扁的，没咬断。抬头看了看老董示范的吃法，原来臭苋菜梗不是靠"吃"，要靠吸或者抿。我也叼起一头，用力一吸，碎絮状的芯肉就带着香臭之气进入了口中。

坦率地说，第一根臭苋菜梗给我的感觉只能算一般，臭咸味占据了上风，虽不至于避而远之，但也只觉得如此味道配酒倒是不错。随即想想，觉得该给人家多一点机会，就夹起了第二和第三根，谁知越吃越能体会到所谓"又臭又鲜"的感觉。老董见我如此快便适应了这种口味也很惊讶，还教我说，因为臭苋菜梗的两端是通的，所以汤汁会从另一端滴下去，因此他们一般会用它来就着米饭吃。我赶紧也要了一点饭，夹起一根在饭上咬一咬吮一吮，果然汤汁顺着菜梗另一端滴到饭上，和饭一拌，真香啊。我一个人撇开老董和摄影师竟把一盘子臭苋菜梗都吃光了。后来一查，像汪曾祺这样遍尝天下美食的人也说臭苋菜梗是"佐粥的无上妙品"。

其实臭苋菜梗是绍兴和宁波地区的特色，著名的"绍兴三臭"中还有臭冬瓜，可惜这次因时间关系缘悭一面。若是觉得蒸双臭不够酸爽，还有"蒸三臭"（臭冬瓜）、"蒸四臭"（霉毛豆或霉千张）等着你。《中华全国风俗志》讲道：定海人民之习性，专喜食腌腊腐臭之物。浙江东临大海，梅雨季节一开始，又潮湿又闷热，什么东西都发霉，腐烂的食物舍不得丢，就只能想方设法腌制起来吃。当年住在北平的周作人偶然吃到了一次友人带来的臭苋菜梗，就想起了家乡："近日从乡人处分得腌苋菜梗来吃，对于苋菜仿佛有一种旧雨之感。"这可能就是食物与地理环境最巧妙的联想了。

潮汕与客家风味

可能是因为纬度更低的关系，广东人会将腌制食品做得更干一些。比如在江浙皖被称为"梅干菜"的食品，到了客家人那里就成了"梅菜干"。字词的顺序不同，制作的手法上也略有差异。在广州开素食餐厅的客家人天水对我说，客家人的梅菜干有好多种做法，有的会选那种长梗白菜，有的会选苋菜，"所以梅菜干就是把菜晾干、加盐，再不用加任何的东西，它的味道是这个过程中自然而然形成的那种味道"。

在吃法上，梅菜干与江浙地区湿润版本的梅干菜有类似之处，梅菜扣肉都是最经典的菜肴。但天水的餐厅做了新的尝试，他们将梅菜干打成粉，与南乳调成酱汁，茨菇切片烤熟后刷上梅菜酱汁，再复烤一次即可上桌。去年写作美食刊时，我的同事在苏州吃到了当地的"油汆茨菇片"，据说不用加盐，能吃到茨菇的香气。而天水这里的客家风味重点更在梅菜干的香味上，想来二者各有自己的拥趸。

与梅菜干广为人知的味道相比，乌榄就小众一点，至少对我来说如此。在此之前，橄榄给我留下的印象不算好，只在意大利菜中试过欧洲人腌制的黑橄榄，酸辛刺激的口感并不是我个人的喜好。国内倒是在咸菜罐头中吃到过广东橄榄菜，不过那里面的主角并不是橄榄，而是用长梗白菜或芥菜做成的咸菜，一般是用花生油和盐反复翻炒泡过水的橄榄，待橄榄中的苦味去掉后接着加入剁碎的咸菜，通过不断搅拌让橄榄的香油沁入咸菜中去，经过长时间的文火熬煮，橄榄菜就制作成了。经过这些操作，橄榄本身的酸辛味已经被去除了不少，反而留下了油脂的香味，黄绿色的咸菜在这个过程中也变得乌黑油亮，用来下白粥、炒饭或蒸肉，都有一种难以形容的油香美味。

但乌榄比橄榄菜更能还原橄榄本身的口味。天水说，广东一般农家加工乌榄，也是直接用热水浸泡令橄榄肉与核脱离，榄肉加盐晒干即可。制作好

橡子豆腐与霉豆渣都是安徽地区的特色食物　　在潮汕名小吃咸水粿中，菜脯的香味通过这种极简的形式完全散发出来

　　的乌榄肉通常用来佐粥，而天水选择将它剁碎后与猴头菇搭配在一起，用两片表面煎酥了的猴头菇夹起乌榄与香菇等炒香的馅儿。吃到口中，想象中令我生畏的意大利黑橄榄味并没有出现，但能察觉到有橄榄的气味，经过剁碎后与其他香料的互动，乌榄既发挥了自己的作用又不会喧宾夺主。而这种精细的烹饪方式相比那种直接把黑橄榄整颗放到菜肴里的做法，可能会让更多的人容易接纳它的香味吧。

　　那天在天水的餐厅里，他最后给我上了一道小点心，是潮汕小吃咸水粿。它外表看起来那么朴素，我心想如果是其他客人可能还看不上它呢，但我可被这道小吃迷得久久难忘，只恨在北京几乎找不到它的身影。

　　其实我也只是在几个月之前去潮州旅游时才识得了菜脯。那是在潮州老街附近的一个小巷弄里，我看到不少人围着一辆小推车，走过去一看，原来是一位小姐姐正在小车后面制作一种食物。只见她从一侧盖着布的蒸屉里拿出一些小灯盏式的圆形米粿，分开一个个放到塑料饭盒里，再从另一侧小火咕嘟着的炭炉小锅中舀出一小勺馅料往每个"小灯盏"里放一点。我一问，旁边的人告诉我这就是潮汕名小吃咸水粿。

我也要了一份，五块钱就有十几个，用牙签从一侧挑起米粿叠向另一侧扎过去，不让里面的馅料掉出来，然后一口闷进嘴里。仔细咀嚼，米粿软糯但无味，全靠里面那一点馅料提味。但那一点馅料的香味就足以令人难忘，它成了我在潮汕这个美食聚集地最喜欢的食物。细问之下，原来馅料用的就是潮汕著名的腌制食品"菜脯"，也就是当地的萝卜干，切碎后与蒜末一同用油炒香。如此简单的做法，靠的就是菜脯的神奇力量。

菜脯的做法与梅菜干也差不太多，也是将切好的白萝卜通过晾晒和放盐揉搓的方式去掉里面绝大多数水分，然后装入干净无油的腌制容器中，层层压实，每码放一层就撒上一层盐，最后密封好即可。就这样密封腌制半年左右，萝卜就变成风味独特的菜脯了。

潮汕人自己当然爱极了菜脯。潮菜专家张新民就说过"菜脯一下，潮味就来"这样一句话。对他们来说，菜脯是一种很重要的潮菜原料，可以用它做出很多风味独特的潮式菜肴。除了咸水粿这样的纯素食吃法外，张新民还举例说："菜脯切碎后可以煎蛋，切条后可以煮鱼或做汤。放上几年之后会变成黑色的老菜脯，气味更为芳烈，用它蒸肉饼，吃后奇香满口。"